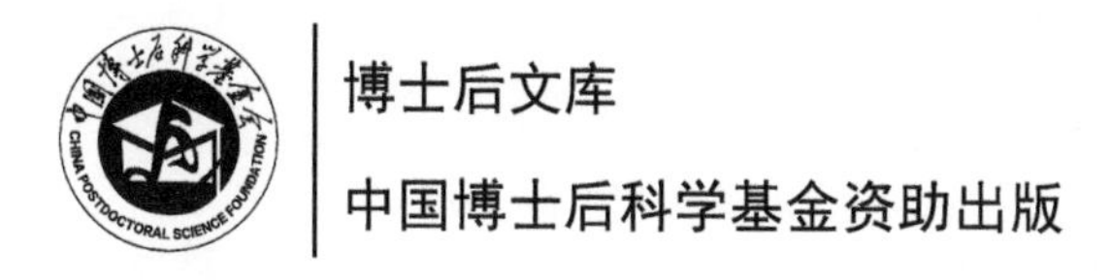

食源肽改善皮肤光老化的途径与机制

徐德峰　著

科学出版社
北　京

内 容 简 介

在评价食源肽干预皮肤光老化生物效应的基础上，本书进一步探讨食源肽对光老化动物消化和血液系统的影响，初步在组织、细胞、分子和整体层面解析食源肽拮抗皮肤光老化的多维机制。内容包括：紫外线（UV）暴露对皮肤屏障的影响及食源肽保护作用、光老化皮肤胞外基质变化及食源肽修复效应、光老化皮肤氧化与炎性应激调控失衡及食源肽调节作用、光老化皮肤 MAPK 信号通路活性变化及食源肽调控效应、皮肤光老化介导的消化系统改变及食源肽干预效应、UV 辐照对大鼠肠道菌群结构的影响及食源肽调节作用、食源肽对 UV 诱导的代谢失调整体调节作用。通过"表观形态—屏障功能—物质基础—力学结构—生化动力—信号响应—消化道形态功能—肠道菌群结构—代谢响应"的多层次系统研究，初步探明光老化进程中皮肤组织与消化及血液循环系统间的物质代谢和信息传递内在联系，为动态揭示食源肽改善皮肤光老化的分子机制和靶向性产品开发提供参考。

本书可供食品科学、预防医学、皮肤美容医学相关领域的高校研究生、教学、科研人员，以及美容类保健食品企业技术研发与管理人员参考阅读。

图书在版编目（CIP）数据

食源肽改善皮肤光老化的途径与机制/徐德峰著. —北京：科学出版社，2021.7

（博士后文库）

ISBN 978-7-03-068134-8

Ⅰ. ①食… Ⅱ. ①徐… Ⅲ. ①胶原蛋白-食物疗法 ②皮肤-抗衰老-食物疗法 Ⅳ. ①TS974.1 ②R275

中国版本图书馆 CIP 数据核字（2021）第 032283 号

责任编辑：贾 超 李丽娇 / 责任校对：杜子昂

责任印制：吴兆东 / 封面设计：陈 敬

科 学 出 版 社 出版

北京东黄城根北街 16 号

邮政编码：100717

http://www.sciencep.com

北京虎彩文化传播有限公司 印刷

科学出版社发行 各地新华书店经销

*

2021 年 7 月第 一 版 开本：720 × 1000 1/16

2021 年 7 月第一次印刷 印张：11 3/4

字数：230 000

定价：98.00 元

（如有印装质量问题，我社负责调换）

《博士后文库》编委会名单

《博士后文库》序言

1985 年，在李政道先生的倡议和邓小平同志的亲自关怀下，我国建立了博士后制度，同时设立了博士后科学基金。30 多年来，在党和国家的高度重视下，在社会各方面的关心和支持下，博士后制度为我国培养了一大批青年高层次创新人才。在这一过程中，博士后科学基金发挥了不可替代的独特作用。

博士后科学基金是中国特色博士后制度的重要组成部分，专门用于资助博士后研究人员开展创新探索。博士后科学基金的资助，对正处于独立科研生涯起步阶段的博士后研究人员来说，适逢其时，有利于培养他们独立的科研人格、在选题方面的竞争意识以及负责的精神，是他们独立从事科研工作的“第一桶金”。尽管博士后科学基金资助金额不大，但对博士后青年创新人才的培养和激励作用不可估量。四两拨千斤，博士后科学基金有效地推动了博士后研究人员迅速成长为高水平的研究人才，“小基金发挥了大作用”。

在博士后科学基金的资助下，博士后研究人员的优秀学术成果不断涌现。2013 年，为提高博士后科学基金的资助效益，中国博士后科学基金会联合科学出版社开展了博士后优秀学术专著出版资助工作，通过专家评审遴选出优秀的博士后学术著作，收入《博士后文库》，由博士后科学基金资助、科学出版社出版。我们希望，借此打造专属于博士后学术创新的旗舰图书品牌，激励博士后研究人员潜心科研，扎实治学，提升博士后优秀学术成果的社会影响力。

2015 年，国务院办公厅印发了《关于改革完善博士后制度的意见》（国办发〔2015〕87 号），将“实施自然科学、人文社会科学优秀博士后论著出版支持计划”作为“十三五”期间博士后工作的重要内容和提升博士后研究人员培养质量的重要手段，这更加凸显了出版资助工作的意义。我相信，我们提供的这个出版资助平台将对博士后研究人员激发创新智慧、凝聚创新力量发挥独特的作用，促使博士后研究人员的创新成果更好地服务于创新驱动发展战略和创新型国家的建设。

祝愿广大博士后研究人员在博士后科学基金的资助下早日成长为栋梁之才，为实现中华民族伟大复兴的中国梦做出更大的贡献。

中国博士后科学基金会理事长

序

现代食品科学和预防医学越来越深刻地认识到肽是蛋白质结构与功能的基本片段。人体中很多活性物质都以肽的形式存在，肽对机体生理生化反应发挥重要的类信号分子样调节作用。近十年来，除了分布广泛但含量甚微的内源活性肽不断被发现和人工合成外，利用酶解技术由食物蛋白制备的食源性寡肽具有独特的生理活性、安全性和加工稳定性，已引起食品科学、营养学和预防医学科研人员的密切关注与大量研究。

皮肤光老化不仅产生皱纹、色斑、弹性下降、皮革样外观等各种损美性表观变化，降低皮肤屏障功能，而且可诱发皮肤癌等相关皮肤病变，皮肤光老化分子机制及有效干预是当前皮肤科学的重要研究内容。皮肤光老化伴随表观、组织、细胞和分子水平的多尺度变化，目前尚不能用单一因素来解释其生化级联机制，迫切需要采用从宏观到细胞和分子相结合的完整研究策略。

目前，国内外学者利用酶解技术已不断制备出一些具有良好拮抗皮肤光老化效应的食源肽，且进行了不同层面的机制探讨，但囿于皮肤光老化的复杂性，从信号响应途径研究食源肽改善皮肤老化的分子机制仍较为薄弱。同时，已知食源肽需经人体消化系统进入血液，循环血液流动到达皮肤光老化部位发挥拮抗和修复功能，但对于食源性肽如何经消化系统进入血液，以及如何发挥生物功能所知甚少，利用组学技术平台解析食源肽整体作用机制的研究尚未见报道。

徐德峰博士长期从事食源肽制备与机制解析方面的研究工作，《食源肽改善皮肤光老化的途径与机制》集中体现了作者在该领域的系统研究结果与思考。该书不仅系统探究了食源肽对皮肤组织屏障结构与功能、物质代谢、氧化与免疫水平、信号调控通路的影响，而且以整体视角解析了食源肽对光老化诱导的血液循环系统及消化系统紊乱的调节作用，明确了食源肽改善皮肤光老化的作用途径与机制。

该书内容丰富、体系完备、论述准确，集理论探索、方法研究和技术应用于一体，学术思想前沿、技术方法先进，对于皮肤科学和食品科学的研究生和技术人员具有重要的理论指导意义和实际参考价值。

2021年6月

前　言

现代生命科学研究表明，蛋白质不仅是生物体的基础构造材料，而且参与各种生理活动的调节，共同决定细胞功能和命运。作为蛋白质的基本结构和功能单位，肽(尤其是由 2～10 个氨基酸残基组成的寡肽)以其独特的氨基酸组成广泛介导细胞与细胞、蛋白质与蛋白质、细胞与蛋白质、蛋白调控因子与基因表达之间的相互作用，在细胞分化、免疫识别、应激响应、衰老修复及分子进化等生命过程中发挥独特的生物调节活性。生物活性肽来源广泛、种类丰富、作用显著。随着现代生命科学理论和技术的快速发展，越来越多的生物活性肽被发现、合成和应用，肽已成为 21 世纪生物医药领域研究与应用的前沿课题。

除了生物体内含量极少而效应极强且分布广泛的内源性肽之外，通过现代酶解技术从食物蛋白制备食源性活性肽已引起食品科学和预防医学等领域科研人员的密切关注。食源肽不仅原料来源广泛、产品安全高效、制备过程经济，而且运用靶向酶解工艺，隐藏在食物蛋白质中的活性肽段可实现控制性释放，制备的食源肽经口服摄入后直接与肠道受体结合，参与机体的生理调节，或进入血液循环系统，发挥与内源性活性肽相同的生理功能。鉴于食源肽的独特生物学功能和制备工艺优势，目前基于构-效关系的各类食源肽高效制备与基于组学平台的整体机制解析已成为食品科学、预防医学和生物工程领域的热点交叉研究内容。

皮肤是人体最大的组织，与外界直接接触，皮肤表观形态和屏障功能不仅反映了皮肤的健康状况，而且直接影响到个人在社会交往中的自信度。皮肤光老化是长期紫外线(UV)辐照诱导的外源性皮肤衰老，不仅造成皱纹、色斑、皮革样外观等各种损美性形态变化，而且严重时可诱发皮肤癌等相关皮肤病变。因此，皮肤光老化分子机制及有效干预是当前皮肤科学的重要研究方向。不同于外用护肤品吸收途径，口服食源性物质需经口腔、咽、胃、肠、肝等人体消化系统后进入血液，经血液循环到达皮肤光老化部位发挥抗衰老功能，但目前对于食源性肽经口服暴露后如何经消化系统进入血液，与消化系统存在何种相互作用，以及食源肽如何随血液流动到达靶组织发挥生物功能所知甚少。

皮肤光老化进程中发生从表观、组织、细胞和分子水平的渐进性多尺度变化，涉及皮肤组织内各组分的协同参与，其病理过程和生理调控途径极其复杂，食源肽干预下皮肤组织响应长期 UV 辐照的整体代谢调节机制不明。同时，食源肽口服后还涉及消化与循环系统的递送传输。因此，尚不能用单一角度来解释食源肽改善皮肤光老化的作用机制，必须采用从宏观到细胞和分子，以及静态动态相结合的完整研究策略。虽然目前开发报道的一些食源肽具有良好的抗光老化效应，且在组织和细胞水平对食源肽拮抗光老化效应进行了不同程度的机制探讨，但皮肤光老化机理相当复杂，从信号转导水平系统研究食源肽改善皮肤老化的分子机制目前仍较为薄弱，利用代谢组学技术对其作用机制进行系统全面整体解析的研究尚未见报道。以上这些科学问题严重制约着光老化保健食品的机理研究和产品开发。

基于此，本书在系统参照食源肽与皮肤光老化国内外研究进展的基础上，围绕皮肤细胞外基质（extracellular matrix，ECM）物质代谢及结构变化，并探索食源肽干预下皮肤光老化与消化和血液循环系统的内在联系，形成了如下几方面的主要研究内容：皮肤光老化动物模型建立及食源肽干预效应；以 ECM 为核心的光老化皮肤物质组成、组织结构、生化应激、信号通路的多维变化及食源肽修复作用；长期 UV 辐照诱导的消化系统形态、结构和功能变化及食源肽改善作用；基于组学技术平台的肠道微生物区系及血浆代谢物应激性变化与食源肽调节作用。本书内容全面、体系完整，不仅全面评价了食源肽对光老化皮肤组织表观形态、屏障结构功能、物质组成、生化因子和信号应激通路的调控作用，而且在整体层面初步揭示了食源肽干预皮肤光老化与改善消化及血液循环系统失衡的内在联系。研究结果可为食品科学和皮肤美容医学相关领域的高校研究生、教学科研人员，以及美容类保健食品企业和美容机构技术研发人员参考。

感谢国家重点研发计划“蛋白质及其水解物的营养、健康功能机理解析”（2017YFD0400201）、中国博士后科学基金“基于突触可塑与 ERK 通路解析食源肽改善酒精性脑损伤”（2014M552203）、中央高校基本科研业务费项目“基于胞外基质代谢调控网络解析食源性弹性蛋白肽 EP-1 抗皱机制”（20152M062）对本研究的资助。

由于涉及多学科交叉，加之时间和作者学识有限，书中不妥之处在所难免，在此衷心希望广大专家读者批评指正。

徐德峰

2021 年 6 月

目　　录

第1章　绪　论

1.1　皮肤组织光老化进程中的渐进性多尺度变化

1.1.1　胞外基质组分代谢失衡是皮肤光老化的物质诱因

皮肤老化是指皮肤屏障功能衰老性损伤，表现出颜色、色泽、形态、质感等外观整体状况的改变，根据诱因可分为内源性老化和外源性老化。内源性老化是随年龄增长的自然老化，表现为皮肤变白，出现细小皱纹、弹性下降、皮肤松弛等。外源性老化的最主要原因是日晒所致的光老化，表现为皱纹、皮肤松弛、粗糙、淡黄或灰黄色的皮肤变色、毛细血管扩张、色斑形成等[1]。光老化是皮肤各种损美性的主要诱因，是现代皮肤科学的研究热点。

皮肤光老化反映在细胞水平即为细胞衰老，细胞活力的变化必然引起细胞外基质(extracellular matrix，ECM)成分发生关联性变化。多项研究表明，胶原蛋白、弹性蛋白及透明质酸(hyaluronic acid，HA)是皮肤真皮层中成纤维细胞的主要代谢产物[1~3]。长期日光照射可诱导皮肤组织多种细胞成分的改变，在ECM化学组成上表现为皮肤胶原蛋白、弹性蛋白与透明质酸的生物合成显著下降且生物降解加速，造成ECM结构性组分代谢失衡[4, 5]。

皮肤组织中ECM组分含量是皮肤衰老的重要指标。皮肤蛋白由大约75%的胶原蛋白组成，胶原蛋白维持着皮肤的弹性和水润状态[4, 6]，皮肤中胶原蛋白有多种类型，其中与弹性相关的主要为Ⅰ型胶原蛋白(Collagen Ⅰ，Col Ⅰ)和Ⅲ型胶原蛋白(Col Ⅲ)，在皮肤衰老进程中，Col Ⅰ含量下降而Col Ⅲ含量上升，调整二者比例则在一定程度上起到抗衰老效果。同时，羟脯氨酸(hydroxyproline，Hyp)是胶原蛋白特有的一种非必需氨基酸，其含量相对恒定，约占胶原蛋白总量的13%，因此羟脯氨酸含量的增减可直接反映真皮组织内胶原纤维的沉积状况，从而可作为判定皮肤衰老程度的一个敏感指标[2, 8]。此外，透明质酸不仅对保持皮肤水分、维持皮肤结构起重要作用，而且具有促进皮肤再生、增强皮肤弹性、降解皮肤组织中自由基的功能[9, 10]。

调整光诱导的ECM代谢失衡是改善皮肤光老化的物质基础。长期日光照射可影响皮肤多种细胞成分改变，药理学预防皮肤老化的主要目标是保持真皮内弹性纤维正常。弹性蛋白生物合成急剧下降是皮肤老化的直接原因，刺激弹性蛋白基因表达的物质在改善皮肤老化上是有益的，如目前药用化妆品中功效成分维 A 酸是细胞增殖、分化和基因表达的强有力的生物调节剂，对真皮和表皮生长有着良好的促进作用[11]。Lee 等[12]定量研究了弹性蛋白沉积量与皱纹量之间的相关性，结果表明基底膜处的耐酸纤维长度、宽度、数量和总面积与皱纹累积量存在显著的相关性，局部涂抹 0.025%维 A 酸可促进慢性光损伤皮肤弹性纤维的修复。因此，胞外基质组分代谢失衡是皮肤光老化的物质诱因，修复受损的细胞外结缔组织是改善皮肤光老化的重要途径。

1.1.2　组织结构损伤是皮肤力学性能下降的病理基础

皮肤屏障功能的维持源于皮肤组织结构的完整，ECM 退行性结构劣变是皮肤皱纹形成的力学基础。皮肤力学性质取决于细胞外结缔组织胶原蛋白、弹性蛋白和透明质酸三部分的含量及网络结构[1, 3, 13, 14]。皮肤组织在解剖学层面上具有清晰的表皮层、真皮层和皮下组织三层立体结构，每一层均由不同功能的细胞群体组成。正常生理状态下的皮肤组织表皮层和真皮层组织结构清晰、层次分明、排列有序，而老化皮肤其组织学特征为表皮不规则增生、真皮层萎缩、表皮和真皮连接处基底膜结构受损，乳头层扁平化，皮脂腺不规则增生，同时 ECM 规律性横纹排列消失，胶原蛋白碎片化，呈浓缩聚焦，而弹性蛋白则呈变性堆积[12, 15~18]。因此，通过物理或化学途径调整 ECM 代谢，修复受损 ECM 空间结构，增强皮肤力学性能是目前各种外用型抗皱护肤品的共同原理。

1.1.3　ECM 结构降解酶系活力增强是形成皮肤皱纹的生化基础

ECM 组分和结构是维持皮肤弹性特征的物质和力学基础，内源性或外源性刺激因子会上调基质金属蛋白酶(matrix metalloproteinases，MMPs)、弹性蛋白酶和透明质酸酶表达，使弹性纤维结构重组，形成细密或粗糙样皱纹[19]。目前，在 ECM 代谢相关酶的活性变化方面发现 ECM 降解酶系 MMPs 活力增强，已知紫外线(UV)照射与 MMPs 表达及皮肤光老化存在密切联系[1, 3, 19, 20]。MMPs 的产生影响胶原纤维合成，使得真皮层内胶原纤维明显减少，排列稀疏紊乱。在 MMPs 家族中，MMP-1 是 ECM 降解的关键酶，可将大分子胶原蛋白降解成片段化，然后片段化胶原蛋白进一步浓缩聚集，失去弹性结构，MMP-1 活力高低与皮肤衰老状态呈正相关[2]。Naru 等[20]以体外培养真皮成纤维细胞作为光老化模型，研究发现长波紫外线(UVA)照射正常成纤维细胞后 MMP-1 mRNA 的表达水平与照射强度呈正相关。MMP-1 可作为评估皮肤光老化，特别是真皮成纤维细胞光损伤的一个特异性指标，其含量升高是介导胶原纤维结构劣变的关键步骤。Takeuchi 等[21]研究发现慢性紫外线辐射可致 HR-1 裸鼠背部皮肤发生中性粒细胞浸润，并激活弹性蛋白酶表达降解ECM弹性蛋白，形成皱纹。因此，围绕ECM降解酶系中关键酶活力变化可在一定程度上揭示皮肤光老化及其干预措施的生化基础。

1.1.4　自由基触发的氧化与免疫应激调节失衡是介导皮肤光老化的生理基础

皮肤光老化的发生发展受多因素协同作用，其确切机制尚不明确，目前较公认的是活性氧(reactive oxygen species，ROS)自由基“呼吸”爆发和免疫抑制学说[1～3, 23]。ROS是正常有氧代谢的副产物，但在长期紫外线照射后，ROS会大量累积。ROS化学性质活泼，直接损伤生物膜、蛋白质和核酸等细胞代谢功能性大分子，使细胞磷脂分子中不饱和脂肪酸氧化生成过氧化脂质丙二醛(malondialdehyde，MDA)，MDA是慢性光老化产物之一，可反映细胞受氧自由基损伤的程度。同时多项研究表明，细胞氧化状态与细胞抗氧化酶活力密切相关，细胞抗氧化酶活力水平较高时可将代谢产生的过量ROS及时清除，维持细胞氧化和抗氧化状态平衡。人体皮肤具有对抗ROS的超氧化物歧化酶(superoxide dismutase，SOD)、过氧化氢酶(catalase，CAT)、谷胱甘肽过氧化物酶(glutathione peroxidase，GSH-Px)等抗氧化酶防御系统，当皮肤发生老化时，皮肤组织中氧化与抗氧化失衡。因此，基于ROS在光老化发生发展中的重要作用，寻找稳定有效的抗氧化剂，调节皮肤抗氧化防御体系表达水平，清除过量ROS是预防和治疗皮肤老化的重要手段，目前有许多研究证明口服或外用一些抗氧化剂可修复人体皮肤组织的抗氧化系统，对皮肤的老化起着预防和治疗作用[24, 25]。

同时多项研究表明，正常生理状态下，细胞炎性因子水平和抗炎因子水平基本处于平衡状态，抗炎细胞因子在对抗免疫抑制、调节免疫平衡方面至关重要。皮肤光老化不仅直接产生ROS损伤细胞，而且可改变白细胞介素(interleukin，IL)水平，增强IL-1α、IL-1β、IL-3、IL-6、IL-8、TNF-α等促炎细胞因子表达，同时抑制抗炎细胞因子IL-2、IL-4、IL-10及TGF-β表达，使细胞因子调控网络失衡，从而引起细胞炎症反应[17]。UV辐射形成的ROS刺激角质形成细胞增殖活性提高并释放IL-6，间接促进UVA辐照后成纤维细胞表达MMP-1，从而不断分解真皮中的胶原蛋白，或造成胶原蛋白纤维束构造的紊乱，导致皮肤失去弹性并形成皱纹[2, 26]。因此，通过内源和外源途径消除过多的ROS、提高细胞抗氧化能力、降低细胞炎症因子水平、增强抗炎因子表达水平，回调自由基触发的氧化与免疫应激调节失衡是改善皮肤光老化的生理基础。

1.1.5　TGF-β在皮肤修复中具有重要意义

随着对光老化发生机制的深入研究，研究者发现细胞因子对皮肤光老化起着重要的介导作用，细胞因子在光老化中的作用越来越受到重视，ECM 生长因子调控体系紊乱是皮肤皱纹形成的分子基础[4]。在众多细胞因子中，转化生长因子-β（transforming growth factor-β，TGF-β）是一种具有多种生物学效应的细胞因子，可介导多种信号通路将信号自细胞外传递至细胞核，调控基因转录，发挥相应的生物学效应[3, 27]。正常生理情况下，TGF-β 处于一种动态平衡，维持组织内环境的相对稳定，长期 UV 应激使皮肤组织中 TGF-β 和 TGF-β 受体（TGF-βR）表达下调，成纤维细胞数目减少，并通过激活转录因子活性蛋白-1（active proteins-1，AP-1）阻断 TGF-β/Smad 信号通路，引起 MMPs、组织蛋白酶、丝氨酸蛋白酶类、成纤维细胞弹性蛋白酶等 ECM 降解酶系的活性增加，直接导致胶原纤维和弹性纤维降解增加，从而导致表皮内陷引起深度皱纹。孔亚男[27]探讨 TGF-β 对 UVA 照射皮肤成纤维细胞的保护作用，结果表明成纤维细胞活力及胶原蛋白表达量均随辐照剂量的增加而显著下降，添加 TGF-β 处理可呈剂量依赖性提升细胞活力及胶原蛋白表达量，证明 TGF-β 对光老化有一定的干预作用，提示 TGF-β 在皮肤光老化修复中具有重要意义。

1.1.6 MAPK 信号通路激活在介导皮肤光老化中起重要作用

丝裂原活化蛋白激酶（mitogen-activated protein kinase，MAPK）级联反应是调节正常细胞增殖、分化、存活和修复的关键信号通路，MAPK 级联通路的紊乱常导致肿瘤及其他疾病。目前，UV 诱导 MAPK 信号通路激活在皮肤光老化进程中起重要作用，其中 p38 MAPK 信号通路与 UV 诱导的细胞应激反应关系密切。UV 通过 MAPK 信号通路激活核因子 κB（nuclear factor kappa-B，NF-κB），同时诱导 c-Jun 表达上调，c-Jun 与构成型 c-Fos 结合，形成 AP-1，AP-1 和 NF-κB 均可激活 MMPs 和细胞因子表达，从而损害真皮 ECM，引发皮肤光老化损伤[3, 19, 28]。刘垠[29]采用 UV 照射体外培养的皮肤成纤维细胞，观察细胞形态变化及相关细胞因子变化，检测 MAPK 信号传导下游基因 *c-jun* 与 *c-fos* 表达变化，表明成纤维细胞 *c-jun* mRNA 表达随照射剂量累积而增加，与对照组比较有显著差异，其终末基因 MMP-1/3 表达也随照射剂量增加而显著增加，而 *c-jun* 基因沉默后 MMP-1/3 表达下调，证明 *c-jun* 基因对皮肤光老化中 MMPs 及胶原代谢存在显著影响。转录激活蛋白 AP-1 存在于许多细胞中，并与细胞的分化、增生、凋亡及肿瘤转化密切相关。核转录因子 c-Jun 是 AP-1 的组成部分，而 AP-1 是 *MMP-1* 基因表达所必需的，*AP-1* 基因可被 UV 激活的信号通路活化。皮肤光老化中 MMP-1 与 c-Jun 密切相关，c-Jun 表达上调，其信号下游的 MMP-1 表达也会随之升高，抑制 c-Jun 表达，MMP-1 也会受到抑制。同时，MAPK 信号通路中的细胞外信号调节激酶（extracellular singnal regulated kinase，ERK）通路在调控成纤维化细胞增殖及胶原沉积中发挥重要作用[2, 3]。以上结果提示特异性抑制 MAPK 信号通路很可能是皮肤光老化干预的有效靶标。

1.2 UV 暴露可不同程度损伤消化系统形态结构与功能

1.2.1 UV 暴露对动物消化系统有不同程度的损伤效应

器官形态是器官功能的直观反映，通过形态变化可初步评价器官功能，动物的脏器质量和脏器指数是主要生物学特性指标之一，免疫器官指数大小在一定程度上可反映机体免疫功能的强弱。脾脏是机体重要的免疫器官，脾是发生免疫应答的重要基地，是全身最大的抗体产生器官，对调节血清抗体水平至关重要。肝脏是腹腔内最大的实质性器官，担负机体重要生理功能，是异源物质体内转化和代谢的主要场所，肠道与肝脏之间存在密切联系，形成肠-肝轴[1]。肝脏除了作为消化器官及其具有的代谢、解毒和内分泌功能外，越来越多的研究证实了肝脏还是免疫器官，肝脏可分泌一系列的细胞因子，对机体的免疫调节起重要作用。肝损伤在组织病理学上可见肝细胞变性、空泡化、凋亡坏死及微循环障碍和间质纤维增生等。Cameron 等[31]采用 20 Gy 剂量辐照大鼠肝部 1 h、6 h、24 h、96 h 和 1.5 个月、3 个月均可损伤小肠上皮细胞屏障结构，空肠、回肠肠段可见充血状，但持续性绒毛和隐窝结构损伤只出现在空肠肠段，绒毛-隐窝系统的上皮细胞再生功能受损，相比而言结肠肠段损伤轻微，且在辐射的 1～12 h 内发生，十二指肠及空肠肠段可见炎性粒细胞浸润及黏膜炎，并伴有显著的趋化因子聚集，而在回肠段此种损伤较为缓慢。同时，肠黏膜机械屏障由肠上皮细胞及上皮细胞间连接复合体、黏液层、消化酶及胃肠蠕动构成。机体在应激状态下肠黏膜缺血、缺氧，肠上皮细胞水肿坏死，细胞间连接断裂，肠黏膜单层上皮细胞屏障完整性破坏、通透性增强，绒毛受损萎缩甚至消失，造成肠黏膜屏障结构受损。因此，基于肝-肠轴形态结构损伤与辐照间的密切相关性，有理由推测 UV 暴露对动物消化系统形态结构有不同程度的损伤效应。

1.2.2 UV 暴露可损伤动物消化系统屏障结构进而削弱其生理功能

在长期的进化过程中，胃和肠道形成了主要消化和吸收器官，构成了食物的消化道，食物的消化吸收过程与消化道形态结构密切相关，消化系统功能直接影响到机体的消化吸收和免疫功能。肠道是消化系统主要的消化吸收场所，其功能取决于肠道结构的完整性，正常肠道是由机械屏障、生物屏障和免疫屏障构成的具有一定选择通透性的紧密屏障结构，屏障结构的损伤将导致肠道功能的紊乱[32]。

肠道黏膜形态结构完整是肠道消化酶发挥消化与吸收功能的重要保证，小肠黏膜绒毛高度、隐窝深度及其二者的比值是决定机体消化吸收功能的结构基础，绒毛高度与隐窝深度的比值升高表示消化功能增强，比值下降表示消化功能下降。肠道消化酶是肠道生物屏障的重要组成部分，参与肠道许多重要生物化学过程和物质循环。肠道不仅与营养物质消化吸收密切相关，而且可通过脑-肠轴及肝-肠轴对机体整体健康产生重要调控作用[33]。同时，中医认为肝与皮肤衰老的关系显得尤为重要，肝脏病理形态的改变必然伴随着肝功能的改变[34, 35]。因此，采用各种措施降低或修复消化系统屏障结构损伤，从而可不同程度恢复其生理功能。

1.3 皮肤光老化诱导的肠道损伤与微生物失衡亟待探究

在长期进化过程中，肠道内菌群与其宿主之间形成了互惠互利、协同进化的共生关系，肠道内菌群的失衡，常会导致肠道感染，从而诱发肠炎、腹泻甚至肿瘤等各种肠道疾病，危害宿主健康。越来越多的研究表明，肠道微生物群落组成-肠道屏障结构完整性-疾病进程三者间存在密切联系，肠黏膜生物屏障由肠道菌群和肠上皮细胞结合产生的黏蛋白活性肽等共同组成[32, 33]，肠道菌群结构不仅直接影响营养物质的消化吸收，而且对调节机体健康水平至关重要[36]。肠道菌群主要由厚壁菌门、拟杆菌门、放线菌门和变形菌门组成，厚壁菌门及拟杆菌门占肠道菌总数的90%以上，肠黏膜生物屏障由正常肠道共生菌构成，以双歧杆菌、乳杆菌等厌氧菌为主[37]。生理状态下双歧杆菌等与肠上皮细胞紧密结合，黏附定植于肠黏膜表面，形成一层完整的菌膜屏障，限制机会致病菌如大肠埃希菌等对肠上皮细胞的黏附及定植，维持了肠道菌群与机体间的微生态平衡关系。目前关于紫外辐照对肠道菌群结构的影响尚未见系统性报道。基于肠道机械屏障与生物屏障间的相关性，可以推测 UV 辐照下的肠道机械屏障结构间接损伤必将在一定程度上使肠道生物屏障中的菌群结构失衡，明确 UV 辐照与肠道菌群结构改变之间的相关性可为干预皮肤光老化进程提供潜在靶标。

1.4 代谢组学有望揭示皮肤光老化整体机制

1.4.1 代谢组学技术特征

在生物体内，生命信息沿 DNA、mRNA、蛋白质、代谢产物、细胞、组织、器官、个体、群体的方向进行流动。作为基因组学和蛋白质组学的延伸，代谢组学主要研究生物体不同状态下相关代谢产物种类、数量及其变化规律。作为系统生物学的重要组成部分，代谢组学也是目前组学领域的研究热点之一，其研究对象是分子质量小于1 kDa的小分子化合物[38~40]。与传统代谢研究方法相比，代谢组学采用现代仪器联用技术对机体在特定条件下的整体代谢产物进行全谱检测，并结合多元统计分析方法着重分析代谢物在细胞物质代谢、能量代谢、信号转导等生命活动中的变化及其生物学意义，从而有助于整体了解疾病病理过程及相关代谢途径的改变，同时通过代谢组学方法可将研究对象从微观基因或蛋白质分子变为宏观代谢物与代谢表型，具有直接、准确反映生物体病理生理状态的优势。自英国 Nicholson 研究组从毒理学角度分析大鼠尿液成分时提出了代谢组学的概念以来[41]，代谢组学技术已在医学诊断[42]、药物筛选[43]、食品营养与安全[44]、植物育种[45]等领域广泛应用并显示出独特优势。

1.4.2 典型代谢物质在皮肤结构与功能维持中的作用及其光响应

皮肤脂类主要由磷脂、鞘脂、胆固醇、脂肪酸、甘油三酯，以及各种脂类代谢中间物等成分构成，介导诸如表皮屏障稳态和细胞增殖等多种生理响应。诸多研究证明皮肤脂类在细胞生长与分化、能量代谢、信号转导、基因表达调控方面发挥重要作用。就磷脂而言，磷脂酰胆碱(卵磷脂)与磷脂酰乙醇胺(脑磷脂)是所有哺乳动物细胞膜的主要成分，磷脂代谢失衡将影响到能量代谢并与疾病进程密切相关[46, 47]。作为细胞膜组分不可或缺的物质，磷脂组分一旦缺乏就会降低皮肤细胞的再生能力，导致皮肤变得粗糙及皱纹增加，适当摄取卵磷脂后皮肤再生活力将显著改善。

甘油代谢缺陷不仅影响表皮的角化作用，而且将降低乙酰神经酰胺的合成，神经酰胺是表皮内重要结构和信号物质，通常与鞘脂类长链脂肪酸一起参与维持皮肤屏障结构与功能，神经酰胺含量的下降与多种皮肤问题密切相关[48~50]。在表皮急性 UV 辐照及光老化皮肤中脂类代谢显著降低，细胞内及细胞膜上甘油和胆固醇处于较低水平，皮肤组织中脂肪酸和甘油合成降低，整体表现出皮肤水分油分代谢失衡，弹性下降而皱纹增加。

花生四烯酸具有调节免疫系统、保护肝细胞、促进消化、预防和改善全身多种病理表现等功能，是亚油酸及脂肪酸代谢途径中的核心代谢产物[51, 52]。花生四烯酸在体内可转变成各种具有生理活性的代谢产物，作用广泛而强烈，是细胞生理功能调节的重要物质，花生四烯酸含量直接决定了下游甾醇类激素的含量与生理效应，如前列腺素与特异的膜受体结合后可介导细胞增殖和凋亡等一系列重要细胞活动，在维护细胞氧化和炎症平衡中发挥关键作用。

胆汁酸是胆汁的重要成分，在脂肪代谢中起着重要作用，可提高能量利用率，改善动物生长性能。在一定浓度范围内胆汁酸浓度与肝脏和结肠功能密切相关[53~56]，临床上血清中胆汁酸水平可作为检测各种急、慢性肝炎肝损伤的一个敏感指标，小肠细菌过度繁殖导致的小肠抽取物及血清中非结合胆汁酸水平急剧升高可引起肠道炎症反应。上述不饱和脂肪酸在保持细胞膜相对流动性、使胆固醇酯化、合成甾醇类激素、降低血液黏稠度等方面均发挥重要作用，机体不饱和脂肪酸合成水平的降低将会导致皮肤结构受损和屏障功能的失调[57]。Kim 等研究表明，UV 可降低皮肤中游离脂肪酸和甘油的生物合成，从而促进皮肤光老化[58]。因此，基于脂类物质在皮肤结构功能中的独特作用，明确皮肤光老化进程中脂类代谢谱的规律性变化将有利于在整体水平动态揭示 UV 对皮肤物质代谢的影响机制。

1.5 食源肽及其在改善皮肤光老化中的作用

1.5.1 食源肽及其功能

肽是分子结构介于氨基酸和蛋白质之间的一类化合物，由 2 个或 2 个以上氨基酸分子通过肽键相互连接而成，是蛋白质的结构和功能片段。根据氨基酸数量进行划分，肽链上氨基酸数目在 10 个以内的为寡肽，10～50 个的为多肽，50 个以上的则为蛋白质。氨基酸以不同种类和排列方式构成了从简单二肽到复杂线形或环形结构的多功能化合物，生物体内存在的天然肽类分子对机体正常生命活动不可或缺，肽类分子可通过磷酸化、糖基化或酰基化被激活，在参与调节机体生理活动中发挥重要作用，故称为生物活性肽[59, 60]。除了生物体自身分泌合成的少量生物活性肽外，已能够利用体外酶解手段从动物、植物和微生物中分离出多种生物活性肽，其中从食物蛋白中制备生物活性肽具有功效显著、安全可靠、工艺简单和成本低廉的特点，是目前肽类功能食品制备的主要工艺方法。

食源性活性肽具有显著的生理调节活性和食用安全性，是当前国际食品界热门研究课题和极具发展前景的功能因子。与氨基酸吸收方式不同，寡肽的吸收和转运由独立的肽转运蛋白家族载体介导，载体与质子泵偶联进行逆浓度梯度转运，其效率更高。生物活性肽在肠道组织进入肠系膜静脉后，对生物体内的代谢酶活性具有明显的增强或抑制作用，行使活性调节功能[59]。食源性活性肽不仅在体外具有显著的抗氧化、抗炎、抗菌等作用，且多项体内研究证明，食源性小肽具有提升肠道消化酶活力[61]、促进肠道绒毛结构发育[62, 63]、改善肠道屏障结构和功能[64]、调节肠道菌群结构等多种生理活性[65, 66]。膳食因子-肠道微生物-肠道屏障完整性之间存在广泛的相互作用，并引起多器官生物学效应[32]，但具体机制尚不清楚。因此，运用 16S rDNA 测序技术进行肠道菌群结构分析，有助于进一步探讨皮肤光老化诱导的肠道微生物变化，揭示食源肽干预效应与肠道微生物区系调整的内在联系。

1.5.2 食源肽改善皮肤光老化效应与消化系统有特定联系

随着生命科学的理论发展和技术进步，各种内服性皮肤护理品因其良好的吸收性和长效性而逐渐成为未来功能性药妆品的开发重点。作为蛋白质特定片段，食源性生物活性肽因其良好的吸收和显著的功能已在皮肤调理食品领域广泛应用[68~70]。Hinek 等[30]采用蛋白激酶 K 对牛颈部蛋白进行酶解，制备分子质量在 10 kDa 以下的蛋白酶解物，命名为 Prok-60，并在细胞和动物水平上证实 Prok-60 可显著促进真皮成纤维细胞中 Col Ⅰ和弹性蛋白的生物合成，在改善皮肤力学结构方面显示了独特作用，长期摄入 Prok-60 可抑制老化胶原纤维的断裂与排列紊乱。在改善人体皮肤老化方面也有相关报道，Proksch 等[70]对 114 名年龄 45～65 岁女性随机接受 2.5 g 胶原蛋白肽或相应安慰剂连续 8 周口服干预，通过双盲实验研究评价了胶原蛋白特定生物活性肽 VERISOL(R)在控制眼睑部位皮肤皱纹形成，刺激前胶原蛋白Ⅰ、弹性蛋白、原纤蛋白生物合成方面的作用。实验表明，与安慰剂组相比，摄取胶原蛋白肽第 4 周和第 8 周后可显著减少眼睑处皱纹量，第 8 周显示真皮组织中前胶原蛋白Ⅰ、弹性蛋白和原纤蛋白生物合成量较对照组分别提高了 65%、18%和 6%，且在停用 4 周后仍可观察到显著改善效应，证实口服特定生物活性肽可减少皮肤皱纹，并对真皮基质合成有良好的促进效果。

与外用护肤品吸收途径不同，口服食源性物质需经口腔、咽、胃、肠、肝等人体消化系统后进入血液，经血液循环到达皮肤光老化部位发挥抗衰老作用，但目前对于食源性肽经口服暴露后如何经消化系统进入血液，以及如何发挥生物功能所知甚少。机体胃肠道黏膜屏障完整、绒毛形态正常是各种损伤修复的结构基础。多项研究表明，生物活性小肽制剂不仅可促进小肠绒毛和胰腺等消化系统的发育，而且可作为神经递质促进肠道激素受体和酶的分泌，增强机体免疫力[71~75]。Ngoh 等[61]以墨西哥豆为原料制备除了具有抗氧化和减缓糖尿病功效的寡肽，还通过化学合成方法制备了纯度在 95%以上的合成肽，体外实验证明这些寡肽可显著提升蛋白酶活力，并抑制脂肪酶活力。

肽作为蛋白质的酶解产物，在动物消化道内参与生命活动调节，发挥类信号分子样作用。目前，虽然活性肽产品已应用于医药、营养保健和畜牧兽医，但关于食源肽干预光老化是否与调节消化道酶活力相关尚未见报道。此外，基于肝-肠轴的相关性，对肝部的损伤也会影响到肠道的形态与功能，最终影响机体健康状况。因此，有理由推测，在长期紫外辐照进行皮肤光老化造模的过程中，有可能会对肝脏器官造成一定的应激性损伤，同时间接改变肠道的屏障结构与功能，而食源肽对光老化皮肤的改善作用可能会部分与修复肠道受损结构、恢复肠道功能有关。

1.6 揭示食源肽干预皮肤光老化整体机制是靶向拮抗的理论基础

皮肤光老化进程中发生从表观、组织、细胞和分子水平的多尺度变化，涉及皮肤组织各组分协同参与的复杂病理与生理调控，还涉及消化系统，目前尚不能用单一因素来解释其病因和发病机制，必须采用从宏观到细胞和分子的完整策略。虽然目前开发的一些食源肽具有良好的抗光老化效应，且在组织和细胞水平对食源肽拮抗光老化进程进行了不同程度的机制探讨，但皮肤光老化机理相当复杂，从信号转导水平系统研究食源肽改善皮肤老化的分子机制目前仍较为薄弱，利用代谢组学技术对作用机制进行系统全面整体解析的研究尚未见报道。

本书通过建立皮肤光老化实验动物模型，比较研究狭鳕鱼皮胶原蛋白肽(*Theragra chalcogramma* peptides，TCP)、牛颈弹性蛋白肽(*Bovine* elastin peptides，BEP)、鲣鱼动脉弹性蛋白肽(*Skipjack tuna* peptides，STP)和核桃肽(*Juglans regia* peptides，JRP)4 种食源性肽低、中、高剂量(0.32 g/100 mL、0.96 g/100 mL、2.88 g/100 mL)连续 18 周口服摄入对皮肤老化的干预作用，进而基于细胞外基质组分的代谢调控网络，着重在细胞外基质弹性结构组织形态、氧化应激与免疫抑制、细胞因子调控及信号分子转导水平系统探讨弹性蛋白肽抗皱的网络机制。同时，与外用护肤品吸收途径不同，口服食源性肽需经口腔、咽、胃、肠、肝等消化系统进入血液，经血液循环到达皮肤光老化部位发挥抗衰老功能，但目前对于食源肽口服后如何经消化系统进入血液，以及如何发挥生物功能所知甚少。因此，本研究进一步对长期 UV 辐照下的消化系统形态结构、主要消化酶活力、肠道菌群结构变化进行监测，并采用非靶向代谢组学技术对血液中的代谢物轮廓进行差异分析，整体揭示食源肽干预皮肤光老化的多维机制，为光老化缓解性食源肽的开发奠定理论基础。具体内容包括：

(1) UV 暴露对皮肤屏障的影响及食源肽保护作用。跟踪监测中国广东省湛江地区的夏、秋季节白昼辐照变化，明确辐照强度分布规律，据此设计皮肤光老化实验装置；同时选取 SD 大鼠作为实验动物，将机械脱毛与化学脱毛相结合，优化皮肤脱毛参数，并在亚红斑剂量下进行持续性 UV 辐照造模，复制皮肤光老化动物模型。在此基础上，于饮用水源中添加不同来源及其浓度的食源肽作为肽干预组，监测各组实验动物在实验周期内的皮肤屏障功能和生理特性变化，定量评价食源肽对皮肤屏障光损伤的保护作用。

(2) 光老化皮肤胞外基质变化及食源肽修复效应。基于 ECM 组分与结构在皮肤皱纹形成和加深过程中的核心地位，采用组织化学方法观察对照组、模型组和肽干预组皮肤组织病理变化，明确光诱导的皮肤 ECM 空间组织结构劣化规律及食源肽修复作用；同时采用生化方法检测分析皮肤组织中 Col Ⅰ、Col Ⅲ、羟脯氨酸及透明质酸含量变化，免疫技术检测基质降解酶系活力变化，评价食源肽对 ECM 物质合成和降解的调节作用，明确食源肽抗皱的物质基础和力学机制。

(3)光老化皮肤氧化与炎性应激调控失衡及食源肽调节作用。采用生化反应检测正常组、模型组、肽干预组大鼠皮肤组织氧化应激水平与主要抗氧化酶活力，同时采用免疫技术检测组织中炎症因子及抗炎因子表达水平，分析 UV 辐照下皮肤组织氧化与免疫应激水平变化，明确食源肽对细胞氧化应激体系和免疫相关细胞因子的调节作用，在细胞应激层面阐明食源肽抗皱的生化机制。

(4)光老化皮肤 MAPK 信号通路活性变化及食源肽调控效应。运用酶联免疫技术检测正常组、模型组、肽干预组皮肤组织 ECM 合成及降解关键调控因子 TGF-β 的表达变化，同时采用蛋白质印迹法(Western-blotting)和反转录聚合酶链式反应(reverse transcription-polymerase chain reaction，RT-PCR)技术对 MAPK 信号通路标记性蛋白 JNK、p38、ERK 的基因转录和磷酸化水平进行检测，分析食源肽干预剂量与皮肤组织 MAPK 信号通路标记性蛋白基因转录和磷酸化水平间的相关性，明确 MAPK 信号通路在食源肽干预皮肤光老化中的作用，揭示食源肽抗皱的典型通路机制。

(5)皮肤光老化介导的消化系统改变及食源肽保护效应。结合表观形态变化，采用组织化学方法考察食源肽对光老化大鼠胃、肠、肝器官显微形态的影响，采用生化方法对肝脏氧化应激及免疫因子水平进行分析，并对肠道主要消化酶活力进行检测，采用热图工具对消化系统功能指标和食源肽干预剂量进行聚类比较分析，明确食源肽对光老化诱导的消化道结构损伤与功能失衡的修复效应。

(6)UV 辐照对大鼠肠道菌群结构的影响及食源肽调节作用。采用传统微生物分离鉴定和计量方法考察光老化对不同肠段主要微生物区系的影响，并运用 16S rDNA 测序技术进一步考察光老化诱导的肠道菌群结构变化及食源肽调节作用，在肠道菌群结构调整方面探讨食源性肽对光老化大鼠消化系统影响的作用机制。

(7)食源肽对 UV 诱导的代谢失调整体调节作用。基于超高效液相色谱飞行时间质谱仪(UPLC-Q-TOF/MS)生物质谱技术及多元统计分析工具，对正常 SD 大鼠对照组、光老化模型组及具有明显抗皱效应的食源肽 BEP 与 JRP 干预组血清代谢轮廓进行非靶向的差异组学比较分析，识别组间显著差异代谢物，辅以在线数据库解析其代谢途径，并探讨相关变化在光老化及食源肽干预过程中的生物学意义，从整体层面揭示食源肽 BEP 与 JRP 干预皮肤光老化的代谢调节机制。

参 考 文 献

[1] Tobin D J. Introduction to skin aging. Journal of Tissue Viability, 2017, 26(1): 37～46.

[2] Naylor E C, Watson R E B, Sherratt M J. Molecular aspects of skin ageing. Maturitas, 2011, 69(3): 249～256.

[3] González S, Fernández-Lorente M, Gilaberte-Calzada Y. The latest on skin photoprotection. Clinics in Dermatology, 2008, 26(6): 614～626.

[4] Fisher G J, Quan T H, Purohit T, et al. Collagen fragmentation promotes oxidative stress and elevates matrix metalloproteinase-1 in fibroblasts in aged human skin. The American Journal of Pathology, 2009, 174(1): 101～114.

[5] Pitak-Arnnop P, Hemprich A, Dhanuthai K, et al. Gold for facial skin care: Fact or fiction? Aesthetic Plastic Surgery, 2011, 35(6): 1184～1188.

[6] Shah H, Mahajan S R. Photoaging: New insights into its stimulators, complications, biochemical changes and therapeutic interventions. Biomedicine & Aging Pathology, 2013, 3(3): 161～169.

[7] 殷花, 林忠宁, 朱伟. 皮肤光老化发生机制及预防. 环境与职业医学, 2014, 31(7): 565～569.

[8] Ma R T, Guo Z Y, Liu Z M, et al. Raman spectroscopic study on the influence of ultraviolet- A radiation on collagen. Spectroscopy and Spectral Analysis, 2012, 32(2): 383～385.

[9] Huang G L, Chen J R. Preparation and applications of hyaluronic acid and its derivatives. International Journal of Biological Macromolecules, 2019, 125(15): 478～484.

[10] Wang F, Garza L A, Kang S, et al. *In vivo* stimulation of *de novo* collagen production caused by cross-linked hyaluronic acid dermal filler injections in photodamaged human skin. Arches Dermatology, 2007, 143(2): 155～163.

[11] Fisher G J, Datta S C, Talwar H S, et al. Molecular basis of sun-induced premature skin ageing and retinoid antagonism. Nature, 1996, 379(6563): 335～339.

[12] Lee J Y, Kim Y K, Seo J Y, et al. Loss of elastic fibers causes skin wrinkles in sun-damaged human skin. Journal of Dermatological Science, 2008, 50(2): 99～107.

[13] 徐德峰, 赵谋明, 马忠华, 等. 基于胞外基质代谢调控网络的皮肤老化机制的研究进展. 皮肤病与性病, 2016, 38(2): 112～115+146.

[14] Luo Y, Toyoda M, Nakamura M, et al. Morphological analysis of skin in senescence-accelerated mouse P10. Medicine Electron Microscopy, 2002, 35: 31～45.

[15] Young A R, Claveau J, Rossi A B. Ultraviolet radiation and the skin: Photobiology and sunscreen photoprotection. Journal of the American Academy of Dermatology, 2017, 76(S3-1): S100～S109.

[16] Fisher G J, Varani J, Voorhees J J. Looking older: Fibroblast collapse and therapeutic implications. Archives of Dermatology, 2008, 144(5): 666～672.

[17] Rabe J H, Mamelak A J, McElgunn P J S, et al. Photoaging: Mechanisms and repair. Journal of the American Academy Dermatology, 2006, 55(1): 1～19.

[18] Varani J, Warner R L, Gharaee-Kermani M, et al. Vitamin A antagonizes decreased cell growth and elevated collagen-degrading matrix metalloproteinases and stimulates collagen accumulation in naturally aged human skin. Journal of Investigative Dermatology, 2000, 114(3): 480～486.

[19] Saarialho-Kere U, Kerkelä E, Jeskanen L, et al. Accumulation of matrilysin（MMP-7）and macrophage metalloelastase（MMP-12）in actinic damage. Journal of Invest Dermatology, 1999, 113(4): 664～672.

[20] Naru E, Suzuki T, Moriyama M, et al. Functional changes induced by chronic UVA irradiation to cultured human dermal fibroblasts. British Journal of Dermatology, 2005, 153(2): 6～12.

[21] Takeuchi H, Gomi T, Shishido M, et al. Neutrophil elastase contributes to extracellular matrix damage induced by chronic low-dose UV irradiation in a hairless mouse photoaging. Journal of Dermatological Science, 2010, 60(3): 151～158.

[22] Wenk J, Brenneisen P, Meewes C, et al. UV induced oxidative stress and photoaging. Current Problem of Dermatology, 2001, 29: 83～94.

[23] Nisticò S P, Bottoni U, Gliozzi M, et al. Bergamot polyphenolic fraction counteracts photoageing in human keratinocytes. Pharma Nutrition, 2016, 4: S32～S34.

[24] Chen L, Hu J Y, Wang S Q. The role of antioxidants in photoprotection: A critical review. Journal of the American Academy of Dermatology, 2012, 67(5): 1013～1024.

[25] Bodnar R J, Yang T B, Rigatti L H, et al. Pericytes reduce inflammation and collagen deposition in acute wounds. Cytotherapy, 2018, 20(8): 1046～1060.

[26] Kim J A, Ahn B N, Kong C S, et al. Chitooligomers inhibit UVA-induced photoaging of skin by regulating TGF-β/Smad signaling cascade. Carbohydrate Polymers, 2012, 88(2): 490～495.

[27] 孔亚男. MAPK 信号通路介导活化素 A、B 对成纤维细胞的调控. 广州：南方医科大学硕士学位论文, 2013.

[28] Chiang H M, Lin T J, Chiu C Y. Coffea arabica extract and its constituents prevent photoaging by suppressing MMPs expression and MAP kinase pathway. Food and Chemical Toxicology, 2011, 49(1): 309～318.

[29] 刘根. 信号传导通路的调控对皮肤光老化保护作用研究. 昆明：昆明医学院博士学位论文, 2011.

[30] Hinek A, Wang Y T, Liu K L, et al. Proteolytic digest derived from bovine *Ligamentum Nuchae* stimulates deposition of new elastin-enriched matrix in cultures and transplants of human dermal fibroblasts. Journal of Dermatological Science, 2005, 39(3): 155～166.

[31] Cameron S, Schwartz A, Sultan S, et al. Radiation-induced damage in different segments of the rat intestine after external beam irradiation of the liver. Experimental and Molecular Pathology, 2012, 92(2): 243～258.

[32] 刘伟, 皮雄娥, 王欣. 抗菌肽与肠道健康研究新进展. 微生物学报, 2016, 56(10): 1537～1543.

[33] Ikarashi N, Ogawa S, Hirobe R, et al. Epigallocatechin gallate induces a hepatospecific decrease in the CYP3A expression level by altering intestinal flora. European Journal of Pharmaceutical Sciences, 2017, 100: 211～218.

[34] 林荣锋. 广藿香油对 UV 所致小鼠皮肤光老化模型保护作用的实验研究. 广州：广州中医药大学博士学位论文, 2015.

[35] 周小平. 补益营卫延缓皮肤衰老的理论和实验研究. 北京：北京中医药大学博士学位论文, 2007.

[36] Yang D, Yu X M, Wu Y P, et al. Enhancing flora balance in the gastrointestinal tract of mice by lactic acid bacteria from Chinese sourdough and enzyme activities indicative of metabolism of protein, fat, and carbohydrate by the flora. Journal of Dairy Science, 2016, 99(10): 7809～7820.

[37] 郑晓皎. 肠道菌-宿主代谢物组的分析平台的建立及应用. 上海: 上海交通大学博士学位论文, 2013.

[38] Gika H G, Theodoridis G A, Plumb R S, et al. Current practice of liquid chromatography-mass spectrometry in metabolomics and metabonomics. Journal of Pharmaceutical and Biomedical Analysis, 2014, 87: 12～25.

[39] Rainville P D, Theodoridis G, Plumb R S, et al. Advances in liquid chromatography coupled to mass spectrometry for metabolic phenotyping. Trends in Analytical Chemistry, 2014, 61: 181～191.

[40] Luo L, Zhen L F, Xu Y T, et al. ^{1}H NMR-based metabonomics revealed protective effect of Naodesheng bioactive extract on ischemic stroke rats. Journal of Ethnopharmacology, 2016, 186: 257～269.

[41] Nicholson J K, Lindon J C, Holmes E. Metabonomics understanding the metabolic responses of living systems to pathophysiological stimuli via multivariate statistical analysis of biological NMR spectroscopic data. Xenobiotica, 1999, 29(11): 1181～1189.

[42] 杨维. 基于LC-MS/MS技术的肺癌血浆代谢组学研究. 北京: 北京协和医学院与中国医学科学院博士学位论文, 2013.

[43] Huo T G, Chen X, Lu X M, et al. An effective assessment of valproate sodium-induced hepatotoxicity with UPLC-MS and ^{1}H NMR-based metabonomics approach. Journal of Chromatography B, 2014, 969: 109～116.

[44] Wang P, Wang H P, Xu M Y, et al. Combined subchronic toxicity of dichlorvos with malathion or pirimicarb in mice liver and serum: A metabonomic study. Food and Chemical Toxicology, 2014, 70: 222～230.

[45] 段礼新, 漆小泉. 基于GC-MS的植物代谢组学研究. 生命科学, 2015, 27(8): 971～977.

[46] Inoue M, Senoo N, Sato T, et al. Effects of the dietary carbohydrate-fat ratio on plasma phosphatidylcholine profiles in human and mouse. The Journal of Nutritional Biochemistry, 2017, 50: 83～94.

[47] van der Veen J N, Kennelly J P, Wan S, et al. The critical role of phosphatidylcholine and phosphatidylethanolamine metabolism in health and disease. Biochimica et Biophysica Acta (BBA)-Biomembranes Part B, 2017, 1859(9): 1558～1572.

[48] Kendall A C, Kiezel-Tsugunova M, Brownbridge L C, et al. Lipid functions in skin: Differential effects of n-3 polyunsaturated fatty acids on cutaneous ceramides, in a human skin organ culture model. Biochimica et Biophysica Acta (BBA)-Biomembranes Part B, 2017, 1859: 1679～1689.

[49] Kihara A. Synthesis and degradation pathways, functions, and pathology of ceramides and epidermal acylceramides. Progress in Lipid Research, 2016, 63: 50～69.

[50] Radner F P W, Fischer J. The important role of epidermal triacylglycerol metabolism for maintenance of the skin permeability barrier function. Biochimica et Biophysica Acta (BBA)-Molecular and Cell Biology of Lipids, 2014, 1841(3): 409～415.

[51] Astudillo A M, Pérez-Chacón G, Balgoma D, et al. Influence of cellular arachidonic acid levels

on phospholipid remodeling and CoA-independent transacylase activity in human monocytes and U937 cells. Biochimica et Biophysica Acta (BBA)-Molecular and Cell Biology of Lipids, 2011, 1811(2): 97～103.

[52] Angell R J, McClure M K, Bigley K E, et al. Fish oil supplementation maintains adequate plasma arachidonate in cats, but similar amounts of vegetable oils lead to dietary arachidonate deficiency from nutrient dilution. Nutrition Research, 2012, 32(5): 381～389.

[53] Chen Q C, Liu M, Zhang P Y, et al. Fucoidan and galactooligosaccharides ameliorate high-fat diet-induced dyslipidemia in rats by modulating the gut microbiota and bile acid metabolism. Nutrition, 2019, 65: 50～59.

[54] Chiang JY L. Bile acid metabolism and signaling in liver disease and therapy. Liver Research, 2017, 1(1): 3～9.

[55] Theiler-Schwetz V, Zaufel A, Schlager H, et al. Bile acids and glucocorticoid metabolism in health and disease. Biochimica et Biophysica Acta (BBA)-Molecular Basis of Disease, 2019, 1865(1): 243～251.

[56] Brandl K, Hartmann P, Jih L J, et al. Dysregulation of serum bile acids and FGF19 in alcoholic hepatitis. Journal of Hepatology, 2018, 69(2): 396～405.

[57] Hong Y F, Lee H Y, Jung B J, et al. Lipoteichoic acid isolated from Lactobacillus plantarum down-regulates UV-induced MMP-1 expression and up-regulates type I procollagen through the inhibition of reactive oxygen species generation. Molecular Immunology, 2015, 67(2): 248～255.

[58] Kim E J, Jin X J, Kim Y K, et al. UV decreases the synthesis of free fatty acids and triglycerides in the epidermis of human skin *in vivo*, contributing to development of skin photoaging. Journal of Dermatological Science, 2010, 57(1): 19～26.

[59] 李勇. 肽临床营养学. 2版. 北京: 北京大学出版社, 2012.

[60] 邹远东. 酶法多肽-人类健康卫士. 北京: 知识产权出版社, 2015.

[61] Ngoh Y Y, Choi S B, Gan C Y. The potential roles of Pinto bean (*Phaseolus vulgaris* cv. Pinto) bioactive peptides in regulating physiological functions: Protease activating, lipase inhibiting and bile acid binding activities. Journal of Functional Foods, 2017, 33: 67～75.

[62] 汪官保. 植物活性肽对哺乳仔猪生产性能的影响及其促生长机理的研究. 西宁: 青海大学硕士学位论文, 2007.

[63] 刘文斌. 饼粕蛋白酶解产物对异育银鲫生长发育影响及其生物效价分析的研究. 南京: 南京农业大学博士学位论文, 2005.

[64] 岳洪源. 大豆生物活性肽对仔猪生长性能的影响及其机理的研究. 北京: 中国农业大学硕士学位论文, 2004.

[65] 张为鹏, 王斌, 杨在宾. 植物活性肽对哺乳仔猪生产性能、免疫性能及肠道微生物影响的研究. 饲料工业, 2007, 28(17): 10～13.

[66] 左伟勇, 陈伟华, 邹思湘. 伴大豆球蛋白胃蛋白酶水解肽对小鼠免疫功能及肠道内环境的影响. 南京农业大学学报, 2005, 28(3): 71～74.

[67] Chen T J, Hou H, Fan Y, et al. Protective effect of gelatin peptides from pacific cod skin against photoaging by inhibiting the expression of MMPs via MAPK signaling pathway. Journal of Photochemistry and Photobiology B: Biology, 2016, 165: 34～41.

[68] Lu J H, Hou H, Fan Y, et al. Identification of MMP-1 inhibitory peptides from cod skin gelatin hydrolysates and the inhibition mechanism by MAPK signaling pathway. Journal of Functional Foods, 2017, 33: 251～260.

[69] Wu Y Y, Tian Q, Li L H, et al. Inhibitory effect of antioxidant peptides derived from *Pinctada fucata* protein on ultraviolet-induced photoaging in mice. Journal of Functional Foods, 2013, 5(2): 527～538.

[70] Proksch E, Schunck M, Zague V, et al. Oral intake of specific bioactive collagen peptides reduces skin wrinkles and increases dermal matrix synthesis. Skin Pharmacology and Physiology, 2014, 27(3): 113～119.

[71] 周越. 贻贝肽与贻贝多糖对衰老的干预作用及其机制. 镇江: 江苏大学博士学位论文, 2013.

[72] Tanaka M, Koyama Y, Nomura Y. Effects of collagen peptide ingestion on UVB-induced skin damage. Bioscience, Biotechnology and Biochemistry, 2009, 73(4): 930～932.

[73] Fujii T, Okuda T, Yasyi N, et al. Effects of amla extract and collagen peptide on UVB-induced photoaging in hairless mice. Journal of Functional Foods, 2013, 5(1): 451～459.

[74] Chen C C, Chiang A N, Liu H N, et al. EGb-761 prevents ultraviolet B-induced photoaging via inactivation of mitogen-activated protein kinases and proinflammatory cytokine expression. Journal of Dermatological Science, 2014, 75(1): 55～62.

[75] 李幸. 鳕鱼皮胶原肽保湿护肤效果的研究. 青岛: 中国海洋大学硕士学位论文, 2014.

第2章　UV暴露对皮肤屏障的影响及食源肽保护作用

光老化导致皮肤过早出现粗糙、皱纹、色素异常、脆性增加、毛细血管扩张及皮革样外观等损美性症状，严重影响皮肤外观。随着审美标准的不断提高，人们对皮肤光老化越来越关注，皱纹及屏障功能是皮肤老化的主要评价指标之一，皮肤质感、弹性及皱纹等生理性状与皮肤屏障功能密切相关，光老化可导致皮肤屏障功能受损[1~3]。鉴于皮肤组织天然“砖墙结构”的致密屏障，只有分子质量小于3000 Da的分子才能透皮吸收，另外功效成分大多在化学结构上稳定性较差，长时间暴露于紫外线等环境下极易分解，失去本身应有的抗衰功能甚至产生有毒物质[4]。因此，通过饮食内在途径改善皮肤屏障功能，减少皮肤皱纹量，从而改善光老化皮肤表观形态已是新一代抗皱功能食品开发的研究热点。

自Mellander 1950年首次报道食源性生物活性肽具有健康调节功能以来，食源性肽的功能逐渐引起食品及医学科学家和产业的兴趣和关注，目前食源性生物活性肽的多种生物功能已被发现，其中缓解人和动物皮肤老化的一些食源肽已见报道[3, 5~7]。Proksch等[3]对114名年龄45～65岁女性随机接受2.5g胶原蛋白肽或相应安慰剂连续8周口服暴露，通过双盲实验评价了胶原蛋白特定生物肽BCP在控制眼睑部位皮肤皱纹形成，刺激前胶原蛋白Ⅰ、弹性蛋白、原纤蛋白生物合成方面的作用，证实口服特定生物肽BCP可减少皮肤皱纹，并对真皮基质合成有良好的促进效果。基于食源肽在改善皮肤光老化方面的良好作用和广泛应用前景，本研究首先通过开发相应光老化辐照装置，构建皮肤光老化动物模型，然后选用4种来源的食源肽进行口服干预，比较各自对UV诱导皮肤屏障结构受损与功能失衡的改善效应，为产品开发奠定实验基础。

2.1　紫外辐照装置开发

2.1.1　湛江地区夏秋季节日光中紫外线辐照特征

动物模型是研究皮肤光老化分子机理和评价抗老化产品功能性的基本工具，但简单实用的皮肤光老化实验装置仍较为缺乏。本研究基于地区紫外辐照特征，开发特定自然光辐照强度的紫外辐照装置，为食源肽抗皱评价及机制解析提供基本实验装备。鉴于自然光谱中UVA和UVB的光谱组成及其各自的能量特点和在光老化进程中的独特作用，本研究采用 UVA 与 UVB 两种光源联合，模拟日光辐照特点构建皮肤光老化衰老模型，以期全面了解日光 UV 诱导光老化的机制，为皮肤合理防护提供试验依据。

日光中 UV 辐照强度随纬度而变化，明确特定地区紫外辐照分布规律是开发针对性护肤品的基础。本研究采用紫外辐照计对广东省湛江地区的夏、秋季节典型高紫外辐照情况进行了监测，测试时间选择早晨 7:00～9:00、中午 12:00～14:00、傍晚 17:00～19:00，除去阴雨天，采集数据进行分析，探讨湛江地区夏、秋季白昼紫外辐照强度分布规律，结果见图 2-1。

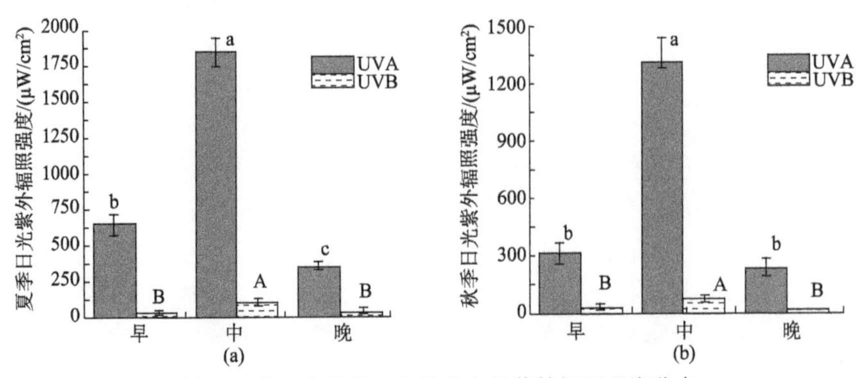

图 2-1 湛江地区夏、秋季节白昼紫外辐照强度分布

由图 2-1 可以看出，同一季节下早晨(7:00～9:00)、中午(12:00～14:00)、傍晚(17:00～19:00)三个时段中 UVA 差异甚大。夏季日光中 UVA 辐照强度中午时达到(1842.36±119.48)μW/cm^2，显著高于早晨时强度(656.83±87.22)μW/cm^2，而早晨又显著高于傍晚时的强度(348.24±75.29)μW/cm^2。夏季 UVB 呈现与 UVA 相同的规律，中午辐照强度为(129.43±10.25)μW/cm^2，显著高于早晨和傍晚的辐照强度，早晨的辐照强度(32.14±5.48)μW/cm^2 明显高于傍晚的辐照强度(20.18±7.77)μW/cm^2，但未达到显著性水平。

秋季时 UVA 辐照规律与夏季不同，虽然中午辐照强度(1307.57±224.11)μW/cm^2 仍显著高于早晨和傍晚的辐照强度，但早晨的辐照强度(319.86±92.41)μW/cm^2 和傍晚的辐照强度(276.57±101.26)μW/cm^2 差异未达到显著性水平。UVB 特征与 UVA 类似，中午辐照强度(95.49±12.16)μW/cm^2，显著高于早晨和傍晚的辐照强度，但早晨的辐照强度(20.41±6.62)μW/cm^2 和傍晚的辐照强度(16.96±9.43)μW/cm^2 差异不显著。整体来看，自然光中 UVA 与 UVB 均为早晚低、中午辐照最强，且中午约为早晚的 4 倍。同时可以看出，UVA 与 UVB 辐照强度差异显著，三个时段下 UVA 均显著高于 UVB(P<0.05)，辐照强度 UVA 约为 UVB 的 10～15 倍，本结果初步明确了湛江地区夏、秋季节白昼紫外辐照的分布规律，可为紫外防护和护肤品开发提供基础数据。

2.1.2　辐照装置的设计与开发

2.1.2.1　辐照箱规格尺寸的定型

鉴于空气中臭氧层的保护，紫外辐射中短波紫外线(UVC)很少能穿过臭氧层而进入大气层到达地球表面，因而近地表紫外辐照主要以 UVA 和 UVB 为主，但 UVC 具有较强的杀菌作用，故在本实验装置中同时加进去作为灭菌或后备所需。由于紫外辐照强度与辐照距离成反比，故需进一步考察紫外辐照强度与辐照距离间的整体变化规律。基于以上自然光中 UVA 与 UVB 紫外辐照特征，进一步考察紫外灯管高度与辐照强度间的相关性，进而根据自然光辐照规律确定辐照灯管的数量及其安装位置，最终确定辐照箱整体尺寸，结果见图 2-2。

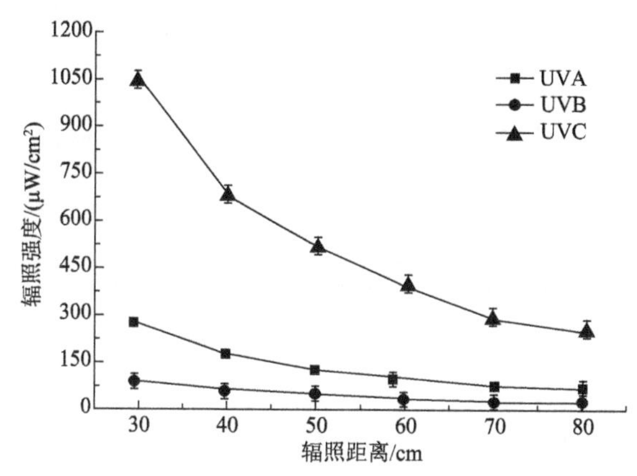

图 2-2　紫外辐照强度与灯管高度的关系

由图 2-2 可知，紫外辐照强度随高度的增加而降低，尤其是 UVC 下降最为明显，UVA 其次，UVB 平缓下降，30～40 cm 高度范围内，同一高度下，UVB 约为 UVA 的 1/3，UVA 约为 UVC 的 1/4，UVB 约为 UVC 的 1/12。基于自然光中 UVA 的辐照强度和单支 UVA 灯管的辐射光强，辐照箱的高度尺寸应为 45 cm 左右。另外，按湛江地区秋季白昼紫外辐照中 UVA 强度约为 UVB 10 倍的分布特征，可计算得出应在 40 cm 位置处安装 40 W 的 UVA 灯管(λ_{max}=365 nm) 4 根，UVB 灯管(λ_{max}=313 nm) 2 根。单只 UVA、UVB 和 UVC 紫外辐照灯管的长度均为 120 cm，直径约为 3.8 cm，为尽量减少边界效应和灯管之间因相互遮挡而造成的辐照损失，灯管两端应距离两边各 15 cm，而灯管之间应保留 5 cm 的间隔排列。因此，辐照箱尺寸应为 150 cm × 50 cm × 45 cm(长×宽×高)。

2.1.2.2　辐照装置的设计

为解决现有辐照装置动物应激强、选择性差的缺陷，本研究提供一种避免眼睛等非实验部位光损伤的大鼠皮肤光老化动物模型装置，示意图见图 2-3。

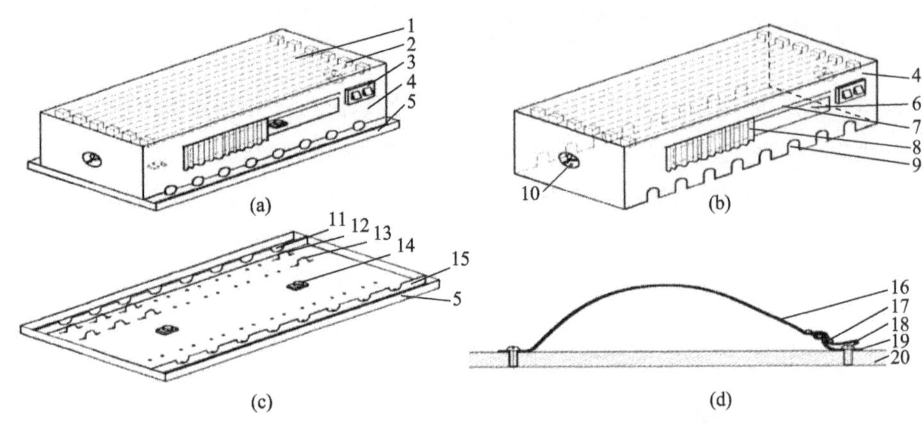

图 2-3　本装置设计结构示意图

(a)整体结构剖视图；(b)辐照单元结构示意图；(c)定位单元结构示意图；(d)大鼠定位卡座结构示意图
1. 紫外线灯管；2. 灯管支架；3. 灯管和排气扇开关组；4. 辐照单元前侧面；5. 水槽外挡板；6. 观察窗；7. 横梁；8. 不透明布罩；9. 拱形孔；10. 排气扇；11. 大鼠颈部探出孔下半部分；12. 大鼠前肢体固定带；13. 大鼠后肢体固定带；14. 辐照计；15. 水槽内挡板；16. 长帆布带；17. 回形卡环；18. 铆钉；19. 较短帆布带；20. 底板

本装置由上部辐照单元和下部大鼠定位单元组成，辐照单元可通过定位单元上的尺寸限位直接罩在定位单元上形成避光整体。辐照单元为五块不透明的有机或无机板固定连接而成的长方体，在长方体的顶部固定有 UVA、UVB、UVC 三个波段间隔排列的若干紫外线灯管，左右两个侧面各设置一个排气扇，紫外线灯和排气扇开关设在正侧面上，在定位单元边长较长的两底面上通过黏结分别固定一条大鼠饮水槽，同时两个侧面底部对应于定位单元的位置开出大鼠头颈部可自由活动的拱形孔洞。大鼠定位卡座由铆钉定位，分别固定两条较长帆布带和两条较短帆布带，较短帆布带另一端铆接一个回形卡环，回形卡环与较长一段帆布带卡接，在定位单元中心区域采用螺丝分别固定辐照计 A、B。与现有装置相比，由于在定位单元上根据上部辐照单元的尺寸设置了相应的固定卡位，使得上部辐照单元可以简便安装，较现有技术简化了结构，降低了成本。同时由于在定位单元上采用了铆钉、帆布带和卡环的组合，可对大鼠前后肢体以卡座的形式进行灵活固定，使造模过程稳定。

按照设计选择高密度丙烯腈-丁二烯-苯乙烯共聚物材料(acrylonitrile butadiene styrene，ABS)板材，采用数控机床进行精确切割，然后采用榫卯结构环氧树脂胶和木螺钉进行连接组装，紫外灯管先将灯座采用木螺丝固定在箱顶部，电线采用 1.5 mm^2 的铜芯软线进行电路排布，同一方向采用塑料软套管和扎带进行合并固定于箱体边缘，减少紫外线对导线的光老化效应，两边的风扇采用一定长度的螺栓将其固定于箱体，电线经塑料套管和扎带合并后于适当位置引出箱体，以避免被动物咬断，各灯管和风扇开关控制面板由木螺钉固定在箱体外侧便于操作的位置，为便于位置移动，在箱体左右两边各安装不锈钢把手。

本装置实物图如图 2-4 所示，采用本辐照装置后实现了对实验大鼠的灵活固定和避免了对眼睛等非实验部位的光损伤，降低了动物的情绪应激反应，减少了实验误差。同时通过在定位单元上的尺寸限位，实现了实验过程中辐照单元和定位单元的避光连接，结构更加紧凑、使用更加方便、成本更加低廉。

(a)　　(b)

图 2-4　辐照装置实物图

(a)正面图；(b)内部结构图

2.2　皮肤光老化动物模型的建立

2.2.1　Na_2S 脱毛参数对脱毛效果的影响

2.2.1.1　Na_2S 浓度对脱毛效果的影响

脱去动物体被覆毛是建立皮肤光老化动物模型的前提，目前 Na_2S 是动物脱毛的主要试剂，而浓度是影响脱毛效果和皮损程度的关键，初步考察浓度对脱毛效果的影响，结果见图 2-5。

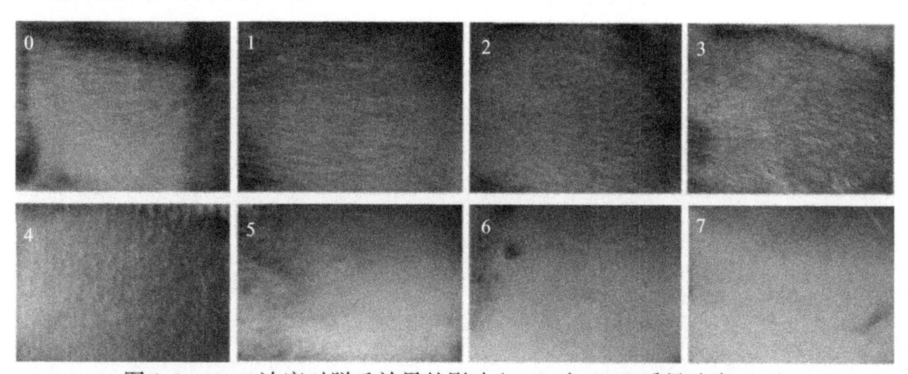

图 2-5　Na_2S 浓度对脱毛效果的影响(0～7 为 Na_2S 质量浓度，%)

由图 2-5 可以看出，当不使用 Na_2S 而仅靠电动推毛剪时根本无法去除根部毛发，Na_2S 浓度对脱毛效果影响显著，在 Na_2S 质量浓度为 1%～7%、时间 5 min 时，脱毛能力随 Na_2S 浓度增加而增强，当浓度小于 4%时，脱毛能力微弱，当达到 5%时脱毛能力明显上升，而当达到 7%时由于局部浓度过高造成了明显的皮损，因此当脱毛时间维持在 5 min 时 Na_2S 质量浓度以在 6%脱毛效果较好。Tanaka 等[8]对比研究了上蜡法、化学法、剃须刀刮除法及电动推毛剪对豚鼠毛发脱除效果，结果表明电动推毛剪处理的皮肤的病理损伤最轻，耗时最短，但脱毛后大量毛茬残留，毛发再生迅速，脱毛效果最差，而 Na_2S 脱毛后，皮肤光洁、脱毛效果好，与本研究结果相符。因此，本研究在电动脱毛的基础上采用化学脱毛可进一步提高脱毛效果，且以 6%为基础浓度进一步考察脱毛时间的影响。

2.2.1.2 Na_2S 作用时间对脱毛效果的影响

在基本浓度确定的基础上，进一步考察脱毛时间对脱毛效果的影响，结果见图 2-6。

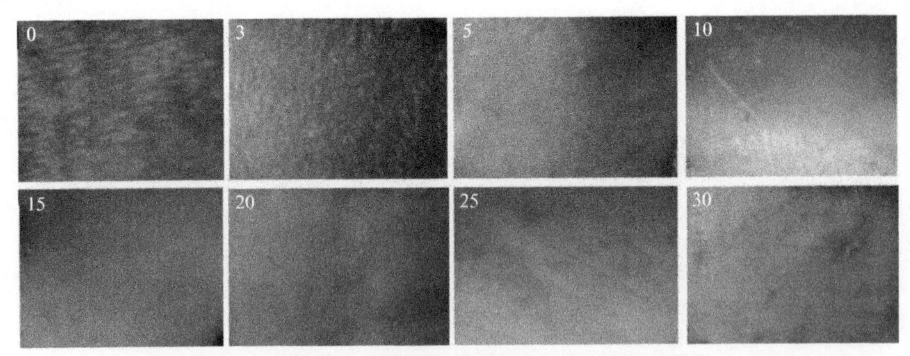

图 2-6 Na_2S 作用时间对脱毛效果的影响(0～30 为脱毛时间，min)

由图 2-6 可以看出，除 Na_2S 浓度对脱毛能力影响显著外，脱毛时间对脱毛效果影响也至关重要，Na_2S 脱毛能力随时间延长而明显加强。以 5 min 为分界线，5 min 前不明显，5 min 后开始显现，10 min 时皮肤表面比较光滑，15 min 时已非常光滑，15 min 之后皮损开始显现，20 min 时皮损明显加重，25 min 时肉眼可见皮肤灼烧样外观，表示此时已超出皮肤正常脱毛范围。因此，脱毛时间宜设定在 10～15 min。

已有的大鼠皮肤光老化动物模型的建立多采用电动推毛剪剃毛后直接紫外辐照，虽然操作简单，但残余的毛发显然会减少皮肤对紫外线能量的吸收，从而干扰实验结果。因此，本研究在剃毛的基础上采用化学脱毛进一步剥除残余根部毛发，可减少实验误差。在脱毛时间上，Fujii 等[9]以小鼠为实验对象，以脱毛时间为考察指标，在优化脱毛剂配方时表明从开始脱毛到基本脱毛完全，历时基本在 50 min 以上，而本研究脱毛时间显著低于文献报道，一方面可能在于物种不同，另一方面本实验中所要处理的仅是残余少量毛发，而余建强等[10]的研究对象是所有体表毛发，因此时间差异较大。

2.2.1.3　Na_2S 浓度及时间交互作用对脱毛效果的影响

为综合比较 Na_2S 浓度和时间对脱毛效果和皮损情况的影响，本实验在单因素实验基础上，采用 D-最优设计对 Na_2S 设置 3%、5%、7%三个浓度，10 min、15 min、20 min 三个作用时间进行脱毛处理，实验设计及结果见表 2-1，各实验序号对应的直观结果见图 2-7。

表 2-1　Na_2S 浓度及时间对 SD 大鼠皮肤脱毛效果影响的 D-最优设计

序号	因素		效果	
	Na_2S 浓度/%	作用时间/min	毛残存率/(根数/cm^2)	皮损面积/mm^2
1	7	15	0	0.9
2	5	15	5	未见皮损
3	5	20	2	0.1
4	3	15	密不可计	未见皮损
5	7	10	1	未见皮损
6	3	20	密不可计	未见皮损
7	5	10	46	未见皮损
8	7	20	0	10
9	3	10	密不可计	未见皮损
10	0	20	密不可计	未见皮损

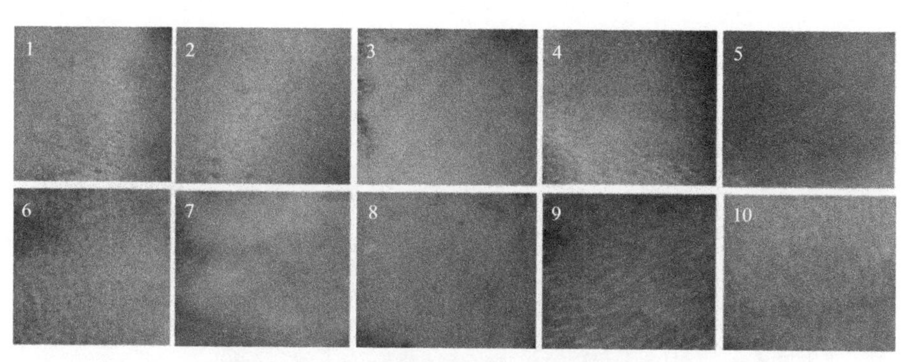

图 2-7　Na_2S 浓度及时间交互作用对脱毛效果的影响(1～10 为实验序号)

由表 2-1 及图 2-7 可知，在给定不同浓度与时间搭配条件下，产生不同的脱毛效果，其中以浓度影响最大，当浓度小于 5%时皮肤残余毛发数量密不可计，在 5%～7%时不仅残余毛发少，而且基本未见皮损，表明浓度合适，毛发剥除过程较为温和，脱毛效果较好。且由表 2-1 得知，在此浓度范围内，时间对毛发残余量和皮损面积影响也较为明显，低浓度下可适当延长至 15～20 min，而高浓度下则处理时间宜在 10～15 min 之内，综合考虑 7% Na_2S 作用 10 min 效果最好，未见皮损且无残余毛发。

2.2.2 SD 大鼠皮肤光老化动物模型的建立

光老化模型复制是功效评价的基础，在辐照装置开发及脱毛的基础上，为加速光老化进程同时避免皮损，观察不同照射剂量下皮肤外观变化，根据紫外线生物剂量(MED)定义进行亚红斑剂量的测定，然后连续辐照，结果见图 2-8，造模过程及结果见图 2-9。

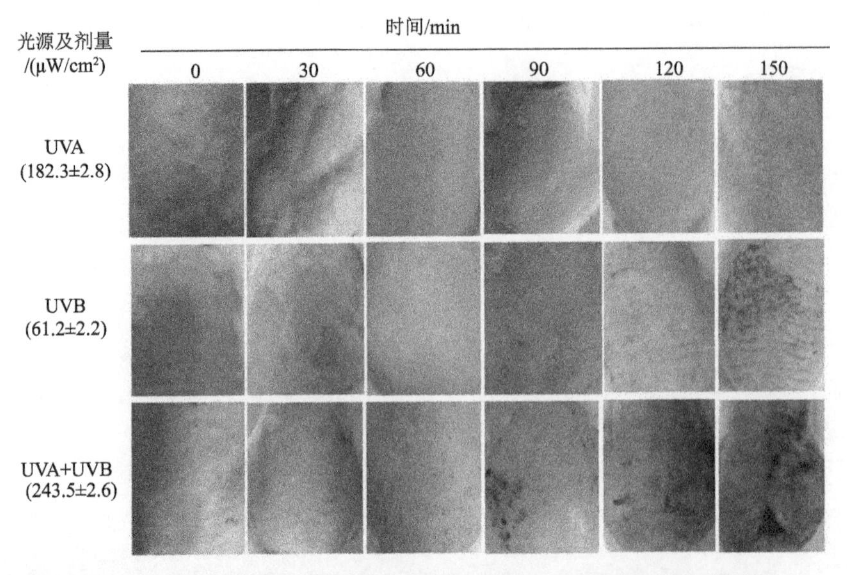

图 2-8　不同紫外辐照光源强度及辐照时间下 SD 大鼠皮肤表观变化

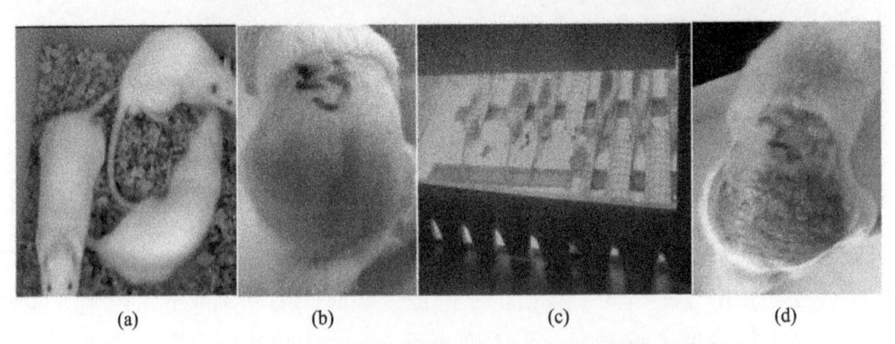

图 2-9　皮肤光老化动物模型建立流程及皮肤表观改变

由图 2-8 可以看出，在 30～120 min 内，长波紫外线(UVA)辐照对皮肤表观影响不大，皮肤未出现红斑反应，当达到 150 min 时呈现初步的红斑反应，因此根据 MED 定义可将单独 UVA 辐照时的红斑反应时间定为 150 min。当单独采用中波紫外线(UVB)进行辐照时，发现 90 min 时即可出现红斑反应，120 min 时红斑反应明显，因此单独 UVB 的 MED 设为 90 min。

根据自然光中紫外线波谱分布，进一步将 UVA 与 UVB 联合辐照，结果发现 MED 基本在 30～60 min 范围内，较单独 UVA 或 UVB 辐照时的红斑反应用时更短，保险起见，将 UVA 与 UVB 联合辐照下的 MED 定为 30 min。UVA 引起红斑反应明显大于 UVB，一方面可能是 UVA 剂量偏低，另一方面可能源于 UVA 穿透力较强，主要作用于皮肤真皮层，而红斑反应多为皮肤急性炎症反应，通常由皮肤免疫细胞激活引起，皮肤免疫细胞多分布于表皮和真皮组织交界处的基底层，此处是吸收 UVB 的主要区域，因而对 UVB 敏感，表现在皮肤表观上就是 MED 明显小于 UVA。同时，UVA 与 UVB 联合辐照后 MED 显著减少的结果进一步证明二者在引起皮肤光老化方面具有协调作用。

在确定脱毛参数和 MED 的基础上，隔天对 SD 大鼠进行 30 min 紫外辐照，至皮肤外观出现典型光老化特征表明造模成功，结果见图 2-9。可以看出，正常对照组在 18 周实验过程中皮肤光滑、色泽正常、有弹性，无明显皱纹[图 2-9(a)、(b)]。模型组在实验装置中连续辐照[图 2-9(c)]，从第 4 周开始出现少许红斑、脱屑，并可见少量横向较浅皱纹，随造模时间延长，皱纹逐渐加深，红斑炎症反应在第 10 周左右达到高峰，之后有所减轻，而皱纹、干燥现象持续加重，第 18 周时可见明显而持久的横向皱纹，皮肤干燥粗糙、缺乏弹性，伴有脱屑、角化过度、色泽黯淡、部分存在色素异常，严重者呈皮革样外观，与报道的动物模型表观形态相同[11, 12]，表明成功构建了皮肤光老化动物模型[图 2-9(d)]。

2.3　光老化对 SD 大鼠体征外观的影响及食源肽调节效应

2.3.1　4 种食源肽质量指标及肽成分一级质谱表征

由图 2-10 可以看出，4 种食源肽均为固体粉末，在颜色上 TCP 感官为白色，BEP 及 STP 为米黄色，JRP 为茶褐色。在气味上 TCP 无明显气味，BEP 与 STP 均轻微含有原料特有的气味，JRP 含有较浓的核桃特有气味。在吸湿性上 TCP 经震荡固体颗粒可分散，吸湿性弱；BEP 与 STP 固体结块后均形成硬核，无法经震荡分散，吸湿性强；JRP 虽也形成结块，但强度低于 BEP 与 STP，具有一定的吸湿性。在水溶性方面，TCP、BEP 及 STP 均易溶于水，而 JRP 溶解性稍差。在感官测评的基础上对 4 种蛋白酶解物进行了质谱分析，结果见图 2-11。

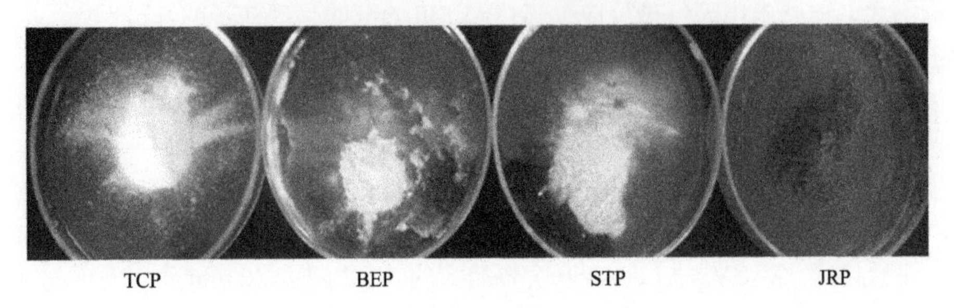

图 2-10　4 种食源肽感官形态

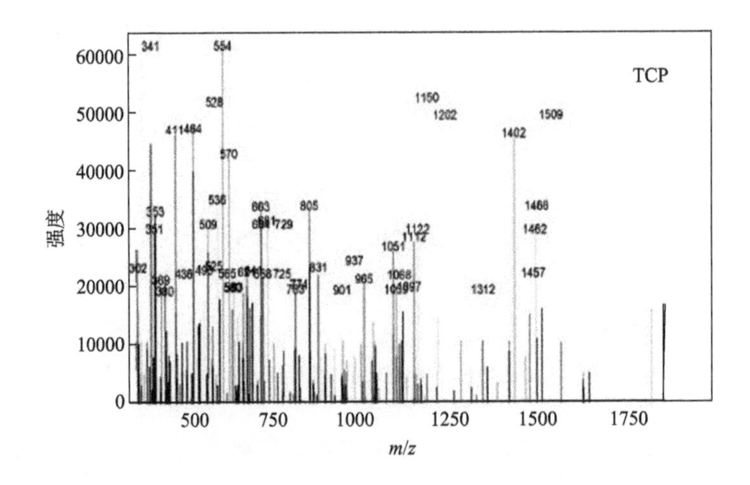

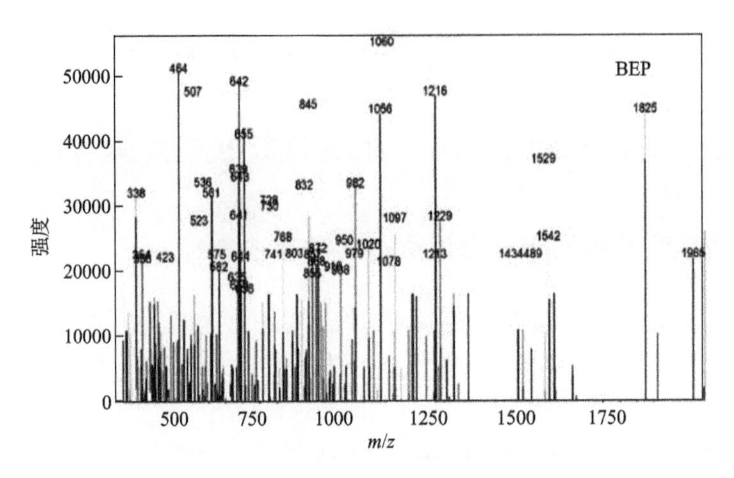

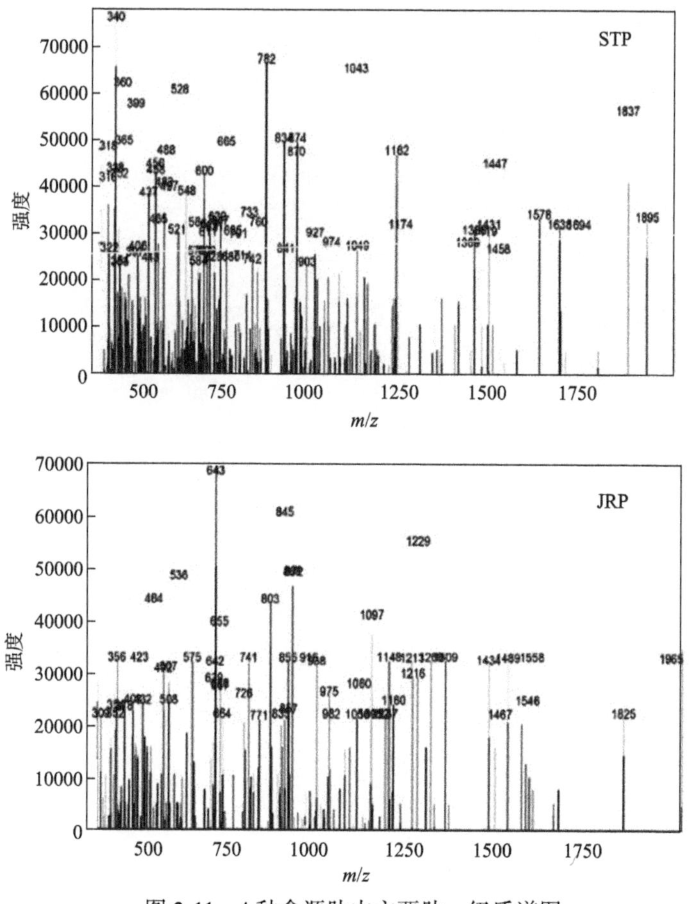

图 2-11　4 种食源肽中主要肽一级质谱图

由图 2-11 可以看出，4 种食源肽的一级质谱图均含有数量众多的色谱峰，表明物质组成较为复杂，且 4 种食源肽在一级质谱图上有明显的差别，提示 4 种食源肽在功能上将有显著的不同。

2.3.2　食源肽改善 UV 诱导的大鼠体征外观劣化

紫外辐照对 SD 大鼠整体皮肤表观的影响及食源肽的干预效应见图 2-12。

可以看出，正常组 SD 大鼠实验全程皮肤表观无明显改变，皮毛有光泽，活泼喜动，食欲佳，食量正常，模型组大鼠皮肤毛发光泽度下降，皮肤纹理增宽、皱纹加深，触摸呈干燥粗糙且弹性明显下降，而食源肽口服干预可不同程度地改善皮肤皱纹状况，深大皱纹减少，弹性有所提升，且皱纹及弹性改善情况与食源肽干预剂量呈剂量依赖性。

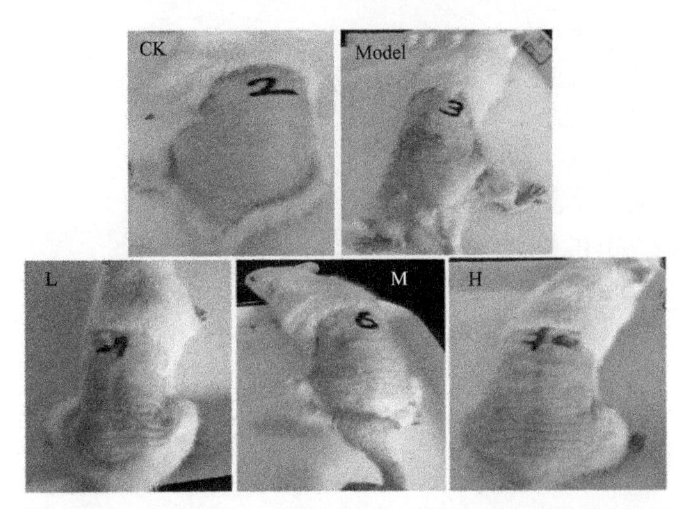

图 2-12　紫外辐照对 SD 大鼠整体神态的影响及食源肽调节作用

CK 为正常对照组；Model 为光老化模型组；L、M、H 分别为低、中、高剂量组

同时，对于生长期大鼠，体重增加情况总体反映了机体的代谢情况，根据体重变化可初步分析机体代谢情况，长期 UV 辐照对体重的影响及食源肽的调节作用见图 2-13。

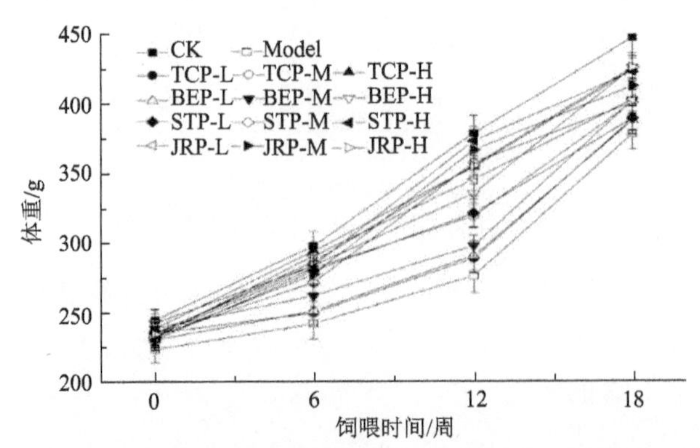

图 2-13　长期 UV 辐照对 SD 大鼠生长的影响及食源肽调节作用

CK 为正常对照组；Model 为光老化模型组；TCP、BEP、STP、JRP 分别代表 4 种不同食源肽；L、M、H 分别表示低、中、高剂量组；下图类同

结果表明，实验过程各组大鼠体重均持续增长，但增长速度存在明显区别，在第 18 周时正常对照组大鼠体重达到(448.21±11.23) g，而模型组仅为(378.73±10.91) g，显著低于正常组($P<0.05$)。与模型组相比，食源肽干预后动物生长状况有所改善，体重增加速度明显加快，第 18 周时各组平均体重均在 420 g 以上，显著高于模型组($P<0.05$)，但整体来看，不同肽之间对体重的影响差异不大，表明光老化不仅

对皮肤造成了损伤，而且对动物生长产生了一定的抑制作用，与模型组相比，食源肽干预可呈剂量依赖性减轻光老化对生长的影响，证明食源肽具有一定的促生长作用。

对于食源性小肽的促生长作用，在相关文献中多有报道，本研究取得了与其他学者相似的试验结果，且发现食源肽对光老化大鼠的促生长作用随着摄入量的增加而更加明显，分析其原因可能是生理和情绪的综合作用。多项研究证实逆境胁迫可引起动物应激反应，改变情绪状况，进而影响机体代谢和激素水平，从而在整体水平上改变动物的表观和行为。因此，基于相关研究报道，推测长期辐照不仅对皮肤表观产生光老化，而且可引起动物情绪应激胁迫，改变生理代谢水平，进而影响动物生长和各种表观状态，但针对皮肤光老化对生长的影响，不同学者研究存在一定的差异，可能是物种及实验条件不同所致，具体情况有待深入研究。

2.3.3　食源肽缓解 UV 对皮肤表观形态的影响

长期紫外线暴露引起的干燥、粗糙、色素沉积是光老化皮肤的典型表观形态，而皮肤深大皱纹增多是直观判定光老化程度和评价抗皱产品功效的基本依据。不同食源性肽口服干预后对光老化皮肤皱纹表观形态及感官评分的影响见图 2-14。

由图 2-14 可以看出，与正常对照组相比，模型组大鼠皮肤表皮粗糙、皱纹明显，呈典型皮革样外观，表明造模成功。与模型组相比，4 种食源肽对皮肤光老化均呈现出一定的修复效果，整体呈现一定的量效关系，但不同产品在效果上有明显差异。在低剂量时各肽样品效果差异不明显；在中剂量时各样品差异明显，STP 效果仍不明显，TCP 有轻微改善；高剂量时 TCP 和 STP 皮肤横向粗大皱纹虽有轻微改善，但相对没有 BEP 和 JRP 改善效果好。综合表观形态结果可知，BEP 和 JRP 在改善光老化皮肤皱纹方面效果最为明显。进一步对皮肤表观进行量化分级打分，结果见图 2-15。

由图 2-15 可以看出，模型组表观分值低于 2.0，显著低于空白对照组（$P<0.05$），而肽干预后光老化皮肤皱纹分值基本呈剂量依赖性提高，但不同样品其提升效果差异较大，尤其在中、高剂量时其差异可达到显著性水平。在中剂量时，BEP 感官分值可达到 4.1，显著高于其他三种活性肽（$P<0.05$），在高剂量时 BEP 分值基本不再增加，而 JRP 此时达到 3.8，接近 BEP 效果。结合图 2-14 分析可知，皱纹等级量化评分与形态学结果有良好的一致性，而且细化了表观形态学评价，使定性结果得到了定量呈现。

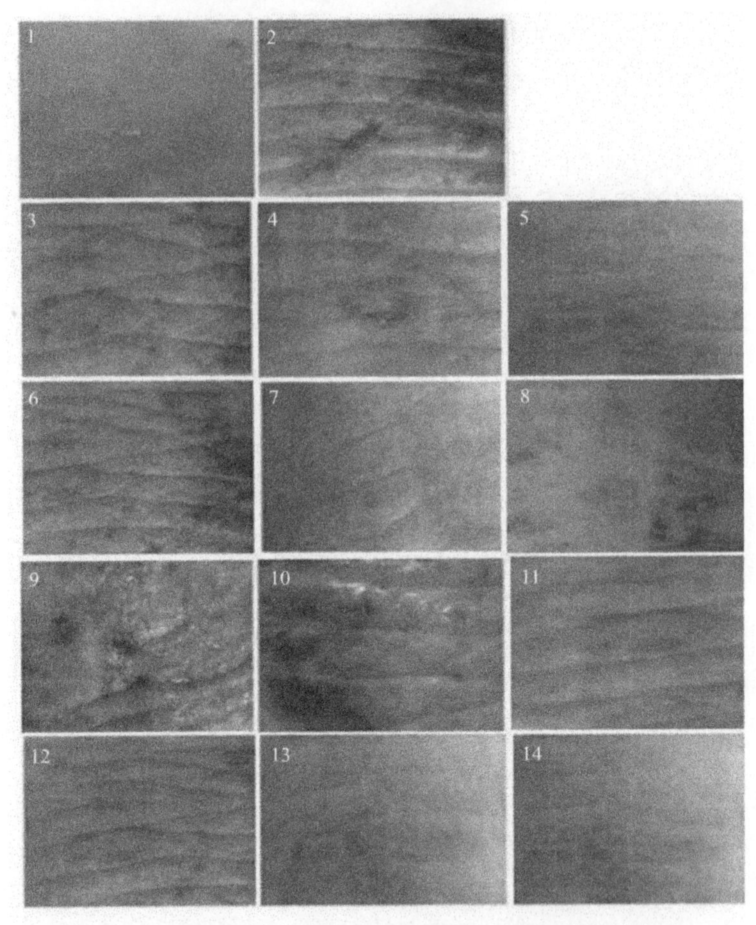

图 2-14　UV 辐照对皮肤表观形态的影响及食源肽保护作用

1. 正常组；2. 模型组；3. TCP 低剂量组；4. TCP 中剂量组；5. TCP 高剂量组；6. BEP 低剂量组；7. BEP 中剂量组；8. BEP 高剂量组；9. STP 低剂量组；10. STP 中剂量组；11. STP 高剂量组；12. JRP 低剂量组；13. JRP 中剂量组；14. JRP 高剂量组

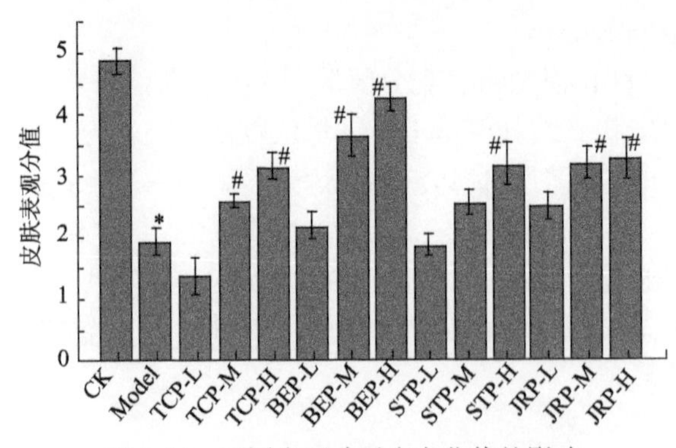

图 2-15　不同食源肽对光老化值的影响

2.3.4　食源肽改善 UV 诱导的皮肤屏障功能失衡

皮肤屏障结构完整是维持正常屏障功能的基础，皮肤结构受损将引起干燥、皱纹、油腻、色斑、皮炎、湿疹等典型皮肤问题，其中以水分油分代谢失衡引起的屏障功能下降为敏感和标志性指标。皮肤光老化对 SD 大鼠皮肤水油屏障功能的损伤及 4 种食源肽对水油屏障功能的修复作用见图 2-16。

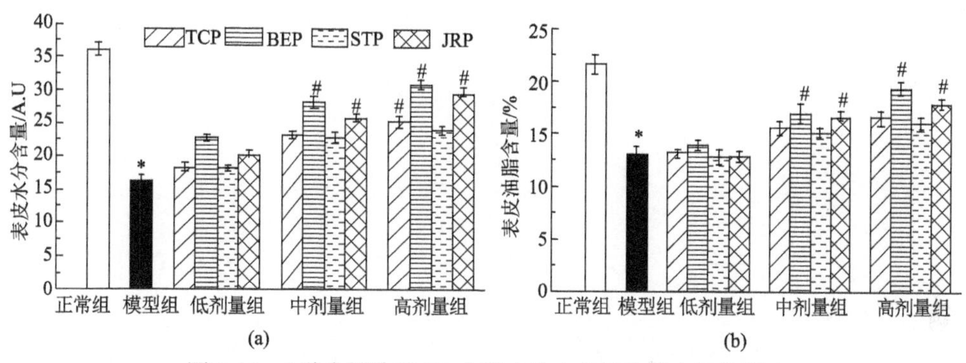

图 2-16　4 种食源肽对 SD 大鼠皮肤水分及油脂含量的影响

由图 2-16(a)可以看出，与正常组相比(36.23±1.12)，模型组 SD 大鼠皮肤在光老化造模过程中表皮水分含量(17.06±1.35)显著降低(P<0.05)，表明皮肤水屏障功能严重受损，与模型组相比，不同食源性活性肽口服干预后水屏障功能有不同程度恢复，且水分含量总体呈量-效关系上升，但不同食源肽改善效果差异明显。BEP 在低剂量时就可明显提高皮肤角质层含水量，在中剂量时即可达到显著性水平(29.23±1.35，P<0.05)，JRP 效果其次，但 TCP 和 STP 虽然也呈量-效关系改善皮肤水分含量，但效果显著低于 BEP 和 JRP，只有达到高剂量时才可将水分含量提升到显著高于模型组水平。

食源肽口服干预后对光老化皮肤表层油脂含量也呈一定的量-效性提高[图 2-16(b)]。正常对照组皮肤油脂含量为(21.56±1.88)%，显著高于模型组(P<0.05)，提示光老化不仅降低了皮肤的水屏障功能，而且也使油脂含量失衡。与模型组油脂含量(12.64±1.96)%相比，食源肽干预后皮肤油脂含量呈剂量依赖性提升，TCP 在整个浓度范围内均未达到显著性水平，STP 在高浓度时可显著性提升表皮油脂含量，而 BEP 和 JRP 中剂量时即可显著提升油脂含量(P<0.05)，且 JRP 整体优于其他样品。

2.3.5　食源肽修复 UV 对皮肤屏障结构的损伤

皮肤病理可进一步解释组织学特征及食源性活性肽的干预效应，结果见图 2-17。

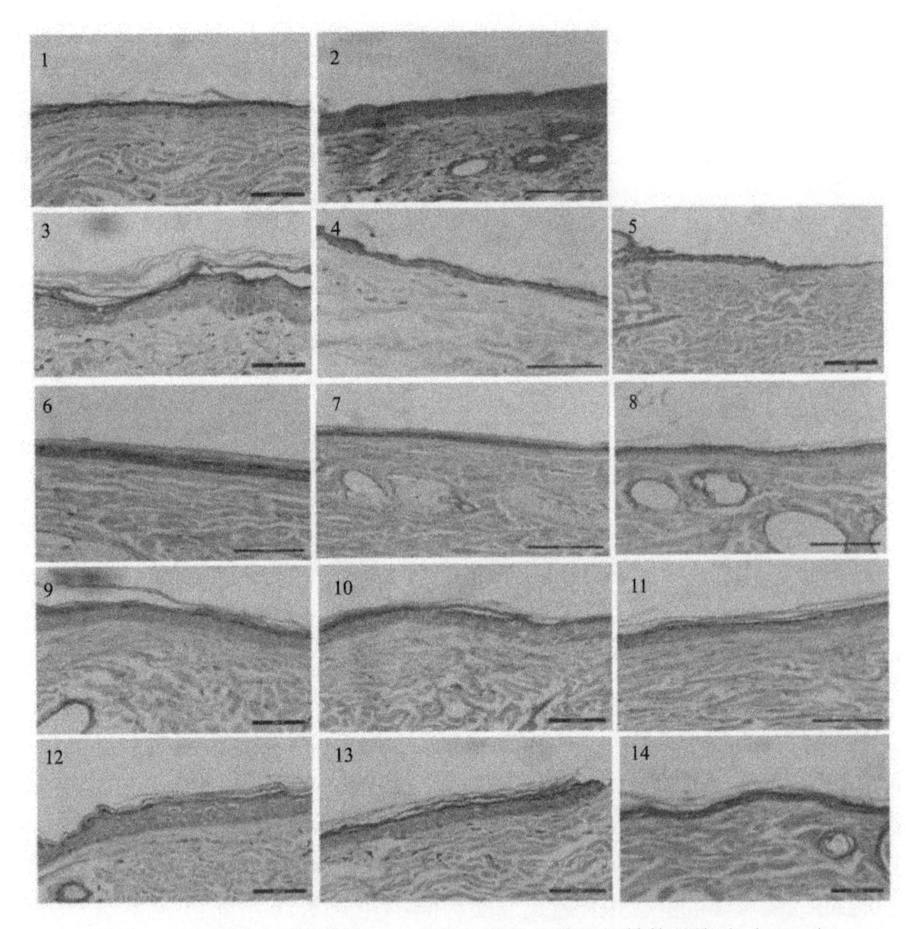

图 2-17　食源肽口服干预对 SD 大鼠光老化皮肤组织结构的影响（400×）

1. 正常组；2. 模型组；3. TCP 低剂量组；4. TCP 中剂量组；5. TCP 高剂量组；6. BEP 低剂量组；7. BEP 中剂量组；8. BEP 高剂量组；9. STP 低剂量组；10. STP 中剂量组；11. STP 高剂量组；12. JRP 低剂量组；13. JRP 中剂量组；14. JRP 高剂量组

可以看出，正常对照组皮肤细腻、平坦少皱纹，表皮正常、结构完整，真皮胶原纤维呈波浪状排列、整齐有序、分布均匀。与正常组相比，模型组皮肤有较多深大横向皱纹，表皮不规则增厚，真皮胶原纤维变性、排列紊乱、卷曲断裂、疏密分布不均、附属器增生。与模型组相比，BEP 干预后除皱纹显著减少外，其微观结构中表皮增生也得到显著抑制，且效果与肽浓度呈一定的剂量反应性。Proksch 等[3]在为期 3 个月的实验周期内，将 EGb-761 肽于 UVB 辐照前 1 h 以 2 mg/mL 浓度涂抹于 BALB/c 小鼠背部，可显著减少表面粗大皱纹量，HE 染色证实可降低表皮增生，降低光老化损伤，证明食源肽口服后可通过改善光老化皮肤的组织结构而发挥抗衰老作用，其实验结果与本研究相近。

此外，通过表皮层厚度分析可定量比较食源肽对皮肤光老化的干预效应，结果见图 2-18(a)。可以看出，与正常对照组表皮厚度(155.43±12.12)μm 相比，模型组大鼠皮肤表皮厚度(317.26±12.26)μm 显著升高(P<0.05)，表明模型组大鼠皮肤组织在持续 UV 辐照下发生了明显的表皮增生，在组织结构层面证明了皮肤光老化模型的构建成功。与模型组相比，食源肽干预可剂量依赖性降低表皮增生程度，且所选 4 种食源肽在中剂量时即可将表皮厚度降至 250 μm 以下，显著低于模型组表皮厚度，而在高剂量时效果进一步加强，且以 BEP 效果最为明显，可将表皮厚度降至(203.25±13.61)μm。

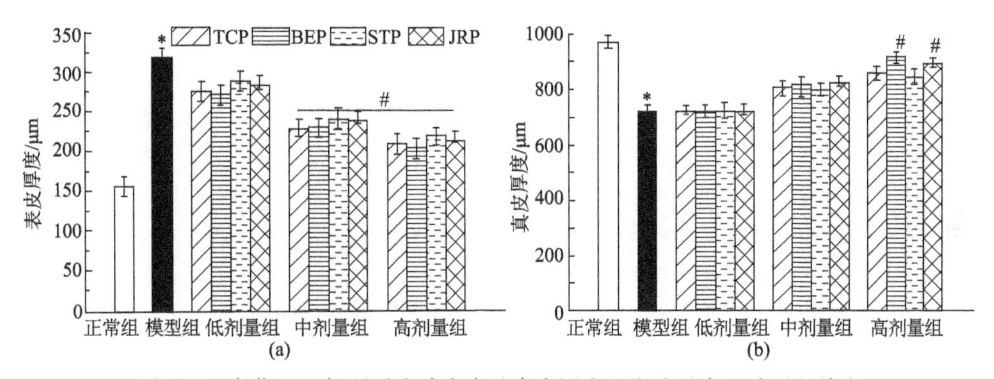

图 2-18　长期 UV 辐照对皮肤表皮及真皮厚度的影响及食源肽干预效应

典型皮肤光老化除了表皮增生以外，真皮丢失也是常见组织病理学表现，光老化对真皮厚度的影响及食源肽干预效应见图 2-18(b)。结果表明，与正常对照组真皮厚度(972.54±23.88)μm 相比，模型组大鼠皮肤真皮厚度(722.64±32.96)μm 显著降低(P<0.05)，表明大鼠皮肤在持续 UV 辐照下产生了明显的真皮丢失。与模型组相比，食源肽干预可剂量依赖性增加真皮厚度，且所选 4 种食源肽在改善真皮丢失方面效果差异明显，在高剂量时 BEP 与 JRP 均可将真皮厚度增至 850 μm 以上，显著高于模型组(P<0.05)，且以 BEP 效果最佳。

2.3.6　光老化皮肤屏障结构及功能变化与食源肽调节效应密切相关

对长期 UV 辐照下 SD 大鼠的生长情况、皮肤表观质量、皮肤屏障功能及组织结构整体变化情况进行整合分析，并评价不同食源肽及其干预剂量对上述指标的改善效应，进行功能聚类，全面分析并直观化展示 4 种食源肽在改善动物生长性能、皮肤表观得分及屏障功能与结构方面的生物学价值。皮肤光老化进程中生长性能、皮肤表观得分及屏障功能与结构方面的数据见表 2-2，经 Z-score 标准化处理后得到标准化数据矩阵，其整体相关性见聚类热图 2-19。

表 2-2 长期 UV 辐照对 SD 大鼠生长、皮肤表观得分、屏障功能与结构的影响及食源肽改善效应

组别	18 周体重/g	表观分值	水分含量/A.U	油脂含量/%	表皮厚度/μm	真皮厚度/μm
CK	448.21±11.23	4.83±0.22	36.23±1.12	21.56±1.88	155.43±12.12	972.54±23.88
Model	378.73±10.91	1.86±0.26	17.66±1.35	12.64±1.96	317.26±12.26	722.64±32.96
TCP-L	389.51±10.55	1.33±0.31	18.43±1.55	13.41±1.45	275.33±12.31	720.41±27.55
TCP-M	401.53±8.78	2.56±0.11	23.56±1.53	15.46±1.72	227.56±13.11	808.45±31.72
TCP-H	425.16±7.28	3.12±0.22	25.31±0.92	16.75±1.38	209.12±12.92	857.75±23.58
BEP-L	388.32±10.11	2.16±0.25	22.86±1.25	13.79±1.27	271.36±12.25	721.74±28.67
BEP-M	402.74±8.15	3.64±0.32	29.23±1.35	17.71±1.61	229.64±12.37	818.71±22.63
BEP-H	426.38±7.53	4.25±0.21	31.33±1.58	16.38±1.83	203.25±13.61	916.38±30.85
STP-L	389.91±9.11	1.83±0.18	18.43±1.81	12.68±1.43	288.43±12.88	720.68±26.33
STP-M	401.25±10.51	2.52±0.19	22.32±0.85	15.24±1.52	241.32±12.89	799.24±22.51
STP-H	423.82±11.22	3.15±0.35	24.95±1.35	16.52±1.49	218.95±11.35	845.52±31.49
JRP-L	403.53±10.13	2.46±0.22	20.16±0.95	12.48±1.54	282.96±12.92	719.48±24.51
JRP-M	413.44±8.66	3.17±0.26	25.87±1.29	16.75±1.45	238.17±12.26	821.15±27.49
JRP-H	426.65±10.21	3.26±1.33	29.76±1.36	17.93±1.56	213.26±12.33	892.13±29.57

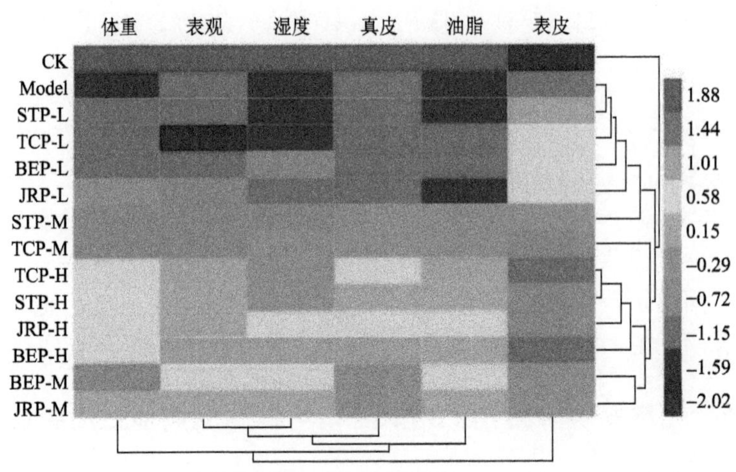

图 2-19 长期 UV 辐照对大鼠生长、皮肤表观、屏障功能与结构的影响及食源肽改善效应热图分析

由图 2-19 可以看出，在正常对照组中，表示大鼠生长性能的色键值为 1.88，而模型组中则降低至−1.59，表明长期 UV 辐照对大鼠生长有明显的抑制作用。在皮肤表观得分、水分含量与皮脂含量方面，正常组均为 1.88，而模型组则分别降至−1.15 与−1.59。在皮肤表皮厚度方面，正常组为−2.02，模型组为 1.44。根据右

侧的性能聚类结果可以看出，正常组单独为一类，与其他各组相距较远，而模型组与肽干预组可在不同剂量下进行聚类，整体表明 UV 辐照对动物的影响虽然可以改善，但达不到正常组水平。

就改善生长性能而言，STP-L、TCP-L、BEP-L 处在同一水平，只能将色键值由模型组的–1.59 提升至–1.15；JRP-L、STP-M、TCP-M 及 BEP-M 处于同一水平，可进一步将色键值提升至–0.87；JRP-M 可提升至 0.15；TCP-H、STP-H、JRP-H 及 BEP-H 处于同一水平，可将色键值提升至 0.58，但离正常组仍差两个色键。就改善表观状态而言，TCP-L 色键值低于模型组，从感官上与事实相悖，不予考虑；STP-L 及 BEP-L 与模型组相比无色键差异；JRP-L、STP-M 及 TCP-M 处于同一水平，可将色键值提升至–0.72；TCP-H、STP-H、JRP-H 及 JRP-M 处于同一水平，可将色键值提升至 0.15；BEP-M 可将色键值提升至 0.58；BEP-H 可将色键值提升至 1.01，改善皮肤表观性能最优。

由图 2-19 下方的功能聚类可以看出，表观得分与表皮水分含量距离最近，表明皮肤表观状况与水分含量密切相关，证明了皮肤保湿的重要性。就提升水分含量而言，BEP-H 效果最好，可将色键值由模型组的–1.59 提升至 1.44，增加 3.03。通过进一步的距离分析可以发现，表观得分在与水分含量聚类的基础上进一步与真皮厚度聚为一类，而且在增加真皮厚度方面也是 BEP-H 效果最好，促进真皮组织重建能力与增加水分含量能力相同。进一步与皮脂含量聚类后形成一个相对完整的大类，可整体反映食源肽在改善皮肤屏障功能与结构方面的生物学价值。表皮厚度是与体重、皮肤屏障功能并列的一个类别，表明表皮厚度在皮肤屏障功能相关性方面不如真皮厚度更为密切。

另外由图 2-19 右侧的光老化改善能力聚类结果可以看出，4 种食源肽高剂量时具有良好的促生长作用，而且可增加皮肤表观得分、减轻皮肤水分丢失和皮脂含量下降、促进真皮组织重建、抑制表皮增生的功效，其中 BEP-H 效果最佳。色键差值分析结果表明，UV 辐照使动物长期处于氧化应激状态，不仅使皮肤组织在水分及皮脂含量、表皮及真皮厚度方面发生了明显的劣化，而且在辐照的同时使情绪受到一定程度的干扰，因而生长性能受到明显的抑制。食源肽干预后，动物生长性能、皮肤屏障功能、屏障结构得到不同程度的改善，其中 BEP-H 效果最为明显，其次为 TCP-H。

2.3.7　食源肽通过恢复受损皮肤屏障结构改善光老化皮肤功能

基于食源性活性肽在改善皮肤光老化方面的良好应用前景，为定量评价皮肤皱纹形态学的改变，本研究参照文献[14]、[15]，引用了皱纹等级量表评分对不同食源性肽改善皮肤光老化皱纹进行了评价，便于分析处理因素对研究对象的作用，也可用于评判药物疗效，国外常用此类量表对皮肤的皱纹、松弛等状态进行评估。

在实验装置开发和光老化动物模型建立的基础上，本研究对 4 种不同来源食源性肽进行口服实验，将形态学定性描述与感官评分进行结合，使皱纹评价在缺乏专门仪器的情况下能够定量化进行。结果表明 4 种食源性肽均可在一定程度上改善皮肤光老化皱纹，修复皮肤光损伤，且存在种类和剂量差异，其中以 BEP 高浓度效果最为明显，其次是 JRP 和 TCP，STP 表现最差，本研究结果为产品开发奠定了实验基础。

另外，动物的生长状态受环境情绪等多方面因素的影响，长期低剂量 UV 暴露不仅使皮肤表观呈现出典型的光老化迹象，而且对动物的生长产生了一定的干扰，表明光老化不仅对皮肤造成了损伤，而且对动物生长产生一定的抑制作用。与模型组相比，4 种食源肽干预后可剂量依赖性减轻光老化对生长的影响，分析其原因可能是生理和情绪的综合作用。多项研究证实逆境胁迫可引起动物应激反应，改变情绪状况，进而影响机体代谢和激素水平，从而在整体水平改变动物的表观和行为，但针对皮肤光老化对生长的影响，不同学者研究结果存在一定的差异，具体机理有待进一步研究。

皮肤表观状态与皮肤水油屏障功能密切相关，良好的皮肤外观取决于皮肤水分和油分屏障功能平衡。皮肤角质层细胞是抵御外界损伤的第一道防线，在光老化进程中，紫外线可通过红斑形成、表皮增殖、色素沉着等方式对皮肤屏障功能产生影响，使角质层细胞间黏附能力降低，引起皮肤“砖墙结构”破坏，皮肤屏障功能受损，水分和油脂丢失率增加，从而引发和加剧表观形态劣化[5, 11, 16, 17]。本研究证明，光老化使皮肤的水和油脂屏障功能严重受损，食源肽口服干预后皮肤水分和油脂含量总体呈量-效关系上升，表明食源肽在不同程度上恢复了皮肤屏障功能。因此，基于结构与功能的密切相关性，可知通过恢复受损皮肤屏障结构改善光老化皮肤功能，其作用可概括为图 2-20。

2.4 小　结

(1) 在连续系统监测我国广东省湛江地区夏秋季节白昼自然光中 UV 分布特征的基础上，设计开发了一种新型可避免眼睛等非实验部位光损伤的大鼠皮肤光老化动物模型装置，并获得实用新型专利授权，该实验装置具有结构紧凑、操作简单、价格低廉、使用方便等优点。

(2) 在机械脱毛的基础上，基于 D-最优设计优化了 SD 大鼠皮肤化学脱毛过程，表明 Na_2S 浓度是影响脱毛能力的关键因素，最佳脱毛参数为 7% Na_2S 作用 10 min，此时未见皮损且无残余毛发，联合机械脱毛与化学脱毛可良好去除大鼠体被覆毛，为皮肤光老化模型复制奠定了基础。

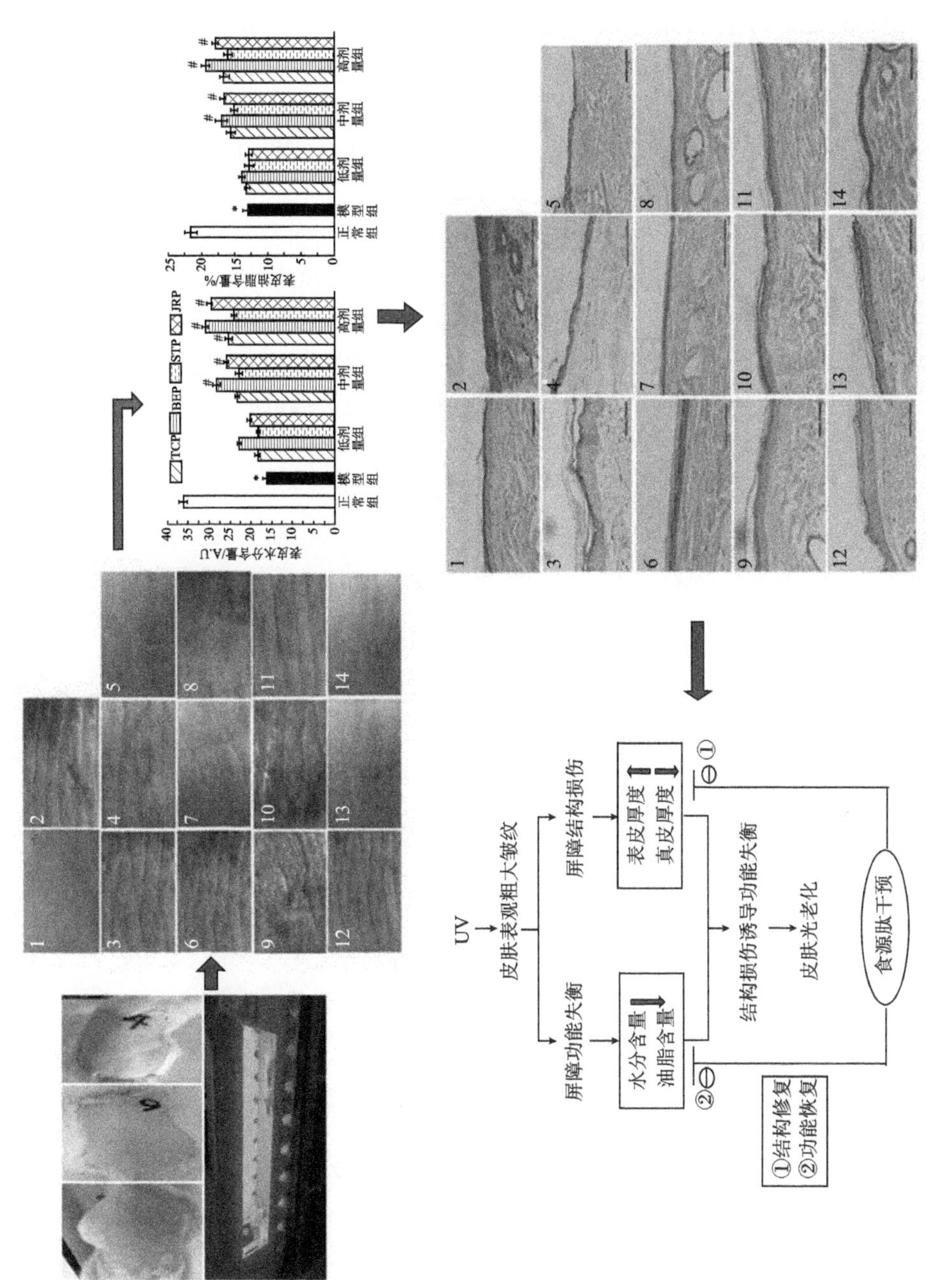

图2-20　基于皮肤受损皮肤屏障结构与功能恢复的食源肽抗光老化机制

(3) 当脱毛后的 SD 大鼠在略低于亚红斑剂量的辐照强度下连续辐照 18 周后，背部裸露部位可见明显而持久的横向皱纹，皮肤松弛、缺乏弹性、干燥粗糙，严重者呈皮革样外观，表明成功构建了 SD 大鼠皮肤光老化动物模型。

(4) 长期低剂量 UV 暴露在一定程度上造成了动物情绪应激反应，进而影响到生长性能，使体重增长速度明显低于正常组，4 种食源肽口服干预后动物生长性能总体呈剂量依赖性得到改善。

(5) 皮肤光老化不仅使皮肤表观性状显著下降，而且屏障功能严重受损，表皮水分与油脂含量显著降低，水分油分代谢失衡，皮肤组织结构可见明显表皮增生及真皮变薄，基质组分流失，表明光老化造成了皮肤屏障结构损伤与功能失衡。

(6) 4 种食源肽可不同程度改善皮肤光老化，其中以 BEP-H 效果最佳，且基于指标变化及相关性热图分析推测改善皮肤光老化的机理可能在于修复受损皮肤结构进而恢复屏障功能。

参考文献

[1] 石潇, 陈炜. 反复紫外线照射建立皮肤光老化模型. 中国老年学杂志, 2013, 33(20): 5046～5048.

[2] 杨莉, 李雪莉, 黄玉成, 等. 实用皮肤光老化动物模型的建立. 医药论坛杂志, 2011, 32(22): 134～135+208.

[3] Proksch E, Schunck M, Zague V, et al. Oral intake of specific bioactive collagen peptides reduces skin wrinkles and increases dermal matrix synthesis. Skin Pharmacology and Physiology, 2014, 27(3): 113～119.

[4] 李幸. 鳕鱼皮胶原肽保湿护肤效果的研究. 青岛: 中国海洋大学硕士学位论文, 2014.

[5] 黄晓凤, 王银娟, 郭美华, 等. 旁氏无暇透白日霜改善黄褐斑及其皮肤屏障功能的疗效观察. 皮肤病与性病, 2014, 36(3): 125～128+133.

[6] Shi L Q, Ruan C L. Expression and significance of MMP-7, c-Jun and c-Fos in rats skin photoaging. Asian Pacific Journal of Tropical Medicine, 2013, 6(10): 768～770.

[7] Hou H, Li B F, Zhao X, et al. The effect of pacific cod (Gadus macrocephalus) skin gelatin polypeptides on UV radiation-induced skin photoaging in ICR mice. Food Chemistry, 2009, 115(3): 945～950.

[8] Tanaka M, Koyama Y, Nomura Y. Effects of collagen peptide ingestion on UV-B-induced skin damage. Bioscience Biotechnology and Biochemistry, 2009, 73(4): 930～932.

[9] Fujii T, Okuda T, Yasui A, et al. Effects of amla extract and collagen peptide on UVB-induced photoaging in hairless mice. Journal of Functional Foods, 2013, 5(1): 451～459.

[10] 余建强, 闫琳, 郑萍, 等. 实验动物脱毛剂的改良与应用. 宁夏医学院学报, 2001, 3(4): 296~297.

[11] 曹迪, 陈瑾, 黄琨, 等. 皮肤光老化SD 大鼠模型的构建及评价标准的探讨. 重庆医科大学学报, 2016, 41 (4): 379～383.

[12] 杨永鹏, 董萍, 左夏林, 等. 皮肤防晒化妆品的技术革命——光控智能防晒化妆品研制的设想和设计. 中国化妆品(行业), 2011, (1): 48～49.
[13] 徐德峰, 赵谋明, 马忠华, 等. 基于胞外基质代谢调控网络的皮肤老化机制的研究进展. 皮肤病与性病, 2016, 38(2): 112～115+146.
[14] 周越. 贻贝肽与贻贝多糖对衰老的干预作用及其机制. 镇江: 江苏大学博士学位论文, 2013.
[15] Sila A, Bougatef A. Antioxidant peptides from marine by-products: Isolation, identification and application in food systems. A review. Journal of Functional Foods, 2016, 21: 10～26.
[16] Hu S T, Zhang X C, Chen F, et al. Dietary polyphenols as photoprotective agents against UV radiation. Journal of Functional Foods, 2017, 30: 108～118.
[17] 周笑同, 郭建美, 陶荣, 等. 含透明质酸及白藜芦醇成分护肤品对干性皮肤屏障功能的影响. 实用皮肤病学杂志, 2016, 9(3): 175～179.

第3章　光老化皮肤胞外基质变化及食源肽修复效应

皮肤皱纹的形成和发展源于弹性结构的受损，而弹性的维持与皮肤组织中ECM组成成分及其排列结构密切相关。多项研究表明，胶原蛋白、弹性蛋白及透明质酸是皮肤真皮层中成纤维细胞的主要代谢产物，是构成ECM的主要物质基础，且皮肤外观较为紧致的弹性表征取决于三者在结构上的良好排列[1~3]。长期日光照射可诱导皮肤组织多种细胞成分和结构的改变，在ECM组成上表现为物质丢失，典型特征为Col Ⅰ含量减少而Col Ⅲ含量增加，弹性蛋白与透明质酸的生物合成显著下降[4~6]；在结构上表现为规律性横纹排列消失，胶原蛋白碎片化，呈浓缩聚焦，而弹性蛋白则呈变性堆积；在ECM代谢相关酶的活性变化方面发现为ECM降解酶系MMPs活力增强[7~10]。本章通过考察4种食源肽口服干预对光老化皮肤弹性的改善效果，明确其对光老化皮肤组织ECM生物代谢的调节作用，揭示了食源肽抗皱的物质基础和力学机制。

3.1　食源肽提升光老化大鼠皮肤弹性

皮肤弹性反映了皮肤的力学性能，并与皱纹量呈负相关，而皱纹量又与皮肤老化程度呈正相关[1, 10, 11]，因此皮肤弹性也可间接反映皮肤的衰老状态，光老化对皮肤弹性的影响及4种食源肽对光老化皮肤弹性的提升效果见图3-1。

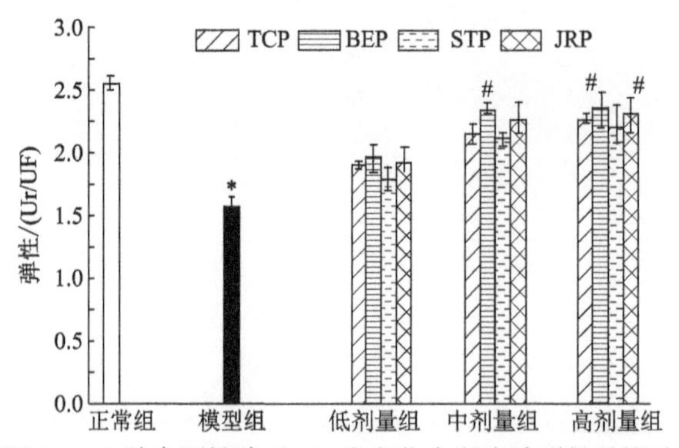

图3-1　4种食源性肽对SD光老化大鼠皮肤弹性的影响

可以看出，与正常对照组大鼠皮肤弹性(2.53±0.52) Ur/UF相比，模型组弹性

(1.56±0.26) Ur/UF 显著降低(P<0.05)，表明光老化模型复制成功。与模型组相比，食源肽干预后皮肤弹性有不同程度的提升，且总体呈剂量依赖性，但不同肽之间存在明显差异，其中以 BEP 弹性提升效果最为显著，中剂量时弹性(2.34±0.32) Ur/UF 已显著高于模型组(P<0.05)，JRP 在高剂量时弹性提升效果也达到显著性水平，而 TCP 和 STP 效果相对较差，高剂量时虽较模型组弹性有明显改善，但在实验浓度范围内未达到显著性水平。

3.2 食源肽调节光老化大鼠皮肤 ECM 主要组分

ECM 与皮肤力学性能密切相关，良好的 ECM 成分构成与排列是维持皮肤良好弹性的物质基础。皮肤蛋白中 75%由胶原蛋白组成，胶原蛋白维持着皮肤的弹性和水润状态[12, 13]，皮肤中胶原蛋白的含量是皮肤衰老的重要指标。皮肤中胶原蛋白有多种类型，其中与弹性相关的主要为 Col Ⅰ和 Col Ⅲ，在皮肤衰老进程中，Col Ⅰ含量下降而 Col Ⅲ含量上升，调整二者比例则在一定程度上起到抗衰老效果。光老化对 SD 大鼠皮肤组织 Col Ⅰ含量的影响及 4 种食源肽的提升效果见图 3-2(a)。

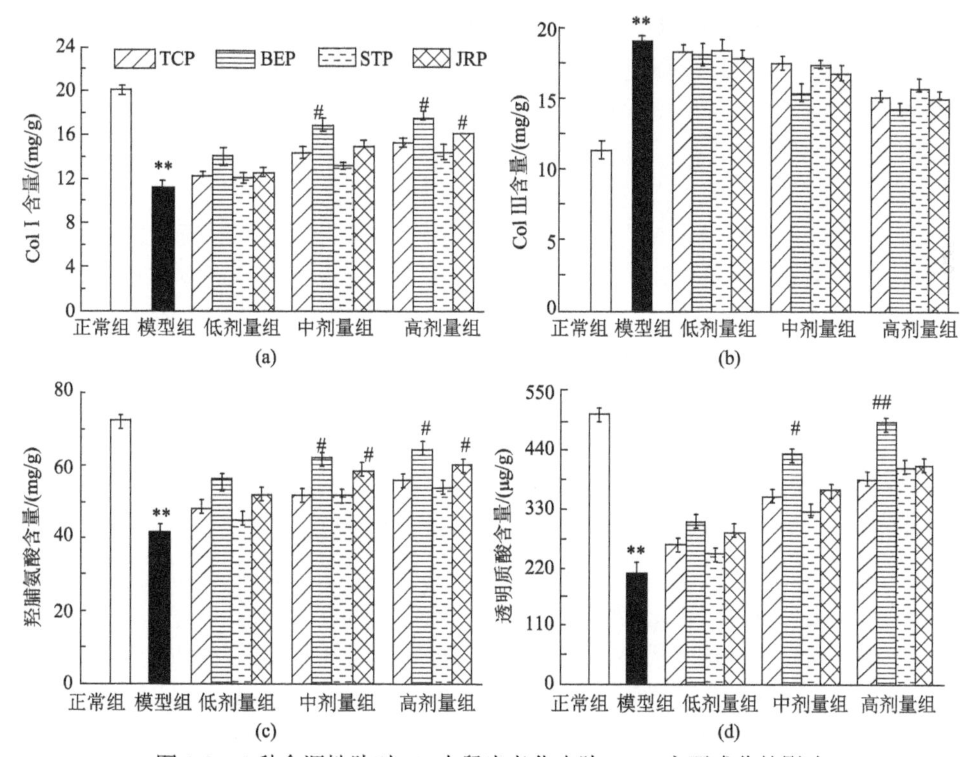

图 3-2 4 种食源性肽对 SD 大鼠光老化皮肤 ECM 主要成分的影响

可以看出，正常对照组皮肤组织中 Col Ⅰ含量为(20.38±1.26) mg/g，而模型组大鼠皮肤组织中 Col Ⅰ含量为(11.44±1.13)mg/g，显著低于正常对照组($P<0.05$)，表明长期紫外辐照引起了胶原纤维 Col Ⅰ的显著流失。与模型组相比，4 种食源肽干预后可不同程度调整大鼠皮肤组织中 Col Ⅰ含量，低剂量时 Col Ⅰ轻微升高，中、高剂量时不同食源肽增加 Col Ⅰ含量差异较大，其中 BEP 提升 Col Ⅰ含量效果最为明显，在中剂量时即可提升 Col Ⅰ含量至(16.55±1.32)mg/g，达到显著性水平($P<0.05$)。其次为 JRP，高剂量时可将 Col Ⅰ含量提升至(15.95±1.32)mg/g。相比而言，TCP 和 STP 效果相对较弱，在高剂量时虽可明显提升 Col Ⅰ含量，但未达到显著性水平。

与 Col Ⅰ相比，通常光老化皮肤中 Col Ⅲ含量升高，因此降低 Col Ⅲ含量可一定程度实现抗光老化效果，光老化对皮肤组织 Col Ⅲ含量的影响及 4 种食源肽的调节作用见图 3-2(b)。结果表明，模型组 SD 大鼠皮肤组织中 Col Ⅲ含量达到(18.32±1.54)mg/g，极显著高于正常对照组($P<0.01$)，表明光老化皮肤中有异常胶原蛋白聚集。与模型组相比，不同食源肽都呈剂量-效应降低 Col Ⅲ含量，虽降低幅度均未达到显著性水平，但仍以 BEP 效果最好，高剂量时 Col Ⅲ含量可降至(14.95±1.77)mg/g。Hinek 等[14]采用蛋白激酶 K 对牛颈部蛋白进行酶解，制备分子质量在 10 kDa 以下的蛋白酶解物，命名为 Prok-60，并在细胞和动物水平上证实 Prok-60 可显著促进真皮成纤维细胞的胞外基质中 Col Ⅰ胶原蛋白和弹性蛋白的生物合成，从而增强皮肤弹性改善皮肤衰老，本研究制备的 BEP 为牛源弹性蛋白肽，在调整 Col Ⅰ和 Col Ⅲ含量方面与 Prok-60 结果较为一致，证实口服食源性肽可通过调整 ECM 组成进而达到抗皱效果。

羟脯氨酸是胶原蛋白特有的一种非必需氨基酸，其含量相对恒定，约占胶原蛋白总量的 13%，因此羟脯氨酸含量的增减可直接反映真皮组织内胶原纤维的沉积状况，从而可作为判定皮肤衰老程度的一个敏感指标[15]。光老化对皮肤组织羟脯氨酸含量的影响及 4 种食源肽的调节作用见图 3-2(c)。可以看出，与正常对照组(73.48±2.32)mg/g 相比，模型组羟脯氨酸含量(40.68±2.75)mg/g 显著减少($P<0.05$)，此结果与 Col Ⅰ含量变化相一致，表明胶原纤维流失源于羟脯氨酸合成能力下降。与模型组相比，4 种食源肽口服干预后羟脯氨酸含量总体呈剂量-效应式提高，其中 BEP 和 JRP 提升效果优于 TCP 和 STP，在中、高剂量时二者羟脯氨酸含量提升效果均可达到显著性水平($P<0.05$)，表明在减少皮肤光老化进程中胶原蛋白流失方面，BEP 和 JRP 优于 TCP 和 STP。

多项研究表明，透明质酸不仅对保持皮肤水分、维持皮肤结构起重要作用，而且具有促进皮肤再生、增强皮肤弹性、降解皮肤组织中自由基的功能[16, 17]。光老化对皮肤组织透明质酸含量的影响及 4 种食源肽的调节作用见图 3-2(d)。可以看出，与正常对照组(508.24±5.13)μg/g 相比，模型组大鼠皮肤组织透明质酸含量(212.68±3.73)μg/g 显著降低($P<0.05$)，表明光老化进程中真皮成纤维细胞透明质

酸合成能力显著降低或透明质酸酶活力显著增强，从而造成透明质酸净含量极显著降低(P<0.01)。与模型组相比，4 种食源肽总体呈剂量依赖性增加光老化皮肤组织中透明质酸含量，且 BEP 效果最为突出，在中剂量时透明质酸含量显著提高至(441.59±4.56)μg/g，而在高剂量时透明质酸合成能力进一步提升至(493.61±3.71)μg/g，证明 BEP 对 ECM 生物合成的促进作用最强，可在改善光老化皮肤弹性方面发挥良好作用。

3.3　食源肽抑制光老化大鼠皮肤组织 MMP-1 活力

MMPs 的产生直接影响胶原纤维合成，使得真皮层内胶原纤维明显减少，排列稀疏紊乱，且片段化胶原蛋白进一步浓缩聚集，失去弹性结构，因此 MMP-1 活力高低与皮肤衰老状态呈正相关[7~10]。表皮是 MMP-1 的主要来源，在急性 UV 辐照下 MMP-1 快速产生，之后迁移至真皮层降解胶原纤维，MMP-1 含量升高是介导胶原纤维结构劣变的关键步骤，UVA 与 UVB 联合辐照对 SD 大鼠皮肤组织 MMP-1 表达的影响及食源肽干预效应见图 3-3。

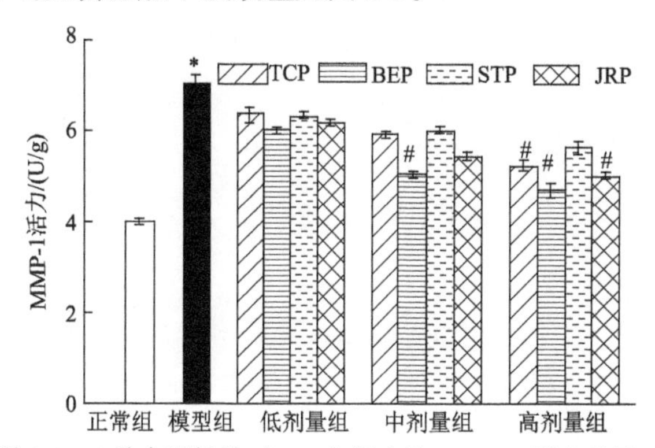

图 3-3　4 种食源性肽对 SD 大鼠皮肤 MMP-1 活力的影响

可以看出，模型组 MMP-1 活力为(7.34±0.71)U/g，极显著高于正常对照组(P<0.01)，表明长期 UV 辐照激活了皮肤组织中 MMP-1 的表达。此外，近年来发现，MMPs 降解胶原纤维产生的碎片也是一种光敏物质，MMPs 降解产物在真皮堆积可加重皮肤组织的氧化性损伤，并进一步抑制成纤维细胞的增殖与胶原的合成。皮肤持续反复暴露于 UV 照射，使 UV 对皮肤的破坏作用超过了皮肤成纤维细胞的修复能力，从而在皮肤表观上表现为粗大皱纹和纤维变性的病理表现。与模型组相比，4 种食源肽口服干预后 MMP-1 活力呈剂量依赖性下调，表明所选食源肽抑制了 MMP-1 的表达，且不同肽抑制能力存在显著差异，其中以 BEP 效果最为明显，在中剂量时 MMP-1 活力已显著降低至(5.39±0.56)U/g，而 JRP 和 TCP 要在高剂量时才可达到显著性水平(P<0.05)，提示 BEP 抑制胶原纤维降解作用最强。

3.4　食源肽改善光诱导的大鼠皮肤胶原流失

胶原纤维和弹性纤维是维持皮肤弹性等力学性能的物质基础，异常弹性纤维在真皮中大量蓄积是光老化皮肤特征性组织学变化。在皮肤衰老过程中，胶原蛋白流失使皮肤真皮层胶原纤维稀疏化，且形态紊乱、胶原断裂、交联度增加，而正常胶原纤维排列整齐，染色较深。长期摄入食源肽后，皮肤胶原纤维数量增加且排列状况得到改善，断裂胶原纤维比例减少[9, 18, 19]，表明长期摄入食源肽可抑制老化胶原纤维的断裂与排列紊乱。Masson 染色中胶原纤维呈蓝色，根据蓝色深浅及排列状况可初步分析胶原纤维的代谢及沉积状况，Masson 染色作为经典的特异性染色方法在胶原纤维定位研究中应用广泛[20~24]。本研究中长期 UV 辐照对 SD 大鼠皮肤真皮层组织结构的影响及 4 种食源肽的调节作用见图 3-4。

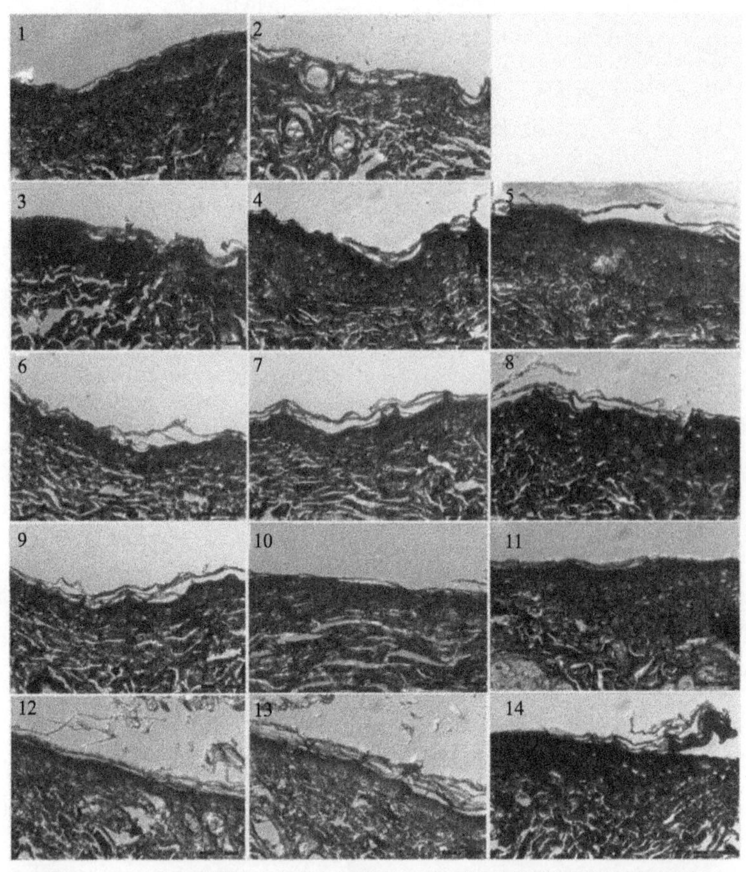

图 3-4　4 种食源性肽对 SD 大鼠光老化皮肤胶原纤维沉积的影响

1. 正常组；2. 模型组；3. TCP 低剂量组；4. TCP 中剂量组；5. TCP 高剂量组；6. BEP 低剂量组；7. BEP 中剂量组；8. BEP 高剂量组；9. STP 低剂量组；10. STP 中剂量组；11. STP 高剂量组；12. JRP 低剂量组；13. JRP 中剂量组；14. JRP 高剂量组

此外，对 Masson 染色的分析通常是计算胶原容积分数(collagen volume fraction，CVF)，即胶原阳性的蓝色面积与组织总面积的百分比，来评价胶原沉积情况。采用 Image J 软件对 Masson 染色图中的胶原纤维沉积进行识别、数据提取和半定量分析，进一步评价光老化对皮肤胶原纤维合成的影响及食源肽的调节作用，结果见图 3-5。

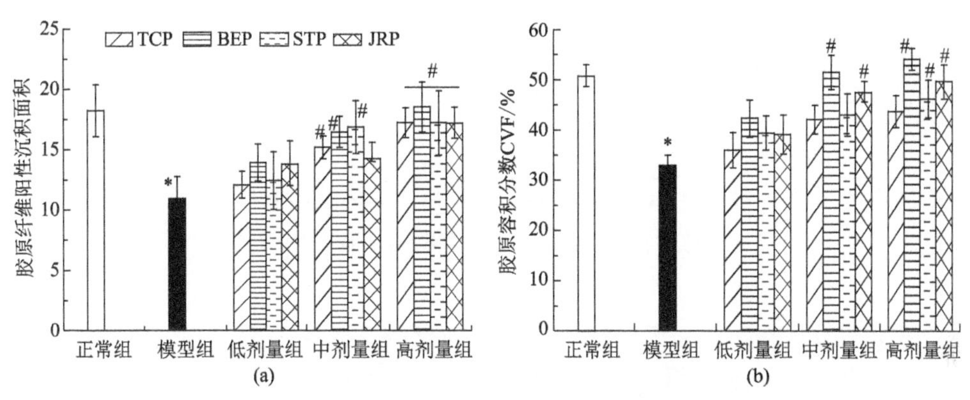

图 3-5　UV 辐照对 SD 大鼠皮肤组织胶原纤维沉积的影响及食源肽调节作用

由 Masson 染色图 3-4 可以看出，整体图片背景清晰，组织不同部位着色均匀，ECM 结构清晰，与背景对比度强，皮肤表皮组织呈紫红色，真皮胶原纤维呈蓝色，能够显示较细小的胶原纤维，表明染色质量良好，可用于胶原纤维整体质量的对比分析。Masson 染色结果显示，未接受 UV 照射的正常对照组大鼠皮肤真皮浅层 Col Ⅰ型胶原含量丰富、纤维完整且排列整齐；与正常对照组相比，在光老化进程中，接受长期 UV 辐照的模型组大鼠，其真皮乳头层和网状层的胶原纤维含量明显减少，大量胶原纤维断裂、排列紊乱，表明模型组大鼠皮肤真皮层胶原流失严重，弹性结构失去物质基础。与模型组相比，照射前口服一定剂量的食源肽，上述胶原丢失情况有不同程度减轻，胶原纤维数目增多，断裂减少，排列重新趋于整齐，且不同食源肽干预后真皮层胶原含量总体呈剂量依赖性提升，表明食源肽可促进真皮层成纤维细胞分泌胶原纤维，重构皮肤弹性结构，其中以 BEP 效果最为明显。皮肤光老化在临床上出现深大皱纹，其根本病理表现在于真皮层胶原纤维含量减少，以及大量无功能异常弹力纤维增生和变性沉积，本研究显示食源肽不仅有修复受损皮肤屏障结构的作用，而且对光老化引起的真皮细胞外基质成分的变化，尤其是胶原纤维及透明质酸的减少具有明显的抑制作用，这将为食源肽在抗衰食品开发应用方面提供更为直接的依据。

由图 3-5 可更进一步看出，正常组胶原纤维阳性沉积面积为(18.21±2.15)，而模型组为(10.92±1.85)，显著低于正常组水平(P<0.05)，证明光老化显著抑制成纤维细胞的胶原合成。与模型组相比，不同食源肽口服干预后胶原纤维沉积面积

得到不同程度的提高，其中 BEP 和 STP 在中剂量时，即可将胶原纤维阳性沉积面积分别显著性提升到(16.37±1.34)和(16.84±2.18)，在高剂量时，4 种食源肽均可显著性提升胶原纤维沉积面积(P<0.05)。另外，由图 3-5(b)的胶原纤维容积分数 CVF 变化可进一步看出，正常组 CVF 值为(50.61±4.55)%，而模型组为(33.03±2.48) %，显著低于正常组(P<0.05)，食源肽干预后 CVF 整体呈剂量依赖性提升，表明食源肽对光老化皮肤的胶原纤维合成具有明显的刺激作用，其中 BEP 和 JRP 在中剂量时即可较模型组显著性提升 CVF 在 47%以上，表明 BEP 和 JRP 在促进胶原纤维合成方面优于 TCP 和 STP。

3.5 食源肽抗皱与改善光老化皮肤 ECM 物质基础及力学结构存在密切相关性

皮肤皱纹量与弹性密切相关，为揭示不同食源肽口服抗皱的物质作用基础，将皮肤弹性、ECM 主要组分含量、MMP-1 活力及 CVF 进行数据提取，借助热图分析工具及其相关性进行整体讨论，全面分析并直观化展示 4 种食源肽对 ECM 物质代谢失衡的调节作用，主要显著性变化指标数据见表 3-1，将数据采用 SPSS 软件进行 Z-score 标准化处理，其组间及组内理化指标相关性见聚类热图 3-6。

表 3-1 光老化对 SD 大鼠皮肤 ECM 物质结构基础的影响及食源肽干预效应

组别	弹性/(Ur/UF)	Col Ⅰ含量/(mg/g)	Col Ⅲ含量/(mg/g)	羟脯氨酸含量/(pg/g)	透明质酸含量/(μg/g)	MMP-1 活力/(U/g)	胶原容积分数 CVF/%
CK	2.83±0.52	20.38±1.26	11.43±1.55	73.48±2.32	508.24±5.13	3.82±0.53	50.61±4.55
Model	1.56±0.26	11.44±1.13	18.42±1.75	40.68±2.75	212.68±3.73	7.34±0.71	33.03±2.48
TCP-L	1.73±0.29	12.73±1.29	18.01±1.11	49.52±2.19	235.74±2.63	6.55±0.63	36.01±3.11
TCP-M	2.06±0.51	13.26±1.51	17.53±1.66	51.73±2.76	338.51±2.67	6.52±0.67	42.09±6.25
TCP-H	2.12±0.52	14.25±1.33	16.05±2.21	53.21±2.22	348.36±4.21	5.86±0.28	43.55±3.29
BEP-L	1.76±0.25	13.76±1.25	17.96±1.55	52.33±3.35	315.44±3.15	6.11±0.45	42.23±2.75
BEP-M	2.34±0.32	16.55±1.32	16.11±2.13	65.48±2.19	441.59±4.56	5.39±0.56	51.36±3.11
BEP-H	2.45±0.21	14.25±1.33	14.95±1.77	67.66±3.71	493.61±3.71	5.19±0.73	54.05±3.46
STP-L	1.53±0.56	11.53±1.56	18.14±2.65	45.46±2.65	218.41±2.17	6.32±0.77	39.36±3.25
STP-M	1.92±0.19	12.96±1.19	15.86±1.49	51.82±3.44	313.84±3.19	6.27±0.19	42.99±4.11
STP-H	2.16±0.25	14.65±1.28	15.83±1.48	52.67±2.58	351.25±2.54	6.25±0.82	46.11±3.13
JRP-L	1.76±0.52	12.36±1.52	17.93±1.23	51.39±2.63	308.22±2.54	6.18±0.54	39.14±2.96
JRP-M	2.13±0.26	14.53±1.26	16.35±1.72	64.36±2.73#	340.54±2.56	5.94±0.56	47.36±3.27
JRP-H	2.26±0.33	15.95±1.32#	15.42±1.57	65.58±2.47#	355.53±2.97	5.76±0.97	49.61±3.54

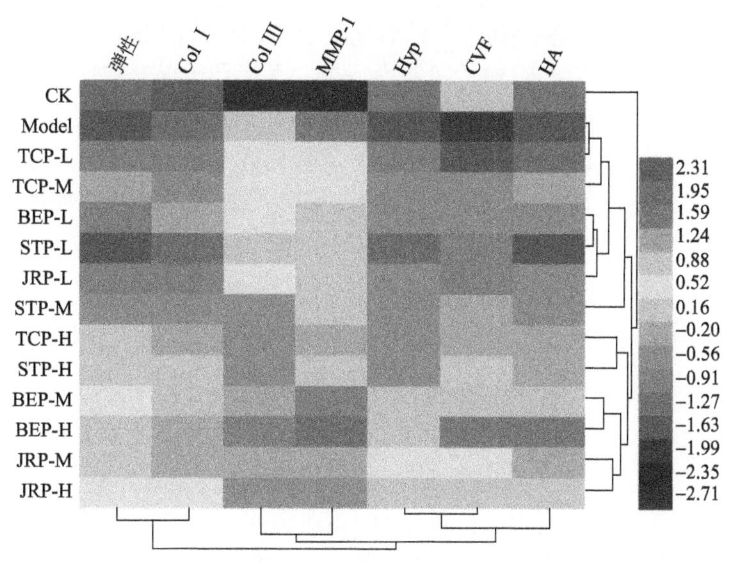

图 3-6　UV 辐照对 SD 大鼠皮肤弹性物质基础与结构的影响及食源肽调节效应热图分析

由图 3-6 中指标聚类可以看出，皮肤弹性(elasticity)与 Col Ⅰ聚为一类，且总体颜色变化较为同步，表明皮肤弹性与 Col Ⅰ含量密切相关。Col Ⅲ胶原纤维与 MMP-1 聚为一类，且颜色基本相同，基于其在皮肤光老化中的变化可以作为表述皮肤弹性下降的指标。羟脯氨酸(Hyp)与胶原纤维容积分数 CVF 聚为一类，由于 Hyp 为胶原纤维的特征性组分，二者在分类上距离较近，整体表示胶原纤维沉积量，之后再与透明质酸(HA)聚成一类，基于三者在 ECM 构成中的含量及其在维持皮肤弹性中的作用，可以将三者作为弹性维持的物质基础。从色键值可以看出，正常对照组中，弹性与 Col Ⅰ色键值均为 1.95 和 2.31，而模型组中分别为−1.63 与−1.27，组间相差均为 3.58。Col Ⅲ与 MMP-1 在正常组均为−2.71，而在模型组中则升至 0.52 和 1.24，组间相差 3.23 和 3.95。Hyp、CVF、HA 在正常组中分别为 1.95、0.52 及 1.95，在模型组中则分别降至−1.63、−2.35、−1.63，组间差距分别为 3.58、2.87 及 3.58。以上色键值组间差距表明，皮肤光老化使 ECM 物质组成发生了显著变化，维持皮肤弹性的物质基础显著减少，CVF 显著降低，且引起 ECM 组分降解酶活性显著增加，综合使 ECM 物质代谢失衡，表现出弹性降低而皱纹增加。

与模型组相比，食源肽口服干预后 ECM 组分的合成及降解情况发生了明显改变。由图 3-6 右侧的肽干预能力聚类结果可以看出，在提升 ECM 物质组分合成方面，4 种食源肽在低剂量及 TCP-M 时整体呈草绿色，而在降低 Col Ⅲ与 MMP-1 方面基本为浅黄色，整体与模型组颜色较为接近，聚为一大类，表明此剂量下各种肽改善 ECM 物质代谢的能力较弱。TCP-H 与 STP-H 整体颜色为草绿色，处于正常组和模型组之间，表明其改善光老化皮肤 ECM 代谢的能力处于中间水平。BEP-M、BEP-H、JRP-M 及 JRP-H 聚为一类，不管是在提升弹性、Col Ⅰ、羟脯氨酸、CVF 及 HA 指标上，还是在降低 Col Ⅲ与 MMP-1 方面，这两种肽在此剂量下均较 STP 及 TCP 有更好的表现。本结果表明，统计学分析与生物学功能指标检测具有良好的一致性，证明基于热图的聚类分析可准确直观地展示不同食源肽在调节光老化皮肤 ECM 代谢失衡方面的独特作用。

3.6 食源肽通过调节 ECM 物质代谢和修复受损细胞基质从而改善光老化皮肤弹性

皮肤组织的正常解剖结构是维持皮肤屏障功能及表观年轻化的结构基础，皮肤真皮层成纤维细胞产生的胶原纤维、弹性纤维和透明质酸等 ECM 在皮肤的结构中起到支撑及营养作用。皮肤弹性等力学性能与 ECM 成分和排列结构密切相关。在 ECM 成分中，胶原纤维、羟脯氨酸和透明质酸的质量状况直接影响皮肤的老化程度，胶原纤维结构的改变及胶原蛋白含量的减少是导致皮肤衰老的重要原因，真皮层胶原纤维是皮肤组织的主要结构蛋白，胶原纤维的片段化是人类皮肤衰老的主要特征[11～13, 22]。在众多胶原纤维中，Col Ⅰ与 Col Ⅲ胶原纤维对维持皮肤良好力学性能至关重要，其中 Col Ⅰ胶原蛋白是皮肤真皮层 ECM 中最丰富的蛋白质，不仅在组织结构中起到支撑作用维持皮肤张力，同时可调节细胞增殖迁移及特定基因表达，是皮肤老化进程及其干预是否有效的重要评价指标，且 Col Ⅰ与 Col Ⅲ胶原纤维的构成和比例是维持皮肤弹性、厚度和张力的决定因素。皮肤老化过程中真皮成纤维细胞的数量和质量随之下降，进而胶原纤维产生及弹性蛋白的形状发生紊乱及异常。研究表明口服一定剂量的食源肽能增加 Col Ⅰ含量，证实肽可能是通过刺激皮肤胶原蛋白的合成从而提升光老化皮肤弹性。

羟脯氨酸是胶原蛋白特有的一种非必需氨基酸，其含量相对恒定，约占胶原蛋白总量的 13%，真皮组织内羟脯氨酸的含量变化能够作为判定皮肤衰老程度的一个敏感指标。透明质酸不仅对保持皮肤水分、维持皮肤结构起重要作用，而且具有促进皮肤再生、增强皮肤弹性、降解皮肤中自由基的功能[14, 16～18]。因此，促进羟脯氨酸和透明质酸的生物合成是维持皮肤弹性的重要途径[18, 19, 25, 26]。本研究发现紫外线辐射后皮肤羟脯氨酸和透明质酸含量显著减少，4 种食源肽口服干预后，羟脯氨酸和透明质酸的生物合成发生响应式表达上调，表明光老化诱导的 ECM 生物合成失衡得到了不同程度的调整。

光老化皮肤的主要组织学特征是真皮细胞外 ECM 构成的改变，即胶原成分的减少、破坏及异常弹力纤维的沉积。HE 染色可总体观察组织病理变化，但特异性不强[25, 26]。Masson 染色是由 Mallory 三色染色改造而来，可针对细胞外不同成分进行特异性染色，可于清晰的背景中显示出完好的组织形态结构，但 Masson 染色的组织整体性较差。因此，将 HE 与 Masson 染色相结合可更好地反映皮肤光老化过程中的组织病理变化。本研究在第 2 章皮肤组织 HE 染色定量分析的基础上，进一步采用 Masson 染色观察了光老化对皮肤组织结构的影响及食源肽的保护作用，发现光诱导真皮浅层胶原含量减少和形态断裂，以及大量异常增生且形态不规则的弹力纤维，口服一定剂量的食源肽能增加光老化大鼠皮肤胶原的厚度，CVF 有不同程度的增加，且排列更为规则和致密，证实食源肽可刺激皮肤胶原蛋白合成、改善病理结构，从而拮抗皮肤光老化。

MMPs 是一个锌依赖性的酶家族，能够特异性地降解结缔组织中的蛋白质，皮肤光老化最重要的变化是以 ECM 为底物的纤维结缔组织降解。大量实验证明，UV 照射与 MMPs 表达及皮肤光老化存在密切联系[1, 4, 7, 10, 17, 27]。在 MMPs 家族中，MMP-1 是 ECM 降解的关键酶，下调 MMP-1 表达水平或抑制 MMP-1 活力在一定程度上可干预皮肤光老化。Lu 等[9]选用胰蛋白酶和碱性蛋白酶对鳕鱼皮中进行酶解制备食源性肽，然后经离子交换树脂分离获取了两种对皮肤成纤维细胞 MMP-1 活性有显著抑制作用的寡肽。本研究进一步证实长期 UV 暴露可显著增加皮肤组织中 MMP-1 的活性，4 种食源肽口服干预后，MMP-1 活力呈剂量依赖性下调，表明所选食源肽抑制了 MMP-1 表达，且不同肽抑制能力存在显著差异，推测可能与肽的序列有关。因此，基于皮肤光老化进程中 ECM 组分的含量及病理结构变化，可以概括出食源肽通过调节 ECM 物质代谢和修复受损基质结构从而改善光老化皮肤弹性的抗皱机制，具体见图 3-7。

3.7　小　　结

（1）光老化可显著降低皮肤弹性，长期口服摄入一定种类和剂量的食源性肽可提高光老化皮肤弹性。

（2）光老化显著降低 ECM 主要组分含量，并激活 MMP-1，使 ECM 的物质基础和结构基础劣化，食源肽提升光老化大鼠皮肤弹性其原因在于增加 Col Ⅰ、羟脯氨酸和透明质酸含量，并降低 Col Ⅲ含量，为 ECM 合成增加了物质基础，并抑制 MMP-1 活力，降低 ECM 的结构损伤，恢复细胞弹性结构的力学基础。

（3）4 种食源肽中以 BEP 总体效果最好，可明显抑制表皮增生，促进真皮胶原纤维合成，修复受损细胞活力，是开发皮肤抗皱食品的首选原料。

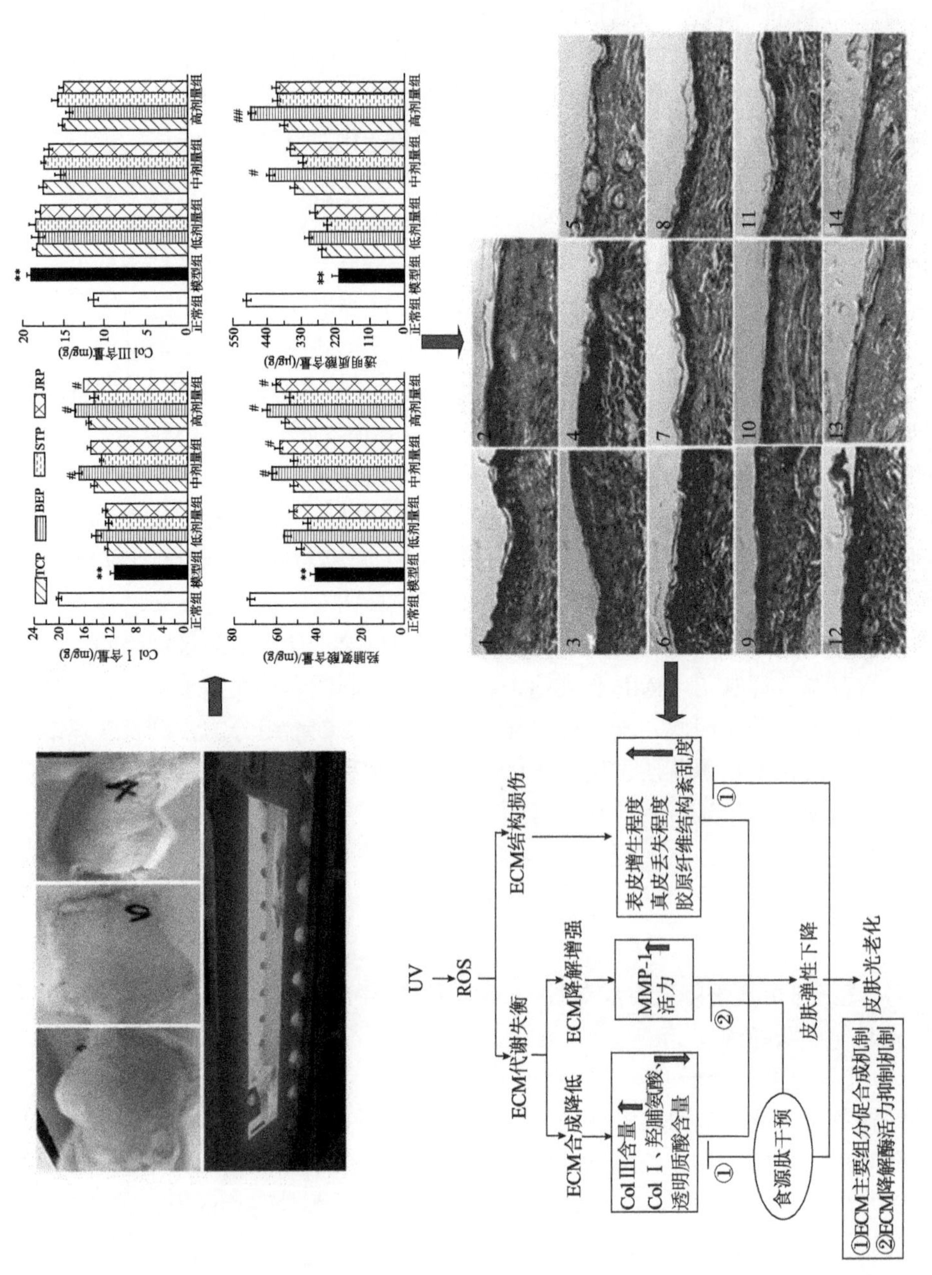

图3-7　UV诱导皮肤光老化形成的物质与结构基础及食源肽抗皱机制

参 考 文 献

[1] Tobin D J. Introduction to skin aging. Journal of Tissue Viability, 2017, 26(1): 37～46.
[2] Shah H, Mahajan S R. Photoaging: New insights into its stimulators, complications, biochemical changes and therapeutic interventions. Biomedicine & Aging Pathology, 2013, 3(3): 161～169.
[3] Chen L, Hu J Y, Wang S Q. The role of antioxidants in photoprotection: A critical review. Journal of the American Academy of Dermatology, 2012, 67(5): 1013～1024.
[4] 殷花, 林忠宁, 朱伟. 皮肤光老化发生机制及预防. 环境与职业医学, 2014, 31(7): 565～569.
[5] Young A R, Claveau J, Rossi A B. Ultraviolet radiation and the skin: Photobiology and sunscreen photoprotection. Journal of the American Academy of Dermatology, 2017, 76(S3-1): S100～S109.
[6] Ma R T, Guo Z Y, Liu Z M, et al. Raman spectroscopic study on the influence of ultraviolet: A radiation on collagen. Spectroscopy and Spectral Analysis, 2012, 32(2): 383～385.
[7] Chen T J, Hou H, Fan Y, et al. Protective effect of gelatin peptides from pacific cod skin against photoaging by inhibiting the expression of MMPs via MAPK signaling pathway. Journal of Photochemistry and Photobiology B: Biology, 2016, 165: 34～41.
[8] Hong Y F, Lee H Y, Jung B J, et al. Lipoteichoic acid isolated from Lactobacillus plantarum down-regulates UV-induced MMP-1 expression and up-regulates type I procollagen through the inhibition of reactive oxygen species generation. Molecular Immunology, 2015, 67(2): 248～255.
[9] Lu J H, Hou H, Fan Y, et al. Identification of MMP-1 inhibitory peptides from cod skin gelatin hydrolysates and the inhibition mechanism by MAPK signaling pathway. Journal of Functional Foods, 2017, 33: 251～260.
[10] Fisher G J, Quan T H, Purohit T, et al. Collagen fragmentation promotes oxidative stress and elevates matrix metalloproteinase-1 in fibroblasts in aged human skin. The American Journal of Pathology, 2009, 174(1): 101～114.
[11] Pitak-Arnnop P, Hemprich A, Dhanuthai K, et al. Gold for facial skin care: fact or fiction? Aesthetic Plastic Surgery, 2011, 35(6): 1184～1188.
[12] Proksch E, Schunck M, Zague V. et al. Oral intake of specific bioactive collagen peptides reduces skin wrinkles and increases dermal matrix synthesis. Skin Pharmacology and Physiology, 2014, 27(3): 113～119.
[13] 周越. 贻贝肽与贻贝多糖对衰老的干预作用及其机制. 镇江: 江苏大学博士学位论文, 2013.
[14] Hinek A, Wang Y T, Liu K L, et al. Proteolytic digest derived from bovine Ligamentum Nuchae stimulates deposition of new elastin-enriched matrix in cultures and transplants of human dermal fibroblasts. Journal of Dermatological Science, 2005, 39(3): 155～166.
[15] Bodnar R J, Yang T B, Rigatti L H, et al. Pericytes reduce inflammation and collagen deposition in acute wounds. Cytotherapy, 2018, 20(8): 1046～1060.
[16] 李幸. 鳕鱼皮胶原肽保湿护肤效果的研究. 青岛: 中国海洋大学硕士学位论文, 2014.
[17] Huang G L, Chen J R. Preparation and applications of hyaluronic acid and its derivatives.

International Journal of Biological Macromolecules, 2019, 125(15): 478～484.
[18] Tanaka M, Koyama Y, Nomura Y. Effects of collagen peptide ingestion on UV-B-induced skin damage. Bioscience Biotechnology and Biochemistry, 2009, 73(4): 930～932.
[19] Fujii T, Okuda T, Yasui A, et al. Effects of amla extract and collagen peptide on UVB-induced photoaging in hairless mice. Journal of Functional Foods, 2013, 5(1): 451～459.
[20] 沈蕾, 陈莉, 李昊, 等. 苦味酸-天狼猩红染色和 MASSON 染色评价心脏纤维化的比较. 中国分子心脏病学杂志, 2012, 12(2): 118～120.
[21] 周冬青. 改良 Masson 染色法在慢性乙型肝炎及肝硬化病理学诊断中应用. 中外医疗, 2017, 36(8): 46～48.
[22] 李鹏, 王跃. 利用 Masson 染色联合 II 型胶原蛋白免疫组化染色对严重骨关节炎骨赘的组织学研究. 实用医学杂志, 2017, 33(5): 762～766.
[23] 陈余朋, 张声, 陶璇, 等. 肾穿刺活检组织 Masson 染色的改良. 诊断病理学杂志, 2016, 23(3): 235～236.
[24] 赵娜. Masson 染色在宫颈微小浸润性鳞状细胞癌诊断中的应用. 郑州: 郑州大学硕士学位论文, 2016.
[25] 李勇, 眭道顺, 李东海, 等. 补肾化瘀中药干预对光老化大鼠模型表皮及真皮结构的影响. 广东医学, 2014, 35(8): 1140～1142.
[26] 楼彩霞, 高擎, 孙侠, 等. 维生素 C 对紫外线诱导的光老化大鼠皮肤结构的影响. 中国比较医学杂志, 2015, 25(6): 23～27+79～80.
[27] Chen C C, Chiang A N, Liu H N, et al. EGb-761 prevents ultraviolet B-induced photoaging via inactivation of mitogen-activated protein kinases and proinflammatory cytokine expression. Journal of Dermatological Science, 2014, 75(1): 55～62.

第4章　光老化皮肤氧化与炎性应激调控失衡及食源肽调节作用

生活实践和学术研究表明，长期紫外线暴露将导致曝光部位皮肤变得粗糙、干涩、晦暗，甚至诱发皮肤细胞癌变。皮肤光老化的发生发展受多因素协同作用，其确切机制尚不明确，目前较公认的是活性氧(ROS)自由基“呼吸”爆发和免疫抑制学说[1~4]，细胞新陈代谢过程中产生的过量ROS可直接损伤细胞结构，并引发免疫调节失衡[5~8]。因此，基于ROS在光老化发生发展中的重要作用，寻找稳定有效的抗氧化剂，调节皮肤抗氧化防御体系表达水平历来是光老化防治的重要思路。此外，UV诱导的免疫抑制发生机制复杂，受多因素多环节控制，近年来在表皮朗格汉斯细胞，肿瘤坏死因子-α，以及白细胞介素IL-1、IL-10、IL-12等方面均有较深入的研究[9~12]，然而食源肽干预下光老化皮肤组织中炎症因子水平的动态变化尚未深入探讨。

以SOD、CAT、GSH-Px为代表的抗氧化酶在机体抵御外界氧化应激方面起着关键作用，衰老组织中抗氧化酶活力水平明显降低，炎症因子水平明显升高[13~16]。因此，增强细胞抗氧化酶活力、调节细胞抗炎因子水平对于保护皮肤组织的正常结构和功能，延缓皮肤衰老具有重要意义[17~20]。本章进一步考察了4种食源肽对光老化皮肤氧化和免疫应激的调节作用，评价各自在改善皮肤氧化应激状态和免疫失衡方面的贡献，在机体氧化与炎性应激调控层面解析了食源肽抗皱的生化机制。

4.1　食源肽降低光老化皮肤组织的氧化应激水平

UV对皮肤组织中MDA含量与SOD、CAT和GSH-Px活力的影响及食源肽调节作用见图4-1。由图4-1(a)可知，正常对照组皮肤组织中MDA含量为(6.75±0.88) nmol/g，而模型组大鼠皮肤组织中MDA含量达到(12.11±0.56) nmol/g，两者差异达到显著性水平($P<0.05$)，表明皮肤组织在长期的紫外线暴露下细胞代谢积聚了过量ROS，组织处于较高的氧化应激水平，MDA积累量显著增加。与模型组相比，食源肽干预后MDA含量呈不同程度降低，且总体效果呈剂量-效应关系，在低剂量情况下细胞氧化程度开始降低，高剂量时所有肽干预组都达到显

著性水平（$P<0.05$），但不同食源肽降低细胞氧化程度不同，BEP 中剂量时，MDA 降至（8.25±0.66）nmol/g，达到显著性水平。因此，综合比较不难发现，BEP 在降低机体氧化应激损伤方面效果最为显著。

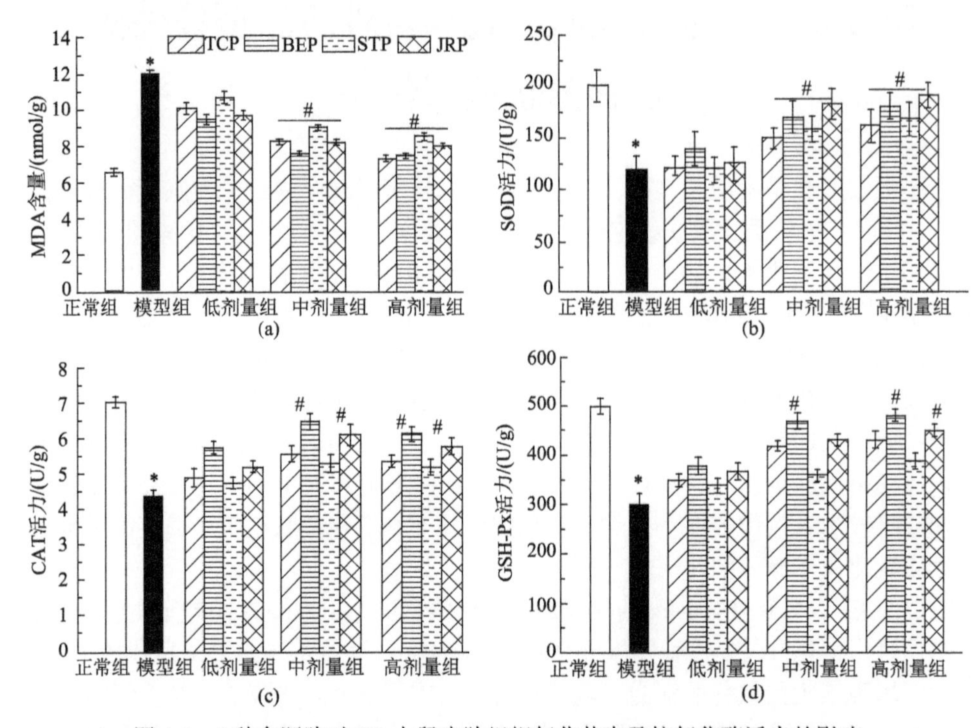

图 4-1　4 种食源肽对 SD 大鼠皮肤组织氧化状态及抗氧化酶活力的影响

由图 4-1（b）可以看出，与正常对照组大鼠皮肤组织 SOD 活力（206.75±4.54）U/g 相比，模型组大鼠皮肤组织 SOD 活力下降至（112.11±4.16）U/g，显著低于正常组水平（$P<0.05$），表明长期紫外辐照使皮肤组织处于较高氧化应激状态，一方面使 SOD 分子消耗增加，另一方面 ROS 氧化产物对 SOD 分子结构造成损伤，使得 SOD 活力显著下降。与模型组相比，食源肽干预后 SOD 活力整体呈剂量-效应关系提升，低剂量时 SOD 活力有轻微提升，但 4 种食源肽之间无明显差异；中剂量干预时不同肽之间开始有明显差异，其中 JRP 和 BEP 分别提升 SOD 活力至（178.46±4.78）U/g 和（170.65±4.66）U/g，达到显著性水平（$P<0.05$），而 TCP 与 STP 虽明显提升了 SOD 活力，但未达到显著性水平。所有食源肽高剂量干预后，SOD 活力均达到显著性水平，但仍以 JRP 效果最为显著。

在细胞内 CAT 使 H_2O_2 分解为分子氧和水，清除体内的 H_2O_2，从而使细胞免于遭受 H_2O_2 的毒害，是生物防御体系的关键酶之一[1, 4, 6]。光老化对皮肤组织中 CAT 活力的影响及 4 种食源肽对 CAT 酶活力提升效果见图 4-1（c）。可以看出，与正常对照组 CAT 活力(7.15±1.54)U/g 相比，模型组 CAT 活力下降至(4.54±1.11)U/g，显著低于正常组大鼠水平($P<0.05$)，表明长期紫外辐照使皮肤组织处于较高氧化应激状态，因而机体抗氧化酶 CAT 活力水平显著下降。食源肽干预后，CAT 活力整体呈剂量-效应关系提升，且 4 种食源肽之间有明显差异，中剂量干预时，BEP 和 JRP 可分别提升 CAT 活力至(6.71±1.66)U/g 和(6.52±0.79)U/g，均达到显著性水平($P<0.05$)，高剂量时 CAT 活力虽仍有轻微增加，但基本变化不大，综合比较知 BEP 在抑制氧化应激提升 CAT 活力方面效果最佳。

GSH-Px 是机体内广泛存在的一种重要的过氧化物分解酶，可促进 H_2O_2 的分解，从而保护细胞膜的结构及功能不受过氧化物的干扰及损害[7, 17]。光老化对皮肤组织中 GSH-Px 活力的影响及四种食源肽的调节作用见图 4-1(d)。可以看出，正常对照组大鼠皮肤组织 GSH-Px 活力为(518.29±7.55)U/g，而模型组为(309.43±6.46)U/g，显著低于正常组水平($P<0.05$)，表明长期紫外辐照使皮肤组织处于持续氧化应激状态，抗氧化酶负荷加重，使 GSH-Px 活力显著下降。与模型组相比，食源肽干预后 GSH-Px 活力整体随口服剂量的增加而逐步提升，且 4 种食源肽之间有明显差异。低剂量时 GSH-Px 活力虽有明显增加，但相互间差异未达到显著性水平；中剂量干预时除 STP 外，其余 3 种食源肽均可提升 GSH-Px 活力至 450 U/g 以上，较模型组有显著性提升($P<0.05$)；高剂量时 GSH-Px 活力虽然仍有提升，但与中剂量时的提升效果相比增幅不大，且 STP 仍未达到显著性水平。因此，在提升光老化皮肤 GSH-Px 活力方面，BEP 效果最为明显。

ROS 是正常有氧代谢的副产物，但在长期紫外线照射后，ROS 大量累积，引起生物膜中多不饱和脂肪酸的脂质过氧化，产生的脂质过氧化产物 MDA 是慢性光老化产物之一，可反映细胞受氧自由基损伤的程度[4~8]。同时，细胞氧化状态与细胞抗氧化酶活力密切相关，细胞抗氧化酶活力水平较高时可将代谢产生的过量 ROS 及时清除，维持细胞氧化和抗氧化状态平衡，以 SOD、CAT 和 GSH-Px 为代表的抗氧化酶在维持机体氧化与抗氧化平衡方面发挥重要作用[16~23]。小分子食源性活性肽所具有的不同生理活性都与其抗氧化性存在密切联系，本结果进一步从提升抗氧化酶活力，降低 ROS 产物 MDA 的角度解析了不同食源肽干预皮肤光老化的抗氧化机理。

4.2　食源肽调整 UV 诱导的皮肤组织炎症因子失衡

皮肤光老化不仅直接产生 ROS 损伤细胞，而且可激活 IL-1α、IL-1β、IL-3、IL-6、IL-8、TNF-α 等促炎细胞因子表达，同时抑制抗炎细胞因子 IL-2、IL-4、IL-10

及 TGF-β 表达，使细胞因子调控失衡，从而引起细胞炎症反应[8, 11, 14, 15, 24]，长期 UV 辐照对皮肤组织中 IL-1β、IL-6、IL-2、IL-10 的影响及 4 种食源肽的调节作用见图 4-2。

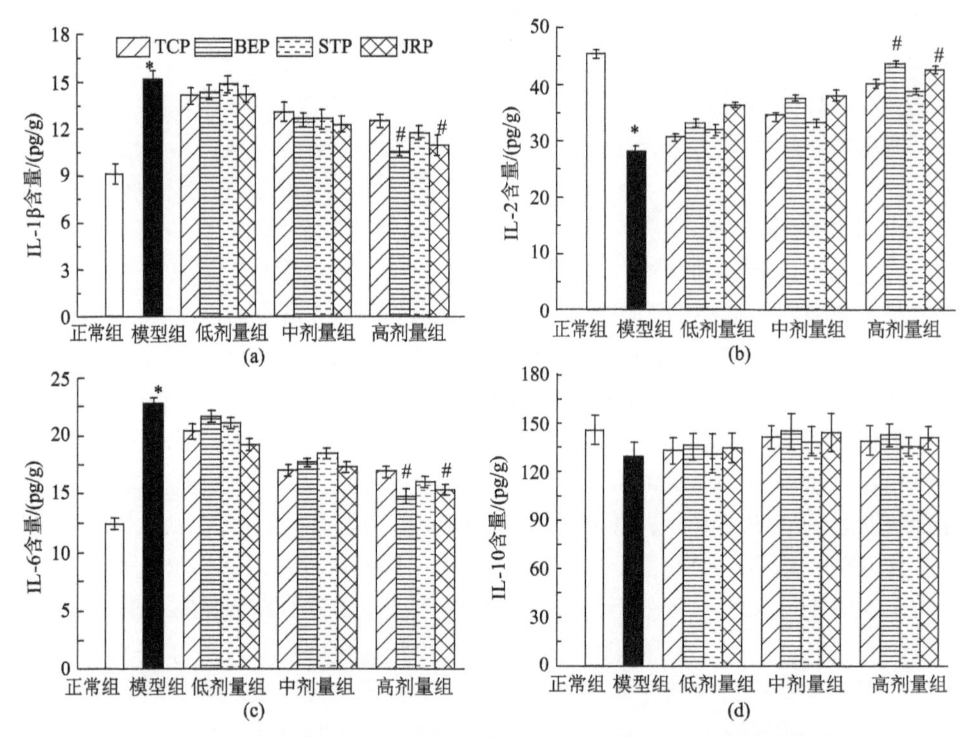

图 4-2 4 种食源肽对 SD 大鼠光老化皮肤组织炎症因子水平的影响

可以看出，正常对照组大鼠皮肤组织中促炎细胞因子 IL-1β 含量为(9.13±0.52) pg/g，而模型组为(15.28±0.46) pg/g，显著高于正常组水平(P<0.05)，表明长期紫外辐照使皮肤组织处于持续炎性应激状态。与模型组相比，食源肽干预后 IL-1β 含量整体随口服剂量的增加而逐步降低，且 4 种食源肽在中、低剂量时差异不明显，而仅在高剂量时 BEP 和 JRP 干预可将 IL-1β 含量由模型组的(15.28±0.46) pg/g 分别降至(12.88±0.81) pg/g 和(12.93±0.54) pg/g，其下调程度达到显著性水平(P<0.05)。因此，在降低光老化皮肤组织 IL-1β 含量方面，BEP 效果最为明显，其次为 JRP，而 STP 和 TCP 虽然也呈剂量依赖性降低 IL-1β 含量，但在实验浓度范围内未达到显著性水平。

IL-6 在细胞炎性反应中扮演重要角色，可作为细胞炎性水平的指标因子之一[15, 24]。长期 UV 辐照对 SD 大鼠皮肤组织中炎性细胞因子 IL-6 含量的影响及 4 种食源肽的调节作用见图 4-2(c)。可以看出，正常对照组 IL-6 含量为(12.54±0.88) pg/g，而模型组 IL-6 含量为(22.64±0.96) pg/g，显著高于正常组水平(P<0.05)，表明长

期紫外辐照使皮肤组织处于持续炎性应激状态。与模型组相比，食源肽干预后大鼠皮肤组织IL-6含量在光老化进程中随口服剂量的增加而逐步降低，且四种食源肽之间在中、低剂量时差异不明显，而仅在高剂量时BEP干预可显著性下调IL-6炎性水平至(16.38±0.85)pg/g。因此，在降低炎性细胞因子IL-6含量方面BEP效果最为明显，然后为JRP，其IL-6水平可降至(17.13±0.57)pg/g，临近显著性水平，而STP和TCP虽然也呈剂量依赖性降低IL-6含量，但在本实验浓度范围内未达到显著性水平。

本研究在光老化诱发皮肤组织炎性反应方面与其他学者研究结果基本类似，证明ROS不仅造成持续的氧化应激，而且可使细胞炎性因子水平明显上调。与正常对照组相比，炎性细胞因子IL-1β及IL-6显著升高($P<0.05$)，而4种食源肽干预后炎性细胞因子水平有不同程度下降，且总体呈剂量-效应关系，但不同食源肽干预能力存在差异，尤其是BEP和JRP在高剂量时可显著性下调IL-1β及IL-6含量($P<0.05$)，明显优于STP和TCP。

正常生理状态下，细胞炎性因子水平和抗炎因子水平基本处于平衡状态，抗炎细胞因子在对抗免疫抑制、调节免疫平衡方面至关重要。光老化对皮肤组织中抗炎细胞因子IL-2、IL-10的影响及4种食源肽的提升效果分别见图4-2(b)、(d)。可以看出，正常对照组大鼠皮肤组织抗炎细胞因子IL-2含量为(45.38±2.83)pg/g，而模型组大鼠皮肤组织为(28.43±1.96)U/g，显著低于正常组大鼠水平($P<0.05$)，表明长期紫外辐照使皮肤组织处于持续免疫抑制状态，抗炎负荷加重。与模型组相比，食源肽干预后IL-2含量整体随口服剂量的增加而提升，且4种食源肽之间有明显差异。低剂量时IL-2含量虽有所增加，但相互间差异不大；中剂量4种食源肽均可明显提升IL-2含量，但均未达到显著性水平；高剂量时IL-2含量均显著性高于模型组($P<0.05$)，但与正常对照组相比仍有一定差距，表明所选食源肽在一定程度上具有可期望的抗炎效果。因此，在提升光老化皮肤抗炎细胞因子IL-2含量方面，BEP和JRP效果优于TCP和STP。

此外，IL-10也常用来表示机体的炎症平衡状态，光老化对皮肤组织中IL-10含量的影响及4种食源肽的调节效应见图4-2(d)。结果表明，与正常对照组相比，模型组皮肤组织中IL-10含量虽有所下降，但未达到显著性水平，表明IL-10含量在皮肤光老化过程中变化不敏感，不适宜作为抗炎效应的敏感指标。与模型组相比，食源肽干预后IL-10含量呈剂量依赖性提升，但整体提升作用不大。

总之，与正常对照组相比，模型组大鼠皮肤组织中典型抗炎细胞因子IL-2及IL-10表达水平有不同程度降低，其中IL-2达到显著性水平($P<0.05$)，IL-10有轻微下降，表明IL-2对光老化反应敏感而IL-10反应相对迟钝。与模型组相比，活性肽干预后抗炎细胞因子水平表现出向正常对照组回调的趋势，表明活性肽有修复失衡细胞因子调控网络的作用，且不同活性肽在促进抗炎细胞因子表达方面存

在明显差异，JRP 在低剂量时就可显著提升 IL-2 表达水平（$P<0.05$），BEP 在中、高剂量时也表现出显著的提升作用，而 TCP 只有在高剂量时才表现出显著的提升作用。综合比较后不难发现，BEP 在降低光老化所致的皮肤细胞炎症因子表达水平、促进抗炎细胞因子表达、修复失衡细胞因子调控网络方面效果最为显著，其次是 JRP，而 TCP、STP 相对较差，可作为抗炎食品基料。

4.3　光诱导的皮肤组织氧化及炎性应激与食源肽干预存在相关性

辅以聚类分析，热图不仅可对数据分布的差异情况进行可视化展示，而且可对处理与指标间的相关性进行整体分析，挖掘数据背后的内在联系[25]。借助热图分析，将皮肤组织氧化系统与炎症系统在光老化进程中的变化及其相关性进行整体讨论，可进一步全面分析并直观化展示 4 种食源肽的抗衰作用效应，并解析其生化机制。皮肤光老化相关氧化与炎性数据见表 4-1，将指标数据均值采用 SPSS 软件进行 *Z*-score 标准化处理后得到标准化数据矩阵，其组间及组内理化指标相关性见聚类热图 4-3。

表 4-1　UV 辐照对 SD 大鼠皮肤氧化系统与炎症系统水平的影响及食源肽调节效应

组别	MDA 含量 /(nmol/g)	SOD 活力 /(U/g)	CAT 活力 /(U/g)	GSH-Px 活力 /(U/g)	IL-1β 含量 /(pg/g)	IL-6 含量 /(pg/g)	IL-2 含量 /(pg/g)	IL-10 含量 /(pg/g)
CK	6.75±0.88	206.75±4.54	7.15±1.54	518.29±7.55	9.13±0.52	12.54±0.88	45.38±2.83	149.53±5.88
Model	12.11±0.56	112.11±4.16	4.54±1.11	309.43±6.46	15.28±0.46	22.64±0.96	28.43±1.96	131.64±3.96
TCP-L	11.73±0.59	118.73±3.59	5.08±1.55	351.18±6.54	14.46±0.54	20.41±0.55	29.41±1.55	131.85±5.55
TCP-M	9.48±0.74	159.48±5.74	5.46±1.74	452.48±8.74	14.15±0.71	18.45±0.72	30.93±2.78	132.45±4.72
TCP-H	8.60±0.52	168.75±7.52	5.73±1.32	459.78±7.59	13.77±0.54	17.75±0.58	35.15±1.88	132.75±3.58
BEP-L	10.36±0.78	142.39±4.78	5.94±1.78	369.84±5.25	14.54±0.67	21.74±0.67	30.34±1.67	132.74±4.67
BEP-M	8.25±0.66	170.65±4.66	6.71±1.66	473.33±7.65	14.09±0.62	18.71±0.63	32.71±1.63	133.73±5.61
BEP-H	8.14±0.29	178.24±4.29	6.77±1.21	477.28±6.88	12.88±0.81	16.38±0.85	36.18±2.83	134.38±4.89
STP-L	11.92±0.96	121.91±5.96	4.97±0.96	342.88±5.38	14.88±0.29	20.68±0.33	30.94±1.33	131.69±4.36
STP-M	9.13±0.59	157.43±5.59	5.15±1.19	355.43±6.52	14.43±0.53	19.24±0.51	31.25±1.51	132.24±5.53
STP-H	8.77±0.85	168.13±5.55	5.32±1.52	361.54±5.32	13.57±0.39	18.52±0.49	33.84±1.49	133.57±5.49
JRP-L	10.88±0.57	124.33±4.58	5.31±1.58	361.55±7.59	14.39±0.57	19.48±0.51	31.18±1.52	132.18±4.53
JRP-M	8.96±0.78	178.46±4.78$^{\#}$	6.52±0.79	461.54±6.28	13.95±0.29	18.15±0.49	33.39±1.49	133.25±4.51
JRP-H	8.35±0.65	188.39±4.91	6.71±0.91	471.51±7.93	12.93±0.54	17.13±0.57	36.23±1.57	134.52±4.58

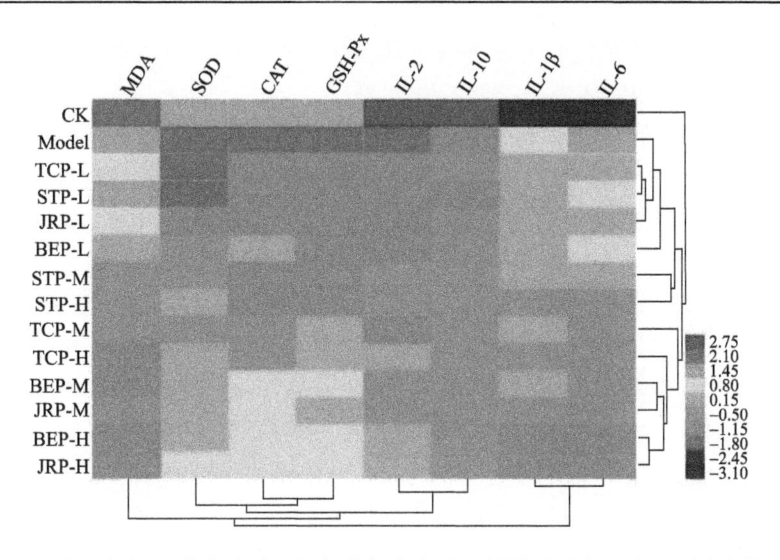

图 4-3 UV 辐照对 SD 大鼠皮肤组织氧化与炎症系统的影响及食源肽干预效应热图分析

由图 4-3 可以看出，在正常对照组中，组织氧化应激水平标记物 MDA 与抗氧化酶 SOD、CAT 及 GSH-Px 色键值分别为−1.8 与 1.45，而在模型组中其值为 1.45 与−1.8，组间相差 3.25。正常组中抗炎细胞因子 IL-2 及 IL-10 色键值为 2.75，而模型组中分别降至−1.8 与−1.5，组间分别相差 4.55 与 4.25；正常组中炎性细胞因子 IL-1β 及 IL-6 为−3.1，而模型组中 IL-1β 及 IL-6 分别升至 0.8 与 1.45，组间相差分别为 3.9 与 4.55。色键差值分析结果表明，UV 辐照使皮肤组织长期处于氧化应激状态，抗氧化酶活力下降，同时炎性细胞因子表达增加而抗炎细胞因子水平下降，皮肤组织抗氧化系统与炎症调节系统失衡，进而在表观上呈现明显的皮肤光老化表征。

食源肽干预后皮肤组织氧化应激程度得到缓解，抗氧化酶活力得到不同程度提升，细胞炎性因子水平得到下调，而抗炎细胞因子水平得到上调，整体抗氧化与抗炎水平得到提升，但不同肽、不同浓度下其整体干预效应存在明显差别。TCP 低剂量时仅能将 MDA 由 1.45 降至 0.8，SOD 维持不变，CAT、GSH-Px 与 IL-2 由−1.8 提升至−1.15，IL-10 由−1.15 提升至−0.5，IL-1β 及 IL-6 分别由 0.8 与 1.45 降至 0.15。STP 低剂量时的整体情况在聚类上与 TCP 类似，且在降低 MDA 方面几乎无作用，在降低炎性细胞因子 IL-6 水平方面较 TCP 更低。JRP 低剂量时除了可将 SOD 由−1.8 升至−1.15 外，其他指标与 TCP 一样，由右侧的功能聚类可以看出，低剂量干预下 JRP 与 TCP 和 STP 距离最近，表明在调节组织氧化与抗氧化系统、炎性与抗炎系统失衡方面 3 种肽能力相近。与其他 3 种肽不同，BEP 低剂量时即可将 MDA 由 1.45 降至 0.15，同时将 SOD 由−1.8 提升至−0.5，CAT 活力提升至 0.15，表明抗氧化能力显著强于其他 3 种食源肽，而在炎性细胞因子水平下调方面与 STP 作用类似。

由图 4-3 右侧的食源肽剂量与抗衰功能聚类结果可知，STP 高剂量干预后虽然在 SOD 提升能力和炎性细胞因子下调能力较中剂量时有一定程度的增强，但整体上仍归为一类。TCP 中剂量时可将 MDA 由 1.45 降至−0.5，氧化应激水平明显降低；SOD 与 CAT 由−1.8 提升至−0.5，GSH-Px 由−1.8 提升至 0.15，抗氧化能力明显增强；抗炎细胞因子 IL-2 与 IL-10 分别由−1.8 及−1.15 提升至−1.15 及−0.5，抗炎能力有所上调，炎性细胞因子 IL-1β 及 IL-6 分别由 0.8 及 1.45 降至 0.15 及−0.5，炎性水平明显降低，整体表明 TCP 中剂量干预已产生明显的抗氧化和免疫调节作用。TCP 高剂量时 MDA 较中剂量时仍有轻微降低，CAT、GSH-Px、IL-10 与 IL-6 基本不变，但 SOD 及 IL-2 进一步提升，而 IL-1β 进一步降低，表明高剂量干预虽然较中剂量仍有一定的提升，但差异不大。BEP 与 JRP 在中剂量时抗氧化与免疫调节能力聚为一类，且整体上优于 TCP 及 STP 所有实验浓度，尤其是 BEP 中剂量时可将 MDA 由模型组的 1.45 降至−0.15，CAT 及 GSH-Px 由模型组的−1.8 提升至 0.8，但对于炎性细胞因子 IL-1β 的下调能力略低于 JRP。BEP 与 JRP 在高剂量时抗氧化与免疫调节能力聚为一类，且在整体上达到最优，其中 JRP 在降低氧化应激和提升抗氧化酶活力方面优于 BEP，在调节免疫失衡方面二者相近。

另外由图 4-3 下方抗衰指标聚类结果可以看出，MDA 为单独一类作为氧化应激指标，CAT 与 GSH-Px 聚为一类之后再与 SOD 聚为一大类作为抗氧化能力指标，IL-2 与 IL-10 聚为一类作为抗炎指标，IL-1β 及 IL-6 聚为一类作为炎性指标，统计学聚类与生物学功能分析有良好的一致性，证明基于热图的聚类分析在整体上可准确直观地展示不同食源肽及其浓度在改善皮肤光老化诱导的氧化应激和免疫调节生物学价值。

4.4　减轻氧化和炎性应激是食源肽拮抗皮肤光老化的生化机制

皮肤过度暴露于紫外线辐照下除直接引发细胞核突变、蛋白质和脂质成分氧化降解外，还可因产生过多的 ROS 而引发各种氧化应激性损伤，改变细胞代谢途径和微环境[1~3, 18, 22, 23, 26, 27]。皮肤光老化分子机理目前仍未确切阐明，氧化应激及免疫抑制是目前两种主要学说[28~32]。皮肤组织中 ROS 的含量取决于其产生速度和清除速度。皮肤自身存在一个包括酶(如 SOD、CAT、GSH-Px 等)及非酶成分(如维生素 C、维生素 E、辅酶 Q、谷胱甘肽等)的复杂的抗氧化体系，它与 ROS 的产生保持着动态的平衡。

考虑到 ROS 在光老化发生发展的重要作用，在 UV 照射时通过外用或内服抗氧化剂可减少 ROS，从而抑制脂质过氧化物堆积，恢复细胞内抗氧化体系平衡[1~4, 6, 20]。食源肽是一类新的抗氧化剂[8, 9, 17, 29, 33~35]。本研究结果显示，当 SD 大鼠在接受长达 18 周亚红斑量 UV 照射后，皮肤组织中抗氧化酶 SOD 活性水平下降。SOD 活性水平的降低一方面可能由于产生了过多超氧阴离子，使其耗竭，另一方面也可能由于未及时清除的 ROS 攻击 SOD 亚基，使其蛋白质过氧化，从而丧失了正常的功能。鉴于外用抗衰老物质在透皮吸收方面的局限性，本研究基于已有理论成果，以光老化动物模型的氧化损伤和免疫失衡为研究对象，评价了几种典型食源性活性肽市售产品在改善氧化应激和调节细胞因子平衡方面的功效，结果证明所选几种活性肽均可在不同程度上提升抗氧化酶活力，降低脂质过氧化水平，且不同食源肽修复氧化损伤能力差异较大，综合比较 BEP 中剂量连续摄食 18 周可有效减轻皮肤光老化。关于食源性活性肽在抗氧化方面已有较多报道，但食源肽口服后干预皮肤光老化的研究目前报道较少，本研究增加了食源性活性肽口服抗衰老的实验证据。

除了氧化应激降低细胞抗氧化水平外，由 ROS 介导的细胞因子调控网络失衡也是皮肤光老化发生发展的重要原因，近年来基于调节细胞因子的抗衰老研究已取得较为丰硕的研究成果[8, 11, 30~32]。细胞因子在调节细胞增殖、分化、修复和凋亡进程和速度方面的作用显著，但由于细胞因子的多效性和协同性，以及作用途径的多样性而使得细胞因子调控网络极具复杂性，炎性细胞因子和抗炎细胞因子的动态平衡是确保细胞微环境发挥正常功能的基础。作为炎性细胞因子的典型代表 IL-1 和 IL-6 在紫外辐照显著增加，进而可激活基质金属蛋白酶 MMPs，降解胶原纤维产生皱纹[4, 10, 15, 32, 36]，因此促进抗炎细胞因子的表达，从而改善因 IL-1β 和 IL-6 触发的加速老化具有显著的临床意义。

本研究证实，不同食源性活性肽可不同程度地提升抗炎细胞因子 IL-2 的表达水平，而对 IL-10 的提升效果不明显，表明所选原料可能不是 IL-10 的刺激因子。与模型组相比，4 种食源性活性肽口服干预后 IL-2 水平均趋向正常组方向改变，表明 4 种食源肽均对失衡的免疫状态有一定的调节作用，且整体呈现出一定的剂量-效应关系，但不同食源肽及其浓度下的调节作用效果差异较大，综合比较后发现 BEP 效果最明显。因此，基于已见报道的皮肤光老化理论成果，结合本研究实验证据，可初步推论出减轻氧化应激和炎性反应是食源肽拮抗皮肤光老化的生化机制。本章主要研究结果与推测机制见图 4-4。

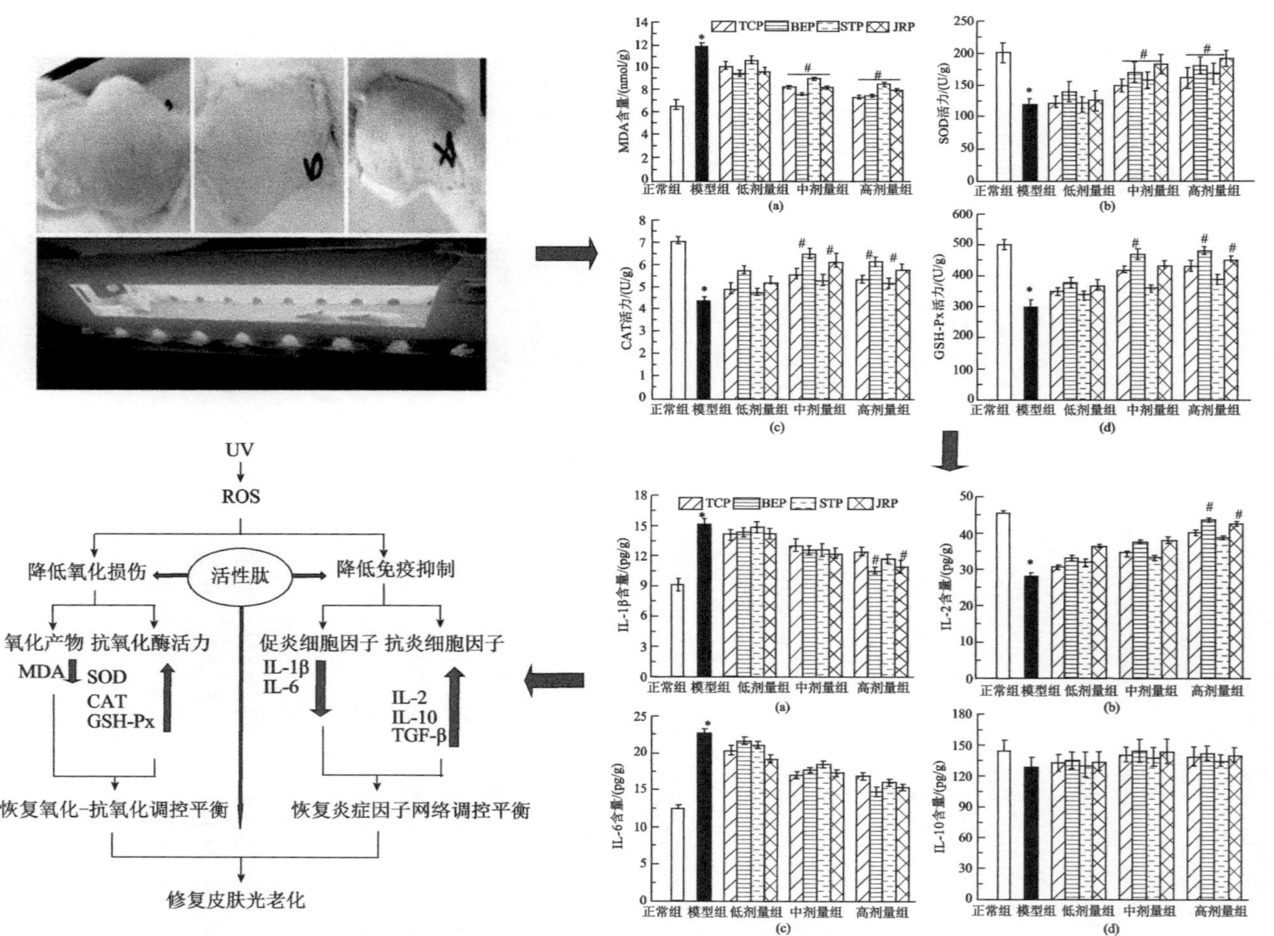

图4-4　由氧化和免疫途径介导的皮肤光老化引发进程及食源肽干预机制框架图

4.5 小　结

(1)长期低剂量 UV 暴露显著诱导了皮肤光老化，皮肤组织在持续氧化应激下可产生过量 ROS，进而 MDA 显著增加，而且 SOD、CAT 及 GSH-Px 活力显著降低，细胞抗氧化能力下降；同时抗炎细胞因子 IL-2 的表达水平显著下调，而促炎细胞因子 IL-1β 显著上调，细胞炎症因子调控网络失衡。

(2)4 种食源肽口服干预后可不同程度地降低脂质过氧化水平，提升抗氧化酶系活力，降低氧化应激损伤，并促进抗炎细胞因子表达，下调炎性细胞因子水平，恢复细胞因子网络调控平衡，其中以 BEP 效果最为明显。

(3)辅以热图分析，本章从皮肤组织氧化应激抑制与免疫提升角度解析了食源肽的抗衰细胞生化机制。

参 考 文 献

[1] Tobin D J. Introduction to skin aging. Journal of Tissue Viability, 2017, 26(1): 37～46.

[2] Shah H, Mahajan S R. Photoaging: New insights into its stimulators, complications, biochemical changes and therapeutic interventions. Biomedicine & Aging Pathology, 2013, 3(3): 161～169.

[3] Chen L, Hu J Y, Wang S Q. The role of antioxidants in photoprotection: A critical review. Journal of the American Academy of Dermatology, 2012, 67(5): 1013～1024.

[4] 马蕊. 茶叶水提物抗皮肤光老化的作用及机理研究. 长沙：湖南农业大学硕士学位论文, 2013.

[5] 王刘祥. UVA 辐射对人皮肤成纤维细胞的过氧化损伤及 EGCG 的保护作用. 杭州：浙江大学硕士学位论文, 2013.

[6] 杨斌, 郝飞. 皮肤光老化、活性氧簇与抗氧化剂. 中国美容医学, 2005, 14(5): 637～639.

[7] Oh Y, Lim H W, Huang Y H, et al. Attenuating properties of *Agastache rugosa* leaf extract against ultraviolet-B-induced photoaging via up-regulating glutathione and superoxide dismutase in a human keratinocyte cell line. Journal of Photochemistry and Photobiology B: Biology, 2016, 163: 170～176.

[8] 羊雪芹. *E. cloacae* Z0206 蛋白多糖的研制及其对大鼠生长、免疫和抗氧化功能的影响. 杭州：浙江大学硕士学位论文, 2009.

[9] Chen T J, Hou H. Protective effect of gelatin polypeptides from Pacific cod（*Gadus macrocephalus*）against UV irradiation-induced damages by inhibiting inflammation and improving transforming growth factor-β/Smad signaling pathway. Journal of Photochemistry and Photobiology B: Biology, 2016, 162: 633～640.

[10] Tanaka Y T, Tnaka K, Kojima H, et al. Cynaropicrin from *Cynara scolymus* L. suppresses photoaging of skin by inhibiting the transcription activity of nuclear factor-kappa B. Bioorganic & Medicinal Chemistry Letters, 2013, 23(2): 518～523.

[11] 张静. COPD 人肺成纤维细胞 IL-6、IL-8、弹性蛋合的生成及其炎症调节的研究. 上海: 复旦大学博士学位论文, 2010.

[12] 林荣锋. 广藿香油对 UV 所致小鼠皮肤光老化模型保护作用的实验研究. 广州: 广州中医药大学博士学位论文, 2015.

[13] Lee M J, Jeong N H, Jang B S. Antioxidative activity and antiaging effect of carrot glycoprotein. Journal of Industrial and Engineering Chemistry, 2015, 25: 216～221.

[14] Nusgens B V, Humbert P, Rougier A, et al. Topically applied vitamin C enhances the mRNA level of collagens Ⅰ and Ⅲ, their processing enzymes and tissue inhibitor of matrix metalloproteinase-1 in the human dermis. Journal of Investigative Dermatology, 2001, 116(6): 853～859.

[15] Li W H, Pappas A, Zhang L, et al. IL-11, IL-1α, IL-6, and TNF-α are induced by solar radiation *in vitro* and may be involved in facial subcutaneous fat loss *in vivo*. Journal of Dermatological Science, 2013, 71(1): 58～66.

[16] 周小平. 补益营卫延缓皮肤衰老的理论和实验研究. 北京: 北京中医药大学博士学位论文, 2007.

[17] Hinek A, Wang Y T, Liu K L, et al. Proteolytic digest derived from bovine *Ligamentum Nuchae* stimulates deposition of new elastin-enriched matrix in cultures and transplants of human dermal fibroblasts. Journal of Dermatological Science, 2005, 39(3): 155～166.

[18] Rivers J K. The role of cosmeceuticals in antiaging therapy. Skin Therapy Letter, 2008, 13(8): 5～9.

[19] Lodén M, Buraczewska I, Halvarsson K. Facial anti-wrinkle cream: Influence of product presentation on effectiveness: A randomized and controlled study. Skin Research and Technology, 2007, 13(2): 189～194.

[20] 杨永鹏, 董萍, 左夏林, 等. 皮肤防晒化妆品的技术革命——光控智能防晒化妆品研制的设想和设计. 中国化妆品(行业), 2011, (1): 48～49.

[21] Kimura Y, Sumiyoshi M. Effects of baicalein and wogonin isolated from *Scutellaria baicalensis* roots on skin damage in acute UVB-irradiated hairless mice. European Journal of Pharmacology, 2011, 661(1～3): 124～132.

[22] 徐德峰, 马忠华, 赵谋明, 等. 一种大鼠皮肤光老化动物模型装置: 中国专利，201520152906.5.

[23] 杨汝斌, 万屏, 刘玲, 等. 灯盏花素灌胃对紫外线致 SD 大鼠皮肤光老化的保护作用. 中国皮肤性病学杂志, 2012, 26(6): 480～485.

[24] Miyachi Y. Photoaging from an oxidative standpoint. Journal of Dermatological Science, 1995, 9(2): 79～86.

[25] 郭力飞. 基于四叉树网格的快速层次聚类热图可视化研究. 秦皇岛: 燕山大学硕士学位论文, 2016.

[26] 杨汝斌, 万屏, 刘玲, 等. SD 大鼠皮肤光老化动物模型建立方法的探索. 中国皮肤性病学杂志, 2011, 25(3): 199～202.

[27] 曹迪, 陈瑾, 黄琨, 等. 皮肤光老化 SD 大鼠模型的构建及评价标准的探讨. 重庆医科大学学报, 2016, 41(4): 379～383.

[28] Mellander O. The physiological importance of the casein phosphopeptide calcium salts. Ⅱ.

Peroral calcium dosage of infants. Acta Societatis Medicorum Upsaliensis, 1950, 55(5～6): 247～255.

[29] Proksch E, Schunck M, Zague V, et al. Oral intake of specific bioactive collagen peptides reduces skin wrinkles and increases dermal matrix synthesis. Skin Pharmacology and Physiology, 2014, 27(3): 113～119.

[30] Kondo S. The role of cytokines in photoaging. Journal of Dermatological Science, 2000, 23(1): S30～S36.

[31] Han K H, Choi H R, Won C H, et al. Alteration of the TGF-/SMAD pathway in intrinsically and UV-induced skin aging. Mechanisms of Ageing and Development, 2005, 126(5): 560～567.

[32] Kim J A, Ahn B N, Kong C S, et al. Chitooligomers inhibit UV-A-induced photoaging of skin by regulating TGF-/Smad signaling cascade. Carbohydrate Polymers, 2012, 88(2): 490～495.

[33] 周越. 贻贝肽与贻贝多糖对衰老的干预作用及其机制. 镇江: 江苏大学博士学位论文, 2013.

[34] Tanaka M, Koyama Y, Nomura Y. Effects of collagen peptide ingestion on UV-B-induced skin damage. Bioscience, Biotechnology, and Biochemistry, 2009, 73(4): 930～932.

[35] Fujii T, Okuda T, Yasui A, et al. Effects of amla extract and collagen peptide on UVB-induced photoaging in hairless mice. Journal of Functional Foods, 2013, 5(1): 451～459.

[36] Chen C C, Chiang A N, Liu H N, et al. EGb-761 prevents ultraviolet B-induced photoaging via inactivation of mitogen-activated protein kinases and proinflammatory cytokine expression. Journal of Dermatological Science, 2014, 75(1): 55～62.

第5章　光老化皮肤MAPK信号通路活性变化及食源肽调控效应

随着对光老化发生机制的深入研究，研究者发现细胞因子对皮肤光老化速度起着重要的介导作用，细胞因子在光老化中的作用越来越受到重视[1~4]。目前，从细胞因子角度对抗皮肤光老化的研究报道甚少。在众多细胞因子中，TGF-β具有广泛的生物学活性，通过TGF-β/Smad或TGF-β介导的MAPK信号转导通路可调控生殖和胚胎发育、参与病理性炎症、诱导细胞凋亡、促进损伤后修复等[5~10]。因此，以TGF-β为靶分子的研究在皮肤创伤修复中具有重要意义。岳洪源[11]探讨TGF-β对UVA照射皮肤成纤维细胞光老化的保护作用，表明成纤维细胞活力及胶原蛋白表达量均随辐照剂量的增加而显著下降，添加TGF-β处理可呈剂量依赖性提升细胞活力及胶原蛋白表达量，证明TGF-β对光老化有一定的干预作用。

目前，UV诱导MAPK信号通路激活在皮肤光老化病变中起重要作用。UV通过MAPK信号通路激活NF-κB，同时诱导c-Jun表达上调，c-Jun与构成型c-Fos结合形成转录因子AP-1，AP-1和NF-κB均可激活MMPs表达，从而损害真皮ECM，引发皮肤光老化损伤[4~6]。刘垠[6]采用UV照射体外培养的皮肤成纤维细胞，观察细胞形态变化及相关细胞因子变化，检测MAPK信号转导下游基因*c-jun*与*c-fos*表达变化，表明随着照射剂量增加成纤维细胞*c-jun* mRNA表达增加，与对照组比较有显著差异，其终末基因*MMP-1/3*表达也随照射剂量增加而显著增加，蛋白表达呈现出与基因表达的一致性，而*c-jun*基因沉默后*MMP-1/3*表达下调，证明*c-jun*基因对皮肤光老化中MMPs及胶原代谢存在显著影响。多项研究表明食源肽具有广泛的生物活性[12~19]，但目前对其分子机制的研究仍较为缺乏。因此，本章考察光老化过程及食源肽干预状态下皮肤组织TGF-β表达，以及MAPK信号通路关键蛋白及其基因水平变化，解析食源肽抗皱的信号调控机制。

5.1　食源肽提升光老化皮肤中TGF-β含量与表达水平

TGF-β是一种具有多种生物学效应的细胞因子，可介导多种信号通路将信号自细胞外传递至细胞核，调控基因转录，发挥相应的生物学效应[3, 4, 20]。正常生理情况下，TGF-β 处于一种动态平衡，维持组织内环境的相对稳定，长期 UV 应激使皮肤组织中 TGF-β 和 TGF-β 受体(TGF-βR)表达下调，成纤维细胞数目减少，并通过激活 AP-1 阻断 TGF-β/Smad 信号通路，引起 MMPs、组织蛋白酶、丝氨酸蛋白酶类、成纤维细胞弹性蛋白酶等 ECM 降解酶系的活性增加，直接导致胶原纤维和弹性纤维降解增加，从而导致表皮内陷引起深在性皱纹[3, 5, 7, 20]。长期 UV 辐照对 SD 大鼠皮肤组织表达水平的影响及食源肽的干预效应见表 5-1。

表 5-1　食源肽对光老化 SD 大鼠皮肤中 TGF-β 含量的影响(pg/g)

组别	动物数/只	食源肽口服剂量/(g/100 mL)			
		0	低剂量(0.32)	中剂量(0.96)	高剂量(2.88)
正常对照组	12	348.83±7.52	—	—	—
模型组	12	160.56±6.26**	—	—	—
TCP 干预组	12	—	162.73±6.29	231.06±7.51	241.12±7.52
BEP 干预组	12	—	169.76±8.25	282.34±6.32#	312.45±6.21#
STP 干预组	12	—	163.53±8.56	216.92±6.19	239.16±6.25
JRP 干预组	12	—	167.76±7.52	254.13±8.26#	302.26±7.33#

注：(1)“ —”表示未处理；(2)“ **”表示模型组与正常对照组相比在 P<0.01 水平上有显著性差异，“#”表示肽口服干预组与模型组相比在 P<0.05 水平上有显著性差异。

由表 5-1 可以看出，TGF-β 含量在不同组动物皮肤组织中差异明显，与正常对照组含量(348.83±7.52)pg/g 相比，模型组 TGF-β 含量降至(160.56±6.26)pg/g，下降程度达到极显著水平(P<0.01)，表明长期 UV 辐照显著抑制了 TGF-β 表达。与模型组相比，4 种食源肽干预后皮肤组织 TGF-β 含量均呈剂量依赖性提升，其中 BEP 和 JRP 优于 TCP 和 STP，且在中、高剂量时二者均可显著提升 TGF-β 表达水平(P<0.05)，而 TCP 和 STP 在高剂量时仍未达到显著性水平。除了直接检测皮肤组织中 TGF-β 含量以外，基于蛋白抗原抗体反应的 Western 免疫印迹技术可进一步检测 TGF-β 的活性状态，从而更准确地反映 TGF-β 信号通路状态。光老化对皮肤组织 TGF-β 表达水平的影响及食源肽干预作用见图 5-1。

由图 5-1 可以看出，与正常对照组相比，模型组大鼠皮肤组织中 TGF-β 条带深度明显减弱，光密度相对强度显著性下降(P<0.05)，表明光老化过程显著抑制了 TGF-β 信号通路。与模型组相比，不同食源肽口服干预后，TGF-β 表达水平整体呈剂量依赖性提升，表明所选食源肽可一定程度上调 TGF-β 表达，但不同食源肽之间存在明显差异，高剂量时 BEP 与 JRP 干预组 TGF-β 表达水平显著高于模型组(P<0.05)，而 TCP 与 STP 干预组在整个浓度范围内虽可明显提升 TGF-β 表达水平，但未达到显著性水平，表明在刺激 TGF-β 信号通路能力上，BEP 和 JRP 优

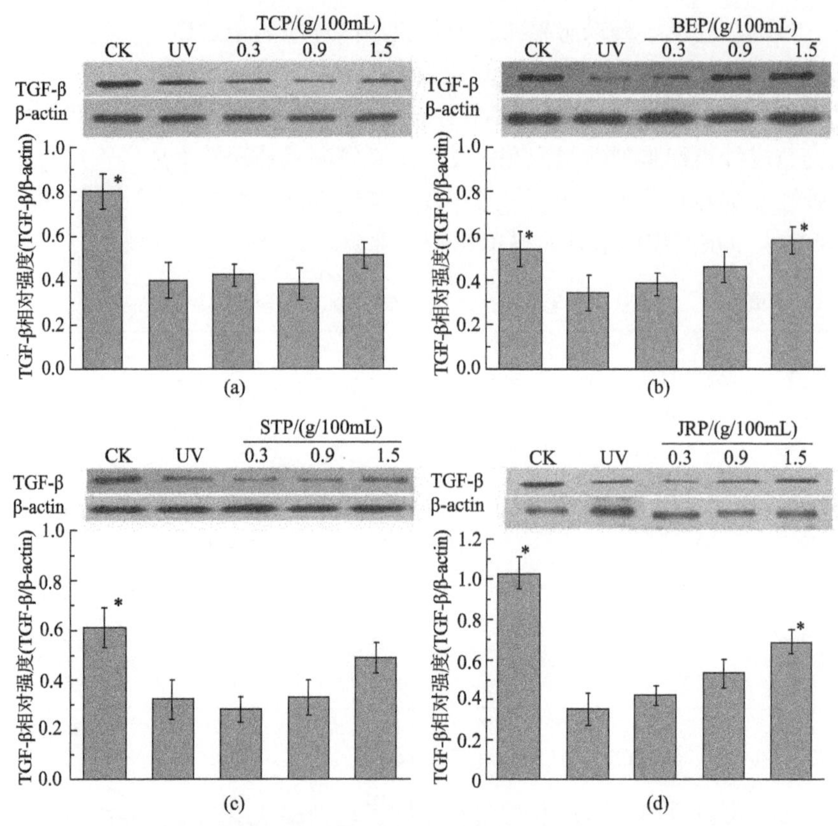

图 5-1　食源肽对光老化 SD 大鼠皮肤中 TGF-β 表达水平的影响

于 TCP 和 STP。基于第 3 章中食源肽对 MMP-1 活力的抑制作用，结合已有的相关文献报道，可以推测口服食源肽可能通过上调 TGF-β 表达，进而增强膜受体 TGF-βR 的信号刺激强度，激活 TGF-β/Smad 信号通路、促进胶原纤维合成、增强皮肤弹性，从而干预光老化进程，更确切的机制有待进一步研究。

5.2　食源肽减轻光老化皮肤组织 p38 蛋白磷酸化水平

除经典的 TGF-β/Smad 信号通路，TGF-β 也能介导 MAPK 信号通路，MAPK 主要由 p38、JNK、ERK 家族组成，其中 p38 介导的炎症反应和凋亡在维护表皮完整性和对抗紫外线诱导的肿瘤效应方面具有重要作用[5, 10, 21, 22]。但关于 p38 MAPK 信号途径在 UV 所致皮肤光老化中的作用及食源肽的保护机制尚未见报道。因此，本研究在建立皮肤光老化动物模型的基础上，通过检测正常组、模型组、肽口服干预组皮肤组织中 p38 蛋白水平，分析探讨食源肽的光保护机制是否与 p38 MAPK 信号通路有关，结果见图 5-2。

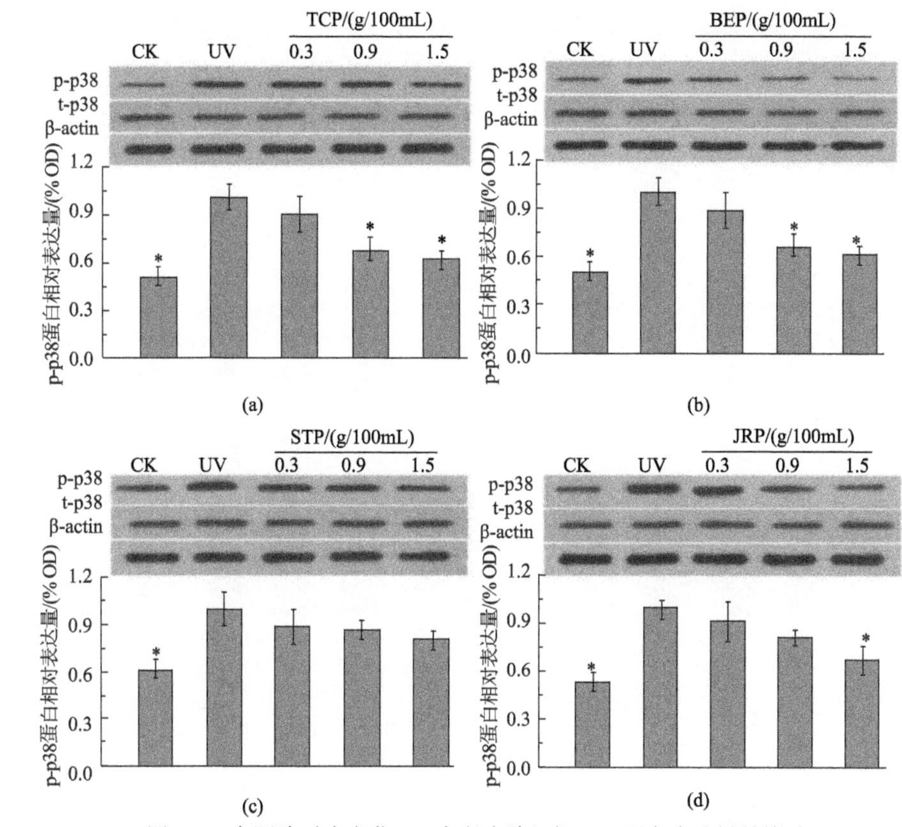

图 5-2　食源肽对光老化 SD 大鼠皮肤组织 p38 蛋白表达量的影响

由图 5-2 可以看出，p-p38 条带深度在不同组样品中差异明显，而 t-p38 条带深浅几乎不变，表明 p38 信号通路活性状态在光老化过程中发生了改变，与正常对照组相比，模型组 p-p38 条带灰度明显增加，相对 OD 值显著增加($P<0.05$)，表明光老化过程激活了 p38 信号通路。与模型组相比，食源肽干预组 p-p38 条带深度均呈剂量依赖性下降，表明口服食源肽可不同程度抑制 p-p38 蛋白表达，且不同食源肽之间存在明显差异，在低、中浓度剂量时，4 种肽虽然都可降低条带深度，但相互间无显著性差异($P>0.05$)，而在高剂量时 BEP 与 JRP 组的 OD 显著低于 TCP 与 STP 组($P<0.05$)，表明在抑制 p38 信号通路能力上，BEP 和 JRP 优于 TCP 和 STP。由此可知，食源肽干预皮肤光老化与调控 p38 通路激活有关。

5.3　食源肽减轻光老化皮肤组织 JNK 蛋白磷酸化水平

核转录因子 c-Jun 是 AP-1 的组成部分，而 AP-1 是 MMP-1 的基因表达所必需的，AP-1 的基因可被 UV 激活的信号通路活化。皮肤光老化中 MMP-1 与 c-Jun

密切相关[23]，c-Jun 表达上调，其信号下游的 MMP-1 表达也会随之升高，抑制 c-Jun 表达，MMP-1 也会受到抑制，提示特异性抑制 c-Jun 很可能是皮肤光老化干预的有效靶标。通过对比正常组、模型组、肽口服干预组 SD 大鼠皮肤组织中 JNK 信号通路蛋白表达水平变化，探讨食源肽的光保护机制是否与 JNK 信号通路有关，结果见图 5-3。

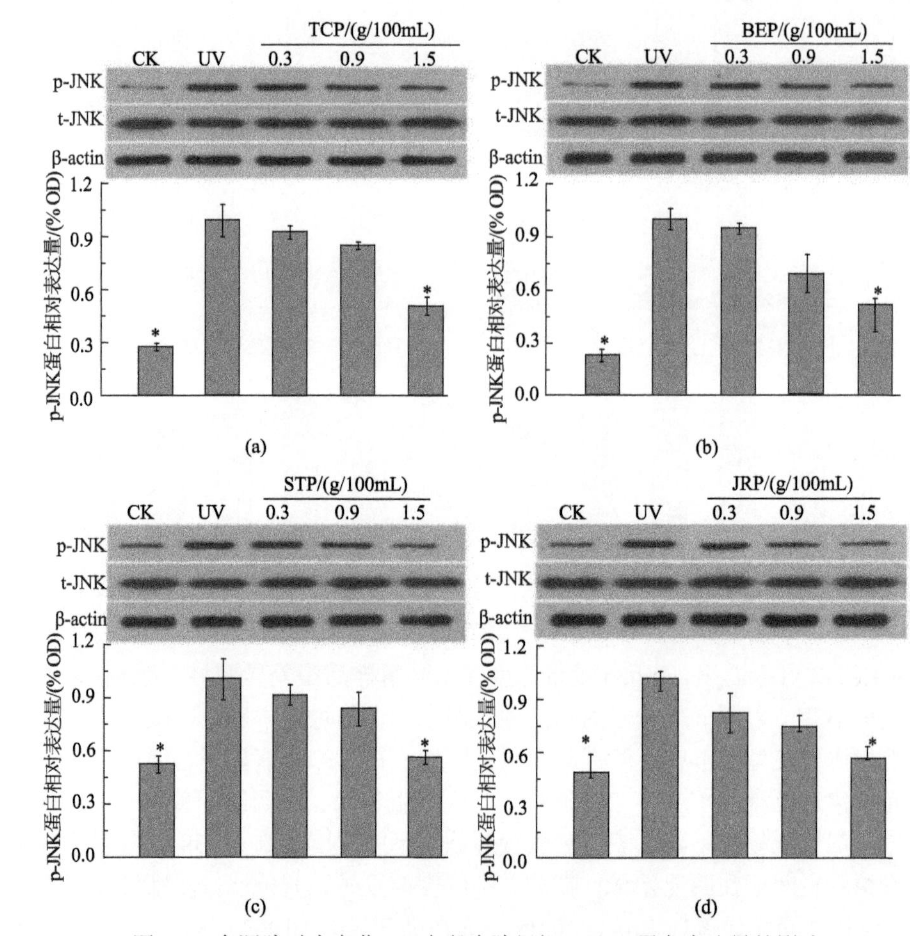

图 5-3 食源肽对光老化 SD 大鼠皮肤组织 p-JNK 蛋白表达量的影响

由图 5-3 可以看出，p-JNK 条带深度在不同组中差异明显，而 t-JNK 条带深浅几乎不变，与正常对照组相比，模型组条带深度明显增加，相对 OD 值显著增加(P<0.05)，表明光老化过程激活了 JNK 信号通路，与模型组相比，食源肽干预组条带深度均呈剂量依赖性下降，表明口服食源性肽可不同程度抑制 JNK 信号通路，且不同食源肽之间存在明显差异，在低、中浓度剂量时，4 种肽虽然都可降低条带深度，但 OD 值相互间无显著性差异(P>0.05)，而在高剂量时 BEP 与 JRP

组的 OD 显著低于 TCP 与 STP 组（$P<0.05$），证明在抑制 JNK 信号通路能力上 BEP 与 JRP 优于 TCP 与 STP。

5.4　食源肽减轻光老化皮肤组织 ERK 蛋白磷酸化水平

MAPK 级联反应是调节正常细胞增殖、分化、存活和修复的关键信号通路，MAPK 级联通路的紊乱常导致肿瘤及其他疾病，尤其是 MAPK 信号通路中的 ERK 通路[21]。ERK 存在于细胞质内，具备丝氨酸及酪氨酸双重磷酸化功能，包括多种亚型，其中 ERK1/2 是研究最多的信号分子。多项研究表明，在细胞外介质 TGF-β 刺激下，ERK1/2 经由 TGF-β 受体活化，活化的 ERK1/2 通过级联反应将信号转导至细胞核，调控基因表达，导致成纤维化细胞增殖及胶原沉积[23]。通过对比正常组、模型组、肽干预组 SD 大鼠皮肤组织中 ERK 信号通路蛋白表达水平变化，探讨食源肽光保护机制是否与 ERK 通路有关，结果见图 5-4。

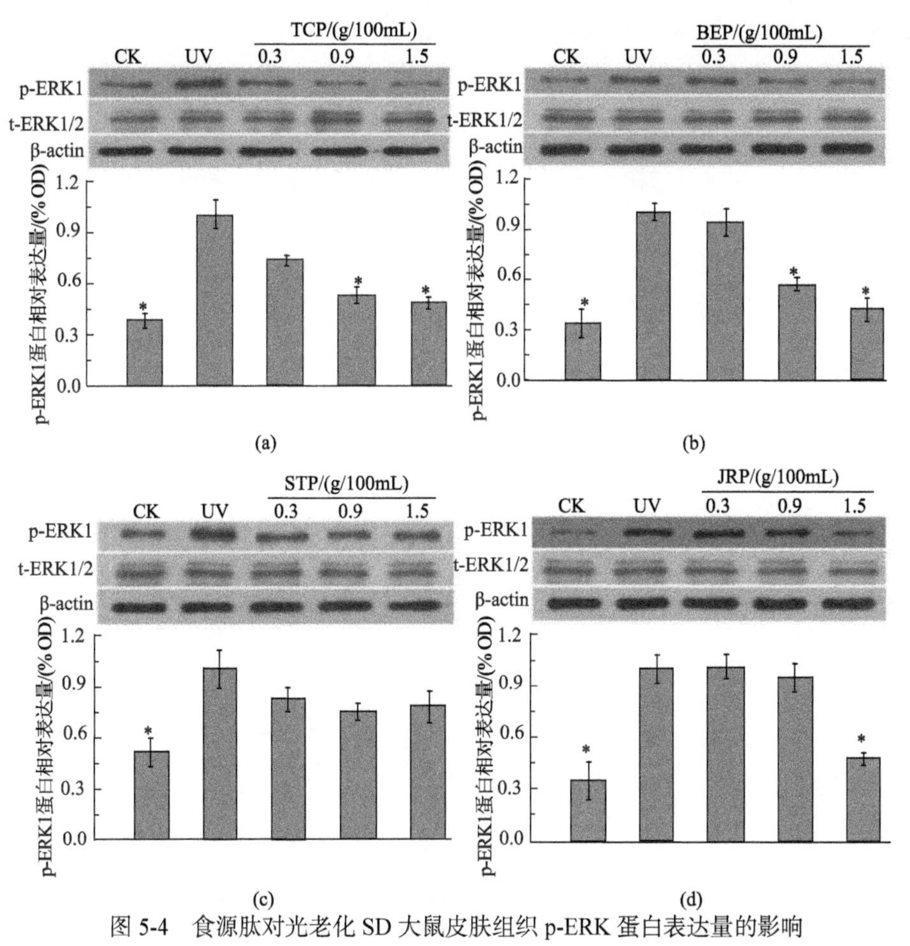

图 5-4　食源肽对光老化 SD 大鼠皮肤组织 p-ERK 蛋白表达量的影响

由图 5-4 可以看出，t-ERK1/2 条带深浅几乎不变，而 p-ERK1/2 条带深度在不同组中差异明显，与正常对照组相比，模型组 p-ERK1/2 条带深度明显增加，相对 OD 值显著增加($P<0.05$)，表明光老化过程激活了 ERK1/2 信号通路，与模型组相比，食源肽干预组条带深度均呈剂量依赖性下降，表明口服食源性肽可不同程度抑制 ERK1/2 信号通路，且不同食源肽之间存在明显差异，在低、中浓度剂量时，4 种食源肽虽然都可降低条带深度，但 OD 值相互间无显著性差异($P>0.05$)，而在高剂量时 BEP 与 JRP 组的 OD 显著低于 TCP 与 STP 组($P<0.05$)，证明在抑制 ERK1/2 信号通路能力上，BEP 与 JRP 优于 TCP 与 STP。

5.5 食源肽对光老化皮肤组织 MAPK 信号通路标记蛋白转录水平的影响

5.5.1 总 RNA 提取及目标基因扩增质量

RNA 提取浓度及质量直接影响到目的基因检测的灵敏度和准确性，由表 5-2 可以看出，不同组总 RNA 提取浓度均在 500 ng/μL 以上，可满足后续 q-PCR 实验要求，且 $A_{260/280}$ 值均在 2.0 左右，表明 RNA 纯度较高，提取过程较为合适。对提取的总 RNA 进行琼脂糖凝胶电泳进一步观察提取质量，由图 5-5 可以看出，RNA 电泳图显示 28 s、18 s、5 s 条带清晰，表明 RNA 完整性良好，可进行后续实验。

表 5-2 总 RNA 提取浓度及纯度

编号	样本	浓度/(ng/μL)	$A_{260/280}$
1	正常组	594.33	1.94
2	模型组	572.69	1.98
3	TCP1	548.84	2.06
4	TCP2	578.81	1.99
5	TCP3	555.43	2.03
6	BEP1	591.81	2.18
7	BEP2	775.99	2.09
8	BEP3	689.25	2.12
9	STP1	836.68	1.99
10	STP2	555.66	2.07
11	STP3	735.16	2.01

续表

编号	样本	浓度/(ng/μL)	$A_{260/280}$
12	JRP1	591.33	2.06
13	JRP2	568.07	2.01
14	JRP3	577.24	2.03

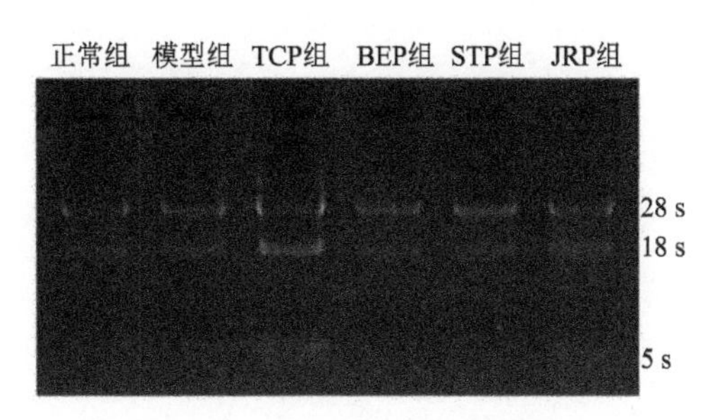

图 5-5 总 RNA 提取电泳图

由图 5-6 及图 5-7 可以看出，目标基因溶解相关度高，且扩增率均在 90%以上，因此可采用此种方法和上述引物进行后续样本的扩增分析。在此基础上考察长期 UV 暴露对 p38、JNK、ERK mRNA 表达水平的影响，结果见图 5-8～图 5-10。

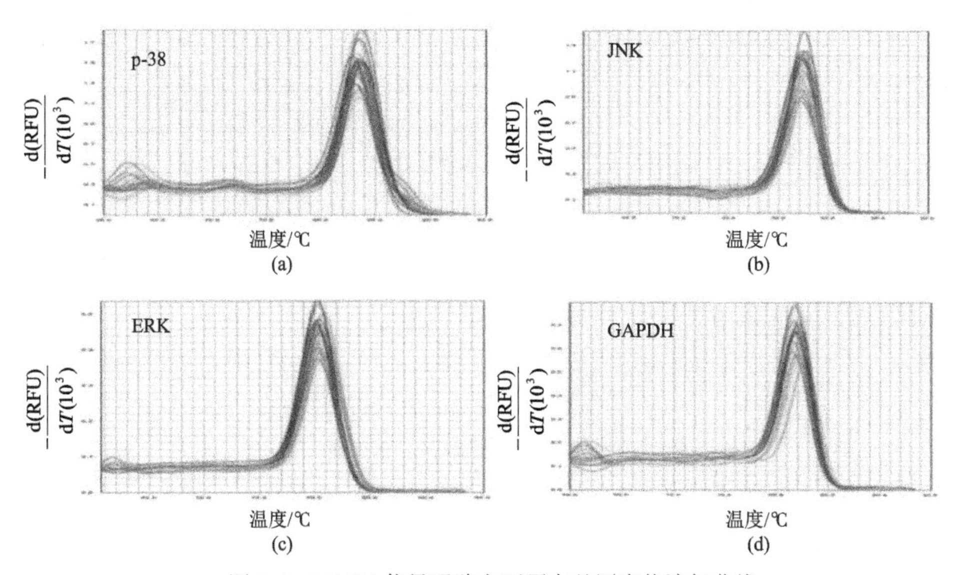

图 5-6 MAPK 信号通路主要蛋白基因产物溶解曲线

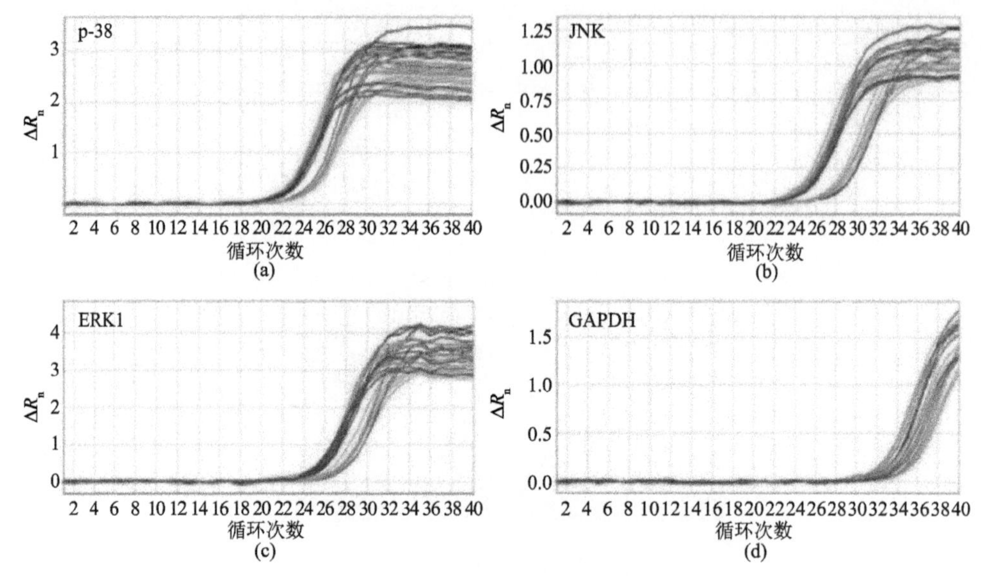

图 5-7　MAPK 信号通路主要蛋白基因扩增曲线

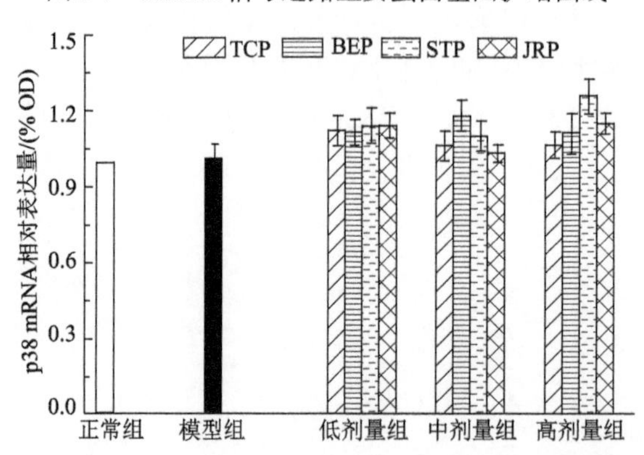

图 5-8　食源肽对光老化皮肤组织 p38 mRNA 相对表达量的影响

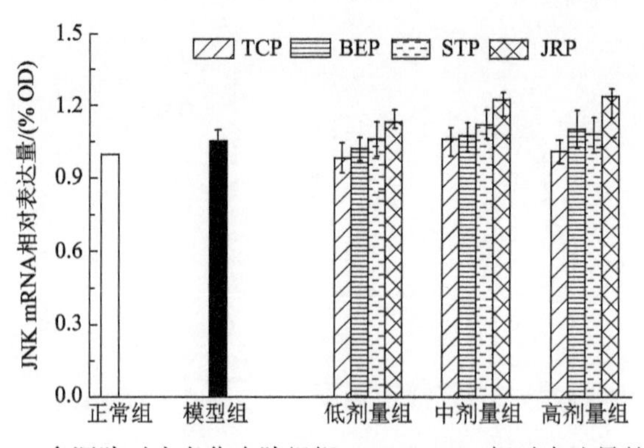

图 5-9　食源肽对光老化皮肤组织 JNK mRNA 相对表达量的影响

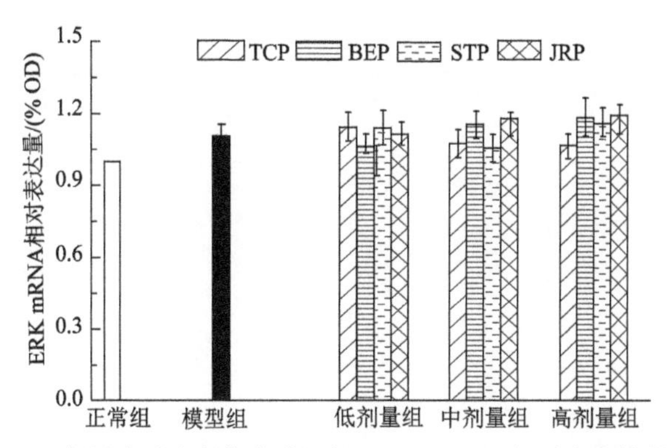

图 5-10　食源肽对光老化皮肤组织 ERK mRNA 相对表达量的影响

5.5.2　食源肽对光老化皮肤组织 MAPK 信号通路标记蛋白转录水平的影响

由图 5-8 知，虽然 p38 蛋白的 mRNA 相对表达量在各组实验动物中有所波动，但差异不大，表明长期 UV 辐照对皮肤组织中 p38 mRNA 相对表达量几乎无影响。

由图 5-9 可以看出，虽然 JNK mRNA 相对表达量在各组实验动物中有波动，但差异不大，表明长期 UV 辐照对皮肤组织中 JNK mRNA 相对表达量几乎无影响。

由图 5-10 可以看出，虽然 ERK mRNA 相对表达量在各组实验动物中有波动，但差异不大，表明长期 UV 辐照对皮肤组织中 ERK mRNA 相对表达量几乎无影响。

5.6　光老化皮肤组织 TGF-β 及 MAPK 信号通路变化与食源肽调节效应存在相关性

对皮肤组织在光老化进程中 TGF-β 与 MAPK 信号通路标记蛋白的转录翻译和磷酸化修饰变化及食源肽调节效应进行整体相关性讨论，全面分析并直观化展示 4 种食源肽的抗衰作用效应，并解析其信号机制。皮肤光老化进程中 TGF-β 与 MAPK 信号通路标记蛋白及其转录数据见表 5-3，将指标数据均值采用 SPSS 软件进行 *Z*-score 标准化处理后得到标准化数据矩阵，其相关性见聚类热图 5-11。

表 5-3　SD 大鼠光老化皮肤组织 TGF-β 与 MAPK 信号通路标记蛋白转录与翻译修饰水平

组别	TGF-β 含量/(pg/g)	p-p38 相对表达量	p-JNK 相对表达量	p-ERK 相对表达量	p38 mRNA 相对表达量	JNK mRNA 相对表达量	ERK mRNA 相对表达量
CK	348.83±7.52	0.57±0.08	0.32±0.05	0.38±0.03	1.00±0.12	1.00±0.08	1.00±0.11
Model	160.56±6.26	1.02±0.03	1.03±0.02	1.01±0.08	1.02±0.12	1.05±0.11	1.10±0.12
TCP-L	162.73±6.29	0.97±0.05	0.95±0.07	0.76±0.08	1.13±0.11	0.98±0.08	1.14±0.09

续表

组别	TGF-β 含量 /(pg/g)	p-p38 相对表达量	p-JNK 相对表达量	p-ERK 相对表达量	p38 mRNA 相对表达量	JNK mRNA 相对表达量	ERK mRNA 相对表达量
TCP-M	231.06±7.51	0.68±0.07	0.91±0.08	0.54±0.06	1.07±0.16	1.05±0.12	1.07±0.16
TCP-H	241.12±7.52	0.62±0.08	0.54±0.05	0.51±0.07	1.07±0.17	1.01±0.07	1.06±0.18
BEP-L	169.76±8.25	0.92±0.02	0.92±0.05	0.96±0.03	1.12±0.12	1.02±0.12	1.06±0.12
BEP-M	282.34±6.32	0.71±0.02	0.73±0.04	0.59±0.05	1.19±0.16	1.07±0.06	1.15±0.16
BEP-H	312.45±6.21	0.64±0.05	0.58±0.08	0.48±0.08	1.12±0.08	1.10±0.08	1.18±0.18
STP-L	163.53±8.56	0.93±0.04	0.93±0.06	0.88±0.04	1.15±0.07	1.06±0.09	1.14±0.11
STP-M	216.92±6.19	0.90±0.07	0.87±0.07	0.81±0.05	1.11±0.06	1.12±0.11	1.05±0.09
STP-H	239.16±6.25	0.84±0.08	0.61±0.08	0.86±0.07	1.27±0.07	1.08±0.07	1.15±0.07
JRP-L	167.76±7.52	0.95±0.06	0.84±0.04	0.98±0.08	1.15±0.11	1.13±0.11	1.11±0.12
JRP-M	254.13±8.26	0.87±0.03	0.78±0.05	0.94±0.05	1.04±0.13	1.22±0.13	1.17±0.13
JRP-H	302.26±7.33	0.72±0.05	0.59±0.08	0.53±0.04	1.16±0.14	1.23±0.14	1.19±0.14

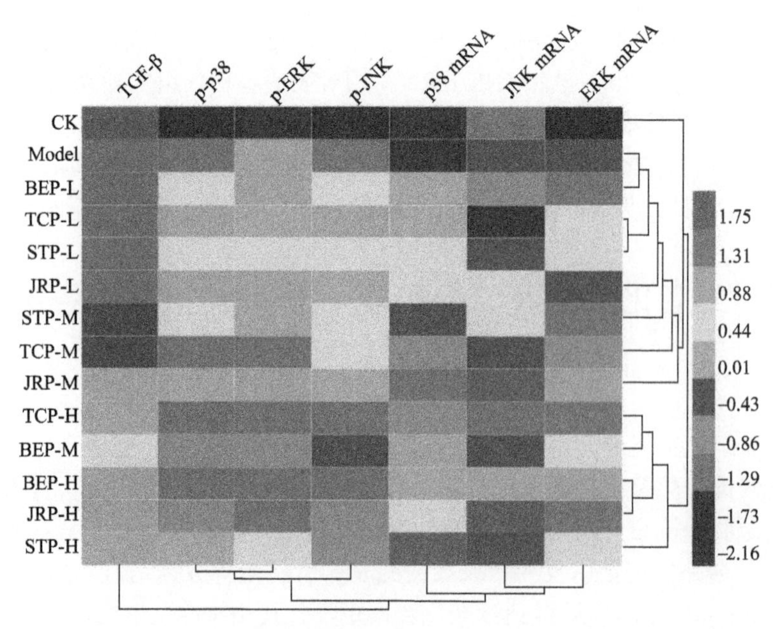

图 5-11 UV 辐照对 SD 大鼠皮肤组织 TGF-β 与 MAPK 信号通路标记蛋白的影响及食源肽干预效应热图分析

由图 5-11 可以看出，在正常对照组中，皮肤组织 TGF-β 信号通路标记蛋白 TGF-β 色键值分别为 1.8，而在模型组中其值为−1.29，组间相差 3.09。正常组中 MAPK 信号通路活性状态标记蛋白 p-p38、p-ERK 及 p-JNK 色键值分别为−1.73、−1.73 与−2.16，而模型组中分别升至 1.75、1.31 与 1.75，组间分别相差 3.48、3.04

与 3.91。正常组中 MAPK 信号通路蛋白 p38、JNK、ERK mRNA 转录水平的色键值分别为−1.73、−1.29 与−2.16，而模型组中 p38 mRNA 色键值维持不变，JNK 与 ERK mRNA 曾升至−0.43，组间相差仅为 0.86 和 1.73。色键差值分析结果表明，UV 辐照使皮肤组织长期处于 TGF-β 信号通路活性标记蛋白 TGF-β 缺乏状态，因而细胞合成 ECM 的能力下降，从而造成弹性物质基础缺乏。

与此同时，氧化应激 MAPK 信号通路则处于显著激活状态，从而介导了 ECM 降解酶的合成分泌，使 ECM 分解加强。由标记蛋白转录水平差值分析可以看出，在标记蛋白转录水平上不同组差异不大，表明 UV 辐照主要是通过激活翻译后磷酸化修饰来加速 ECM 降解。本结果表明，UV 通过影响皮肤组织中 TGF-β 与 MAPK 信号通路的活性状态，诱导 ECM 合成能力下调，同时上调 ECM 的分解能力，使得 ECM 代谢调控网络失衡，从而造成皮肤光老化。

由图 5-11 右侧的食源肽种类及其剂量在调节 TGF-β 与 MAPK 信号通路标记蛋白表达水平的功能聚类结果可知，食源肽干预后皮肤组织 TGF-β 与 MAPK 信号通路活性调控失衡状态得到缓解，TGF-β 蛋白表达水平得到不同程度提升，而 MAPK 信号通路标记蛋白 p38、JNK、ERK 的磷酸化水平得到下调，但不同肽、不同浓度下其整体干预效应存在明显差别。在提升 TGF-β 蛋白表达水平上，BEP、TCP、STP 与 JRP 4 种食源肽在低剂量时无色键上的差别，均与模型组一致停留在−1.29，STP-M 及 TCP-M 可将 TGF-β 下调至−0.43，JRP-M、TCP-M 及 STP-H 为一组可提升 TGF-β 至 0.01，BEP-M 可提升 TGF-β 至 0.44，而 BEP-H 及 JRP-H 为一组，可将 TGF-β 提升至 0.88，在促进 ECM 合成方面效果最为明显。

在降低 MAPK 信号通路活性蛋白磷酸化水平方面，不同食源肽差异较为明显。就下调 p-p38 能力而言，BEP-L、STP-L 及 STP-M 归为一类，可将 p-p38 水平由模型组中的 1.31 降至 0.44，JRP-M 可下调 p-p38 至 0.01，BEP-M 与 JRP-H 可使 p-p38 下降至−0.86，而 TCP-M、TCP-H 与 BEP-H 归为一类，可将 p-p38 降至−1.29。就下调 p-ERK 而言，BEP-L、JRP-L 及 JRP-M 归为一类，与模型组无差别，TCP-L 及 STP-M 仅可将 p-ERK 降至 0.01，STP-L 及 STP-H 可由模型组的 0.88 降至 0.44，BEP-M 可降至−0.86，而 TCP-M、TCP-H、BEP-H 及 JRP-H 归为一类，其下调能力最强，可将 p-ERK 由模型组的 0.88 下调至−1.29。就下调 p-JNK 而言，JRP-L 及 JRP-M 归为一类，可将 p-JNK 由模型组的 1.75 下调至 0.01，BEP-L、STP-L、STP-M 及 TCP-M 归为一类，可下调 p-JNK 至 0.44，TCP-L 可降至 0.88，JRP-H 及 STP-H 归为一类，p-JNK 色键可降至−0.86，TCP-H 及 BEP-H 归为一类，可将 p-JNK 降至−1.29，而 BEP-H 可将 p-JNK 色键降至−1.73，接近正常对照组。

进一步分析不同肽及其干预剂量对 MAPK 信号通路标记蛋白基因转录水平的影响，可以发现其标记蛋白转录水平差异幅度大于蛋白差异程度，其原因可能在于虽然基因转录水平相对表达量差异性不大，但基因作为生物事件的原始驱动力，在长期的 UV 应激下其 MAPK 标记蛋白的基因转录水平发生了适应性应答，因而在色键上有更灵敏的反映。在整体调节信号通路活性状态方面，STP-H 表现最佳，表现出良好的信号通路活性调控能力，其次是 BEP-H 及 JRP-H，再次是 TCP-H 与 BEP-M；但热图分析结果与实际抗皱检测结果略有差异，对皮肤光老化改善效果最好的为 BEP-H 及 JRP-H，而 STP-H 表现略差，二者的不一致性充分说明了食源肽口服后在体内作用机制的复杂性，因此结合形态及理化分析，热图分析仍不失为一项有力的整体机制解析工具。

另外，由图 5-11 下方 TGF-β 与 MAPK 信号通路标记蛋白的转录和磷酸化指标聚类结果可以看出，TGF-β 单独一类可作为 ECM 促合成指标，p-p38 与 p-ERK 聚为一类之后再与 p-JNK 聚为一大类作为 ECM 促降解指标，JRK mRNA 与 ERK mRNA 聚为一小类后再与 p38 mRNA 聚为一类，共同指代 MAPK 信号通路主要标记蛋白总表达量，并与其磷酸化状态聚为一大类，提示 MAPK 信号通路总体活性状态，最终与 TGF-β 构成两条并列的功能聚类，共同构成 ECM 物质代谢的内在信号调控途径与动力。总之，统计学聚类与生物学功能分析有良好的一致性，证明基于热图的聚类分析在整体上可准确直观地展示不同食源肽及其浓度在改善皮肤光老化诱导的 ECM 代谢信号调控网络失衡机制。

5.7 食源肽通过多种途径协同改善皮肤光老化

TGF-β 具有多种生物学效应，可介导多种信号通路将信号自细胞外传递至细胞核，调控基因转录，产生相应的生物学效应[3, 4, 20]。TGF-β 与 TGF-β 受体和 Smad 蛋白共同构成 TGF-β/Smad 信号通路，通过该通路 TGF-β 促进成纤维细胞合成 Col Ⅰ/Ⅲ型胶原蛋白和弹性蛋白、抑制 MMPs 活性、增强纤连蛋白表达、减少 ECM 降解[3, 4, 7]。正常生理情况下，TGF-β 处于一种动态平衡，当 UV 长期照射或机体组织损伤时，皮肤组织中 TGF-β 和 TGF-β 受体(TGF-βR)表达下调，成纤维细胞合成 ECM 的能力下降。研究表明，多种物质可上调 TGF-β 表达，促进成纤维细胞合成 ECM，从而干预皮肤光老化进程[1, 7, 10]。本研究结果证明，食源肽可剂量依赖性提升 TGF-β 表达水平，联系到从细胞因子角度解释食源肽改善皮肤光老化的生理机制中皮肤组织 ECM 组分在食源肽干预后的含量变化，以及力学结构改善和表观弹性提升效果，有理由推测食源肽通过提升 TGF-β 表达水平，促进真皮层 ECM 成分再生和重塑达到了损伤修复，改善皮肤光老化的目的。

迄今，人类已经发现 500 多种蛋白激酶系统，其中 MAPK 家族被认为在生物细胞信号转导和功能调节中起着重要作用，MAPK 级联的活化是多个信号通路的中心，在许多细胞增殖有关的信号通路中具有关键作用[4, 5, 8~10, 23]。在非刺激状态下，细胞 MAPK 信号通路处于静止状态，当细胞通过生长因子或其他因子刺激时，MAPK 接受刺激信号而被激活。在 MAPK 家族中，p38、JNK、ERK 蛋白广泛参与细胞的生长、增殖、凋亡和修复过程。在哺乳动物中，p38 介导炎症、凋亡等，已成为抗炎药物开发的目标；JNK 家族是信号转导关键分子，参与细胞对辐射、渗透压和温度变化的响应，是将刺激信号从细胞表面传递到细胞核的重要物质；ERK 广泛存在于各种组织中并参与细胞的增殖和分化调节，各种生长因子受体需 ERK 活化的信号转导过程[24, 25]。

陈小娥[24]的研究表明，UVB 辐射对 HacaT 细胞具有明显的损伤作用，p-p38 表达水平显著增高($P<0.05$)，但 p38 表达量没有明显变化，同时伴随细胞因子 IL-1β/6 的显著上调及细胞凋亡的增加，且细胞因子分泌的大幅增加及细胞凋亡之间存在时间上的先后关系，说明急性 UVB 照射后 p38 MAPK 途径激活，p38 的快速磷酸化参与调控了后续的细胞因子分泌及其炎症介质介导的细胞凋亡，而 EGCG 干预处理可抑制 p38 MAPK 途径活化和炎症因子分泌活动，从而减少了 UVB 诱导的细胞凋亡，发挥了 EGCG 抵抗 UVB 急性损伤的功效。基于该研究结果，联系到第 4 章中食源肽对光老化皮肤中 IL-1β/6 的下调作用，有理由推测食源肽通过不同程度抑制 p38 MAPK 信号途径的激活，继而下调了炎症因子 IL-1β/6 的分泌，减少了细胞凋亡，从而不同程度地恢复了皮肤成纤维细胞正常的代谢活力，提升了 ECM 的合成能力。

皮肤光老化的信号转导机制是 UV 激活细胞生长因子受体，启动复杂的细胞内信号转导级联反应，经磷酸化酶促级联反应激活 JNK 和 p38 MAPK，而磷酸化的 JNK 和 p38 MAPK 均能激活转录因子 c-Jun，进而上调及时基因 *c-jun* 表达，并与组成型表达转录因子 c-fos 结合，形成转录因子激活蛋白 AP-1，从而促进 MMPs 的表达[1, 4, 7, 10, 25]。信号的级联传导提示可以通过调控传导环节而干预光老化。张小卿[5]证实针刺可通过抑制 p38 MAPK 和 NF-κB 信号通路激活而改善皮肤光老化。Lu 等[26]从鳕鱼皮中制备了具有 MAPK 信号转导抑制效应的胶原蛋白肽，并证实胶原肽通过使 MMPs 表达下降而减缓皮肤老化，提示食源肽可一定程度地干预老化进程中 MMPs 基因上调。因此，采用多种方法干预 MAPK 信号转导通路将是光老化防治的重要途径。Lu 等[26]选用胰蛋白酶和碱性蛋白酶对鳕鱼皮进行酶解制备食源性活性肽，然后经离子交换树脂分离获取了两种对皮肤成纤维细胞 MMP-1 活性有显著抑制作用的寡肽，并在细胞水平上证明其抑制活性与下调 MAPK 信号通路中 p-ERK 和 p-p38 表达水平密切相关。因此，联系本研究中食源肽对 MMP-1 活性的抑制作用可以推测，四种食源肽对 MMP-1 活性的抑制可能与其调控 p-ERK 和 p-p38 信号通路活性有关，至于不同肽在干预光老化能力上的差异可能源于肽组成不同，因而对 MAPK 信号通路的调控活性存在差异。

光老化皮肤的主要组织学特征是皮肤基质中胶原成分的减少和异常弹性纤维

沉积，最根本原因是 MMPs 对 ECM 的降解，而 MMPs 的表达上调受上游 MAPK 信号通路的活性状态调控，UV 诱导的 ROS 氧化应激和免疫抑制可激活信号通路始动受体，从而发生级联反应。因此，综合食源肽在改善光老化皮肤 ECM 物质代谢、屏障结构、氧化应激、炎性反应，以及 MAPK 信号通路活性状态研究结果，可以得出食源肽改善皮肤光老化是通过多种途径协同作用的结果，其机制可概括为图 5-12。

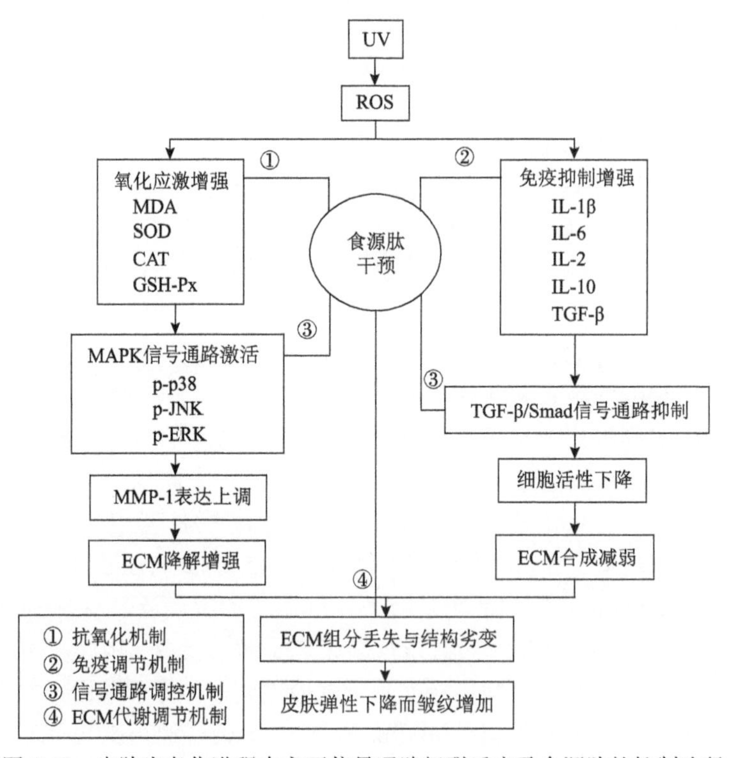

图 5-12　皮肤光老化进程中主要信号通路级联反应及食源肽的抑制途径

5.8　小　　结

(1) 与正常对照组相比，长期 UV 辐照显著抑制了皮肤组织的 TGF-β 表达水平，磷酸化蛋白 p-p38、p-ERK1/2、p-JNK 表达水平显著上调，而总蛋白 t-p38、t-ERK1/2、t-JNK 表达水平基本不变，且 p38、ERK1/2、JNK 蛋白的 mRNA 转录水平未呈规律性改变，表明 p38、ERK1/2、JNK 蛋白主要通过磷酸化后修饰参与了皮肤光老化的发生和发展，证明 UV 诱导了皮肤组织 MAPK 多条信号通路的激活，从而导致了下游的皮肤光老化。

(2) 口服食源肽后皮肤组织 TGF-β 表达水平总体呈量-效关系上调，而 p-p38、p-ERK1、p-JNK 表达水平呈量-效性抑制，其中 BEP 与 JRP 在高剂量时达到了显著性水平，但 p38、ERK1/2、JNK 蛋白的转录水平基本不变，证明食源肽通过不同程度抑制 MAPK 信号通路的激活，从而干预了皮肤光老化进程。

参 考 文 献

[1] 周密思. 小柴胡汤延缓皮肤衰老的理论与实验研究. 武汉: 湖北中医药大学博士学位论文, 2012.

[2] 林荣锋. 广藿香油对 UV 所致小鼠皮肤光老化模型保护作用的实验研究. 广州: 广州中医药大学博士学位论文, 2015.

[3] 王继华. TGF-β1 对 UVA 照射皮肤成纤维细胞保护作用的实验研究. 昆明: 昆明医学院博士学位论文, 2008.

[4] 王鹏. TGF-β1 介导 TGF-β1/Smad 及 ERK/MAPK 通路协同促进大鼠骨髓炎瘢痕形成的机制研究. 济南: 山东大学博士学位论文, 2017.

[5] 张小卿. 针刺对皮肤光老化大鼠 p38MAPK 和 NF-κB 信号传导通路影响的实验研究.沈阳: 辽宁中医药大学博士学位论文, 2013.

[6] 刘根. 信号传导通路的调控对皮肤光老化保护作用研究. 昆明: 昆明医学院博士学位论文, 2011.

[7] Bae J S, Han M, Shin H S, et al. Perilla frutescens leaves extract ameliorates ultraviolet radiation-induced extracellular matrix damage in human dermal fibroblasts and hairless mice skin. Journal of Ethnopharmacology, 2017, 195 (4) : 334～342.

[8] Chen T J, Hou H, Fan Y, et al. Protective effect of gelatin peptides from pacific cod skin against photoaging by inhibiting the expression of MMPs via MAPK signaling pathway. Journal of Photochemistry and Photobiology B: Biology, 2016, 165: 34～41.

[9] 贺琪. 寻常型银屑病中的 IL-36 表达及其与 p38 MAPK 信号通路和 NF-κB 信号通路的关联. 武汉: 华中科技大学博士学位论文, 2014.

[10] 孔亚男. MAPK 信号通路介导活化素 A、B 对成纤维细胞的调控. 广州: 南方医科大学硕士学位论文, 2013.

[11] 岳洪源. 大豆生物活性肽对仔猪生长性能的影响及其机理的研究. 北京: 中国农业大学硕士学位论文, 2004.

[12] 汪官保. 植物活性肽对哺乳仔猪生产性能的影响及其促生长机理的研究. 西宁: 青海大学硕士学位论文, 2007.

[13] Hinek A, Wang Y T, Liu K L, et al. Proteolytic digest derived from bovine *Ligamentum Nuchae* stimulates deposition of new elastin-enriched matrix in cultures and transplants of human dermal fibroblasts. Journal of Dermatological Science, 2005, 39 (3) : 155～166.

[14] Proksch E, Schunck M, Zague V, et al. Oral intake of specific bioactive collagen peptides reduces skin wrinkles and increases dermal matrix synthesis. Skin Pharmacology and Physiology, 2014, 27 (3) : 113～119.

[15] 周越. 贻贝肽与贻贝多糖对衰老的干预作用及其机制. 镇江: 江苏大学博士学位论文, 2013.

[16] Tanaka M, Koyama Y, Nomura Y. Effects of collagen peptide ingestion on UVB-induced skin damage. Bioscience, Biotechnology and Biochemistry, 2009, 73(4): 930～932.

[17] 李勇. 肽临床营养学. 2 版. 北京: 北京大学出版社, 2010.

[18] 赵谋明, 任娇艳. 食源性生物活性肽结构特征与生理活性的研究现状与趋势. 中国食品学报, 2011, 11(9): 69～81.

[19] 刘艳华. 二氧化碳点阵激光治疗光老化大鼠皮肤的实验研究. 广州: 南方医科大学硕士学位论文, 2013.

[20] Sun Z W, Park S Y, Hwang E, et al. Dietary Foeniculum vulgare Mill extract attenuated UVB irradiation-induced skin photoaging by activating of Nrf2 and inhibiting MAPK pathways. Phytomedicine, 2016, 23(12): 1273～1284.

[21] Jung-Soog B, Han M, Shin H S, et al. Perilla frutescens leaves extract ameliorates ultraviolet radiation-induced extracellular matrix damage in human dermal fibroblasts and hairless mice skin. Journal of Ethnopharmacology, 2017, 195(4): 334~342.

[22] Murai M, Tsuji G, Hashimoto-Hachiy A, et al. An endogenous tryptophan photo-product, FICZ, is potentially involved in photo-aging by reducing TGF-β-regulated collagen homeostasis. Journal of Dermatological Science, 2018, 89(1): 19～26.

[23] 张敏. JNK/MAPK 信号通路介导活化素 B 对皮肤创伤愈合的调控. 广州: 南方医科大学硕士学位论文, 2010.

[24] 陈小娥. EGCG 对急性 UVB 辐射后表皮角质形成细胞的保护机制探讨及对慢性 UVA 辐射后小鼠皮肤光老化的防护作用. 南京: 南京医科大学硕士学位论文, 2008.

[25] 潘敏. EGCG 抑制 UVB 及 UVA 诱导的人皮肤成纤维细胞 MMP-1 水平及其相关分子机制的实验研究. 南京: 南京医科大学硕士学位论文, 2008.

[26] Lu J H, Hou H, Fan Y, et al. Identification of MMP-1 inhibitory peptides from cod skin gelatin hydrolysates and the inhibition mechanism by MAPK signaling pathway. Journal of Functional Foods, 2017, 33: 251～260.

第6章 皮肤光老化介导的消化系统改变及食源肽干预效应

上述章节已充分证明，4种食源肽口服可显著改善SD大鼠皮肤光老化状况，并在ECM生物代谢、氧化应激、免疫抑制、信号通路激活等层面探讨了食源肽改善皮肤光老化的物质基础、结构基础、生理基础及信号机制，但长时间皮肤UV暴露对消化系统的影响及食源肽的保护机制目前尚未见报道。与常规护肤品外敷吸收不同，食源肽口服后必须通过胃肠道消化系统的吸收转运而发挥生物活性，消化系统功能直接决定了肽的消化和吸收状况，同时食源肽与消化系统存在一定的相互作用。

多项研究表明，食源性小肽具有促进肠道绒毛结构发育、改善肠道屏障结构和功能、调节肠道菌群结构等多种生理活性[1~5]。因此，本章在上述章节研究的基础上，进一步考察长期UV辐照对SD大鼠胃、肠、肝等消化系统形态、结构和功能的影响，并基于肝-肠轴的密切联系，重点探讨长期UV辐照对肝脏氧化应激系统和免疫因子调节系统的影响及食源肽的调节和修复作用，进而基于消化系统的调节效应探讨食源肽拮抗皮肤光老化的整体器官改善机制。

6.1 食源肽轻微修复长期UV暴露大鼠主要免疫器官损伤

器官形态是器官功能的直观反映，通过器官形态变化可初步评价器官功能。长期UV辐照对SD大鼠脾脏和肝脏形态及食源肽的干预效应见图6-1和图6-2。

由图6-1可见，与正常组相比，模型组脾脏表面光洁，暗红色，形态无异样，表明长期一定剂量紫外辐照并未引起脾脏形态的改变；与模型相比，口服不同浓度的食源肽后也未见脾脏形态的异常，表明UV辐照及食源肽均未对脾脏产生明显的表观形态改变。正常肝呈红褐色，质地柔软，但肝是一个较为脆弱的内脏器官，病毒等致病因子侵入肝后导致肝正常功能减退，形态改变，故可根据肝形态和功能的改变情况评价外源物质对机体的影响。长期UV辐照对SD大鼠肝脏形态及食源肽的干预效应见图 6-2。结果表明，与正常组相比，模型组肝脏表面光洁，暗红色，形态无异样，表明长期一定剂量紫外辐照并未引起肝形态的改变；与模型相比，口服不同浓度的食源肽后也未见肝形态的异常。

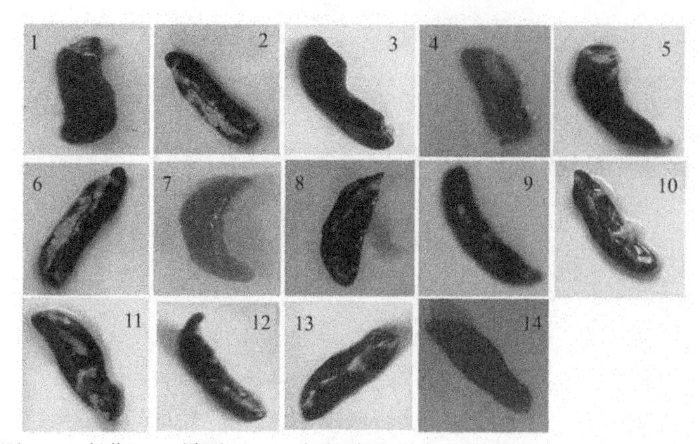

图 6-1　长期 UV 暴露对 SD 大鼠脾脏形态的影响及食源肽干预效应

1. 正常组；2. 模型组；3. TCP 低剂量组；4. TCP 中剂量组；5. TCP 高剂量组；6. BEP 低剂量组；7. BEP 中剂量组；8. BEP 高剂量组；9. STP 低剂量组；10. STP 中剂量组；11. STP 高剂量组；12. JRP 低剂量组；13. JRP 中剂量组；14. JRP 高剂量组

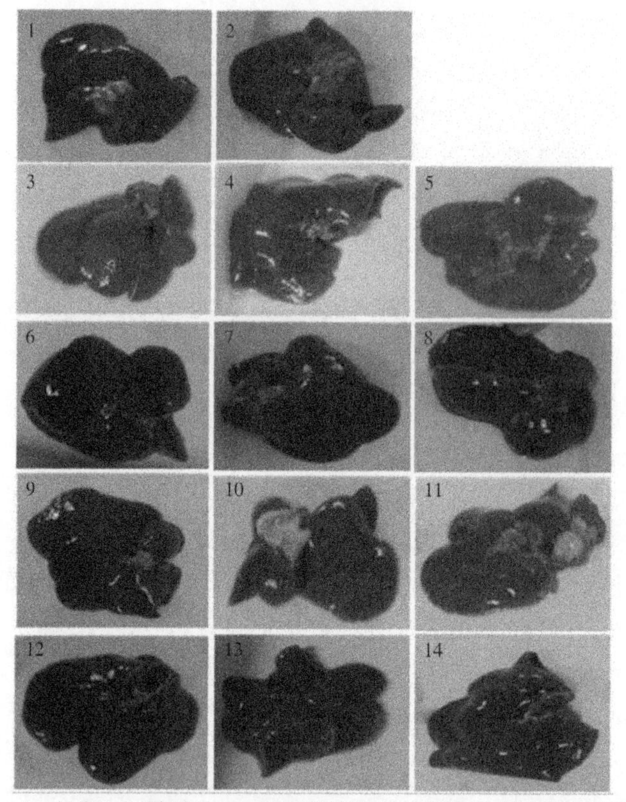

图 6-2　长期 UV 暴露对 SD 大鼠肝脏形态的影响及食源肽干预效应

1. 正常组；2. 模型组；3. TCP 低剂量组；4. TCP 中剂量组；5. TCP 高剂量组；6. BEP 低剂量组；7. BEP 中剂量组；8. BEP 高剂量组；9. STP 低剂量组；10. STP 中剂量组；11. STP 高剂量组；12. JRP 低剂量组；13. JRP 中剂量组；14. JRP 高剂量组

动物的脏器质量和脏器指数是主要生物学特性指标之一，免疫器官指数大小在一定程度上可反映机体免疫功能的强弱[6]。脾脏是机体重要的免疫器官，脾是发生免疫应答的重要基地，是全身最大的抗体产生器官，对调节血清抗体水平起很大作用。肝脏是腹腔内最大的实质性器官，担负机体重要生理功能，是异源物质体内转化和代谢的主要场所，具有来自肝动脉及门静脉的双重血液供应，其中肝门静脉系统主要接收肠道血液并汇至肝脏，从而使得肠道与肝脏之间存在密切联系，形成肠-肝轴[7, 8]。肝脏除了作为一个消化器官及其具有的代谢、解毒和内分泌功能外，近年来越来越多的研究证实了肝脏还是一个免疫器官，肝脏可分泌一系列的细胞因子，对机体的免疫调节起重要作用。长期 UV 辐照对 SD 大鼠肝脏、脾脏脏器指数的影响及食源肽的干预效应见图 6-3。

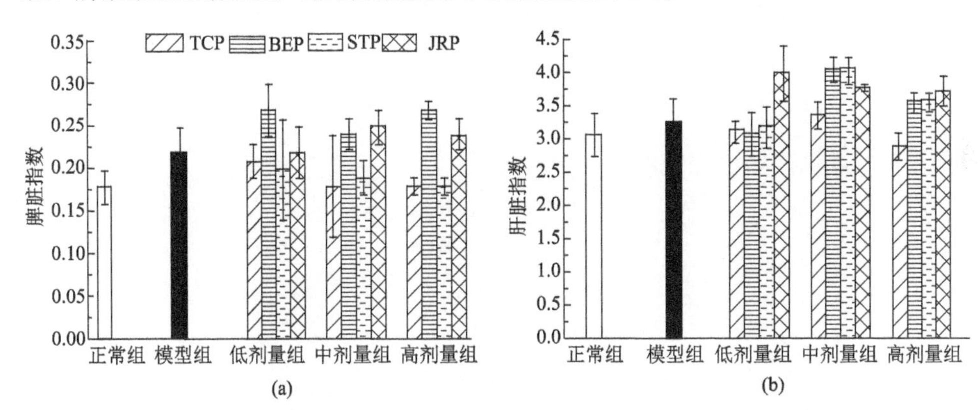

图 6-3　长期 UV 辐照对 SD 大鼠脾脏和肝脏脏器指数的影响及食源肽调节作用

由图 6-3 可知，与正常对照组脾脏指数（0.18±0.02）及肝脏指数（3.05±0.33）相比，模型组大鼠脾脏指数（0.22±0.03）与肝脏指数（3.35±0.25）有一定程度的增加，但均未达到显著性水平（$P>0.05$），表明长期紫外辐照间接刺激了机体免疫器官的增长。与模型组相比，食源肽干预后各组大鼠的脾脏质量及肝脏质量有所降低，但脾脏指数与肝脏指数变化幅度较大，且总体未呈现规律性变化，BEP 及 JRP 使脾脏指数增加，而 TCP 及 STP 使脾脏指数降低；就肝脏指数而言，除 TCP 使肝脏指数有轻微降低之外，BEP、STP 及 JRP 均使肝脏指数轻度增加。

鉴于免疫器官脏器指数的随机性变化，以及脏器质量的增加与体重的降低，推测可能原因在于一方面是体重的降低，另一方面是脏器质量的个体差异大，因此在免疫器官脏器指数方面组间差异较大，呈现出无规律性变化，但根据器官质量变化可以得知长期食源肽口服摄入对 UV 辐照诱导的机体免疫器官器质性损伤有一定的修复效应。

6.2　食源肽对长期 UV 暴露大鼠胃部形态结构无明显影响

胃作为食物消化的主要器官，其功能与机体的生长代谢密切相关，而胃的功能取决于胃的形态结构，长期 UV 辐照对 SD 大鼠胃表观形态与组织病理的影响，以及食源肽的干预效应见图 6-4 和图 6-5。

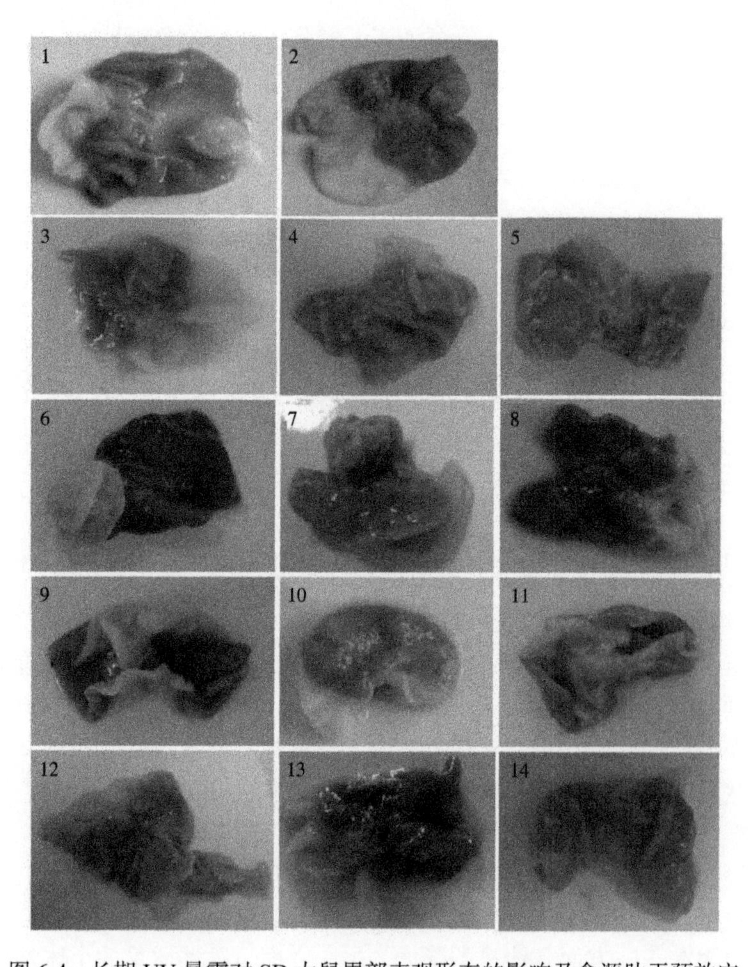

图 6-4　长期 UV 暴露对 SD 大鼠胃部表观形态的影响及食源肽干预效应

1. 正常组；2. 模型组；3. TCP 低剂量组；4. TCP 中剂量组；5. TCP 高剂量组；6. BEP 低剂量组；7. BEP 中剂量组；8. BEP 高剂量组；9. STP 低剂量组；10. STP 中剂量组；11. STP 高剂量组；12. JRP 低剂量组；13. JRP 中剂量组；14. JRP 高剂量组

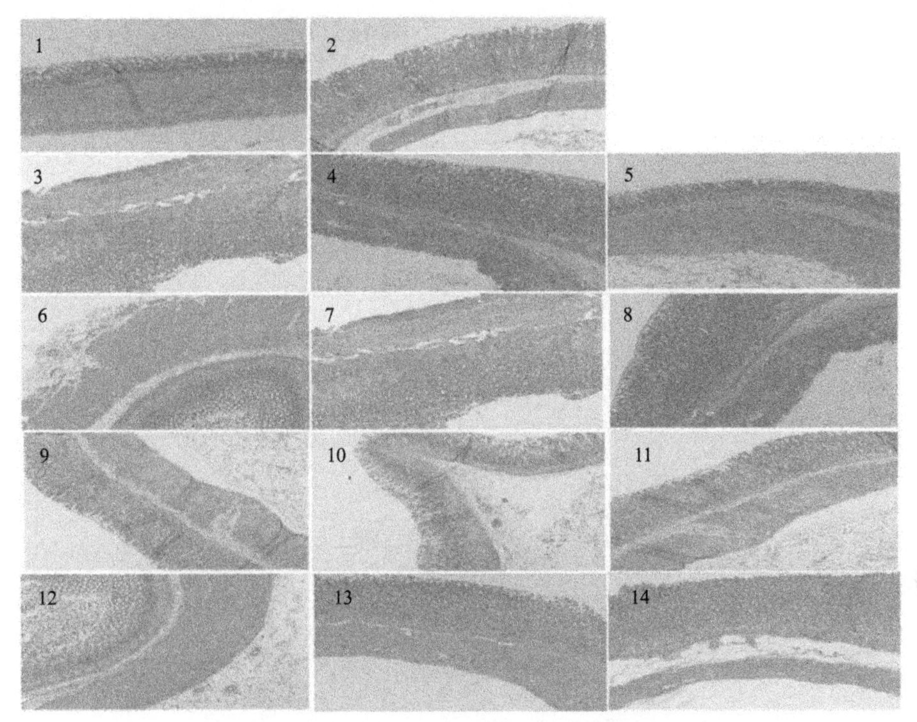

图 6-5　长期 UV 暴露对 SD 大鼠胃部显微形态的影响及食源肽干预效应

1. 正常组；2. 模型组；3. TCP 低剂量组；4. TCP 中剂量组；5. TCP 高剂量组；6. BEP 低剂量组；7. BEP 中剂量组；8. BEP 高剂量组；9. STP 低剂量组；10. STP 中剂量组；11. STP 高剂量组；12. JRP 低剂量组；13. JRP 中剂量组；14. JRP 高剂量组

由图 6-4 可以看出，各组大鼠胃部表观光滑、颜色粉红、胃褶皱形态正常，无充血糜烂等不良迹象，表明长期 UV 辐照对 SD 大鼠胃表观形态无明显影响。同时由图 6-5 胃部组织病理图可以看出，各组大鼠胃部形态正常、胃绒毛机械屏障结构完整，表明长期 UV 辐照对 SD 大鼠胃组织形态无明显影响，提示长期 UV 辐照并未对 SD 大鼠胃部生理功能产生明显影响。

6.3　食源肽修复长期 UV 暴露大鼠肠道屏障结构损伤

肠道是消化系统主要的消化吸收场所，肠道不仅与营养物质消化吸收密切相关，而且可通过脑-肠轴及肝-肠轴对机体整体健康产生重要调控作用。肠道功能取决于肠道结构的完整性，肠道在组成上由十二指肠、空肠、回肠、结肠和直肠构成，每个肠段分布不同的微生物和消化酶，执行不同的生理功能，各肠段紧密配合协同执行肠道功能，维持和改善机体健康[7, 9, 10]。肠道功能与肠道结构密切相关，正常肠道是由机械屏障、生物屏障和免疫屏障构成的具有一定选择通透性的紧密屏障结构，屏障结构的损伤将导致肠道功能的紊乱[11~14]。UV 辐照对 SD 大鼠肠道表观与组织病理的影响及食源肽干预效应见图 6-6 和图 6-7。

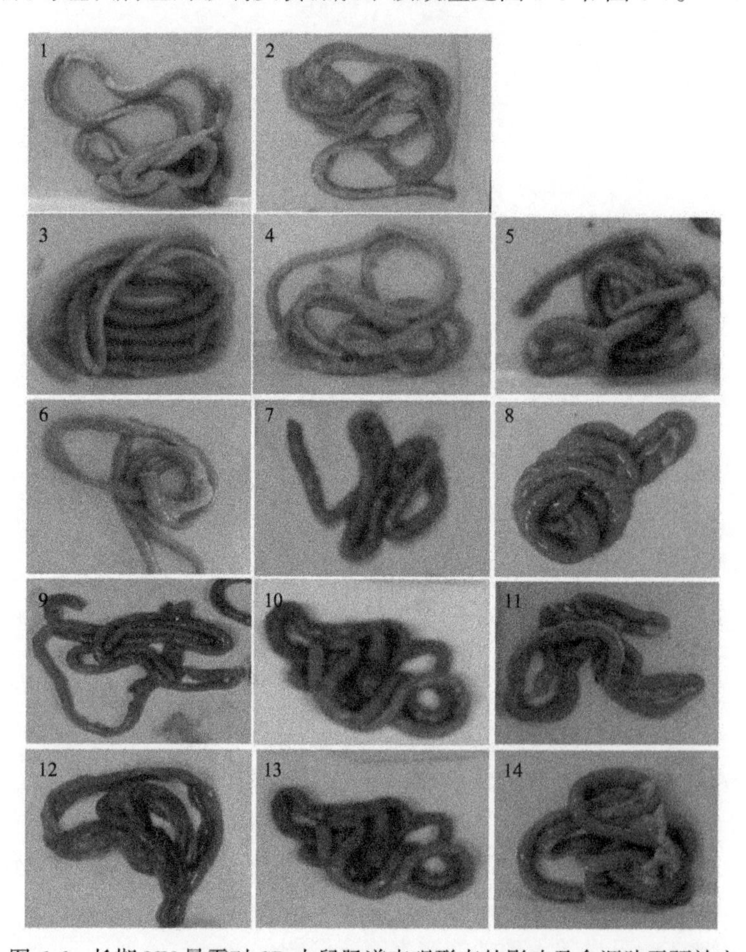

图 6-6 长期 UV 暴露对 SD 大鼠肠道表观形态的影响及食源肽干预效应

1. 正常组；2. 模型组；3. TCP 低剂量组；4. TCP 中剂量组；5. TCP 高剂量组；6. BEP 低剂量组；7. BEP 中剂量组；8. BEP 高剂量组；9. STP 低剂量组；10. STP 中剂量组；11. STP 高剂量组；12. JRP 低剂量组；13. JRP 中剂量组；14. JRP 高剂量组

由图 6-6 可以看出，各组大鼠空肠肠段表观光滑、形态正常，无充血糜烂等不良迹象，表明长期 UV 辐照对 SD 大鼠肠道表观形态无明显影响，但由图 6-7 组织病理图可以看出，各组大鼠肠道显微形态有明显差异，与正常对照组相比，模型组大鼠肠道绒毛有明显断裂、变短迹象，表明长期 UV 辐照对 SD 大鼠肠道机械屏障结构造成了一定损伤，与模型组相比，食源肽干预组肠道绒毛数量和高度有不同程度增加，表明食源肽对受损肠道结构有一定的修复作用。

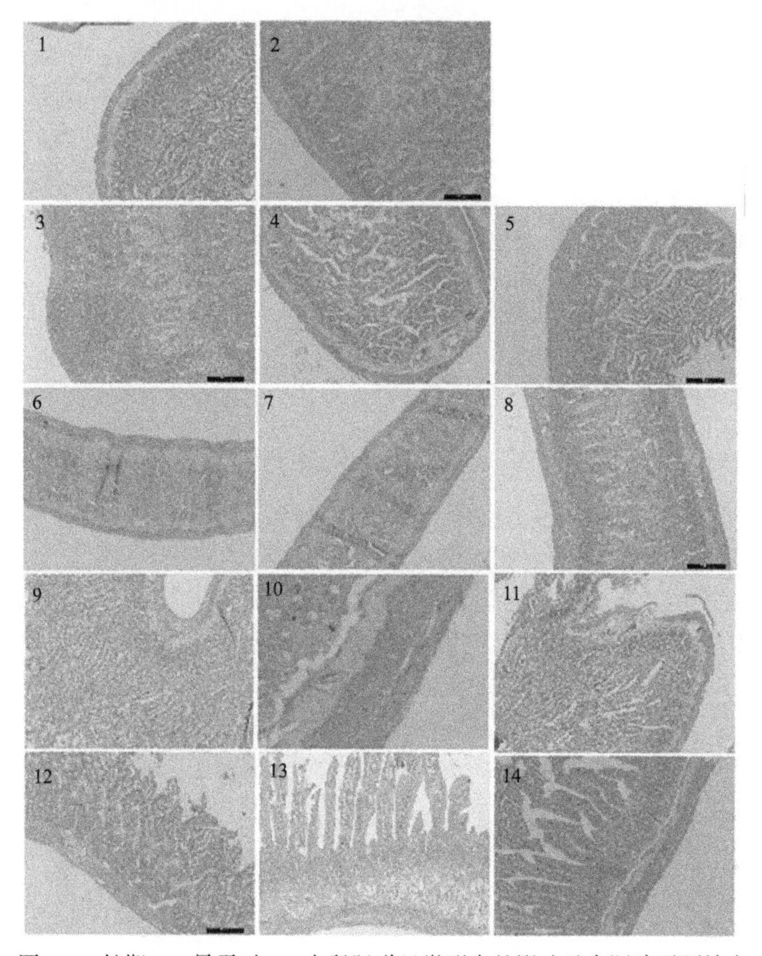

图 6-7　长期 UV 暴露对 SD 大鼠肠道显微形态的影响及食源肽干预效应

1. 正常组；2. 模型组；3. TCP 低剂量组；4. TCP 中剂量组；5. TCP 高剂量组；6. BEP 低剂量组；7. BEP 中剂量组；8. BEP 高剂量组；9. STP 低剂量组；10. STP 中剂量组；11. STP 高剂量组；12. JRP 低剂量组；13. JRP 中剂量组；14. JRP 高剂量组

肠道黏膜形态结构完整是肠道消化酶发挥消化与吸收功能的重要保证，正常小肠黏膜表面密布众多绒毛，极大地增加了营养物质的吸收面积，在小肠长度和直径一定的情况下，绒毛越长，吸收面积越大。隐窝是肠细胞分裂最活跃的地方，位于隐窝下部未分化肠细胞不断增殖、分化、向上迁移，补充绒毛顶端脱落的吸收细胞和杯状细胞，隐窝深度增加表明肠上皮细胞更加成熟，分泌功能增强[7, 15, 16]。小肠黏膜绒毛高度、隐窝深度及其二者的比值是决定机体消化吸收功能的结构基础，绒毛高度与隐窝深度的比值升高表示消化功能增强，比值下降表示消化功能下降。为进一步量化食源肽对受损肠道绒毛结构的修复作用，将不同组大鼠肠道绒毛高度、隐窝深度、绒毛高度与隐窝深度比值进行了统计分析，结果见图 6-8。

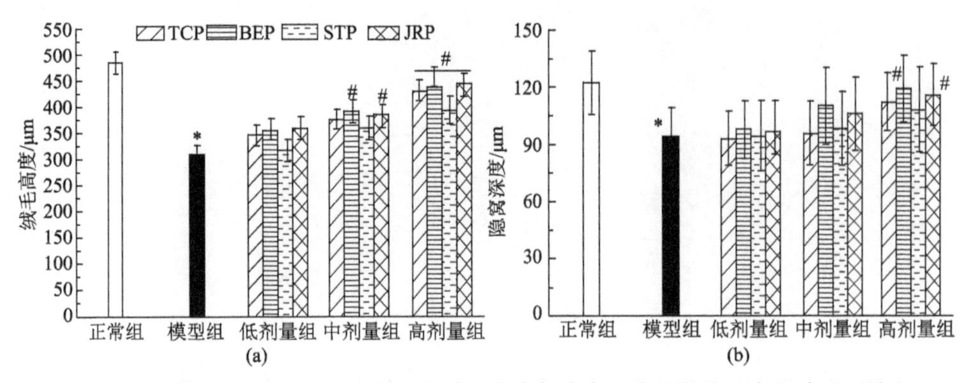

图 6-8 长期 UV 辐照对 SD 大鼠空肠绒毛高度与隐窝深度的影响及食源肽干预效应

图 6-8 表明，正常组大鼠肠道绒毛高度与隐窝深度分别为(486.23±21.14) μm 和(123.11±17.45) μm，而模型组肠道绒毛高度与隐窝深度分别为(311.25±22.69) μm 和(94.29±15.13) μm，较正常组显著降低(P<0.05)，表明模型组大鼠肠道结构明显损伤，肠道吸收功能和细胞分泌功能明显下降。与模型组相比，食源肽干预后可剂量依赖性增加肠道绒毛高度，BEP 与 JRP 在中剂量干预时即可达到显著性水平(P<0.05)，其中 BEP 可将绒毛高度提高到(392.17±23.17) μm，而 TCP 和 STP 在高剂量时才可达到显著性水平(P<0.05)。对于隐窝深度，只有 BEP 与 JRP 在高剂量时才可达到显著性水平(P<0.05)。而对于二者的比值，虽然食源肽干预后呈总体性提高，但均未达到显著性水平(P>0.05)。本结果定量比较了 4 种食源肽对长期 UV 辐照大鼠受损肠道结构的修复作用，证明 BEP 和 JRP 高剂量时可显著修复受损肠道结构。

6.4 食源肽提升长期 UV 暴露大鼠肠道主要消化酶活力

肠道消化酶是肠道内重要组成部分，参与肠道许多重要生物化学过程和物质循环，在机体营养物质消化吸收、免疫和生长发育等方面具有重要作用。肠道消化酶活性受 pH、盐度、温度、营养、发育、食性等多种因素影响，任何影响肠道理化性质的因素都可能对肠道消化酶活性产生影响[6, 9, 17]。长期 UV 辐照对 SD 大鼠肠道主要消化酶活力的影响，以及食源肽的干预效应见图 6-9。

可以看出，与正常对照组相比，模型组大鼠肠道淀粉酶、脂肪酶和蛋白酶活力均有不同程度降低，其中脂肪酶和蛋白酶达到显著性水平(P<0.05)；与模型组相比，肽干预后三种消化酶均呈剂量依赖性提升，但相互间存在明显差异。就淀粉酶而言，长期 UV 辐照不仅对皮肤造成了光老化，而且通过损伤肠道机械屏障

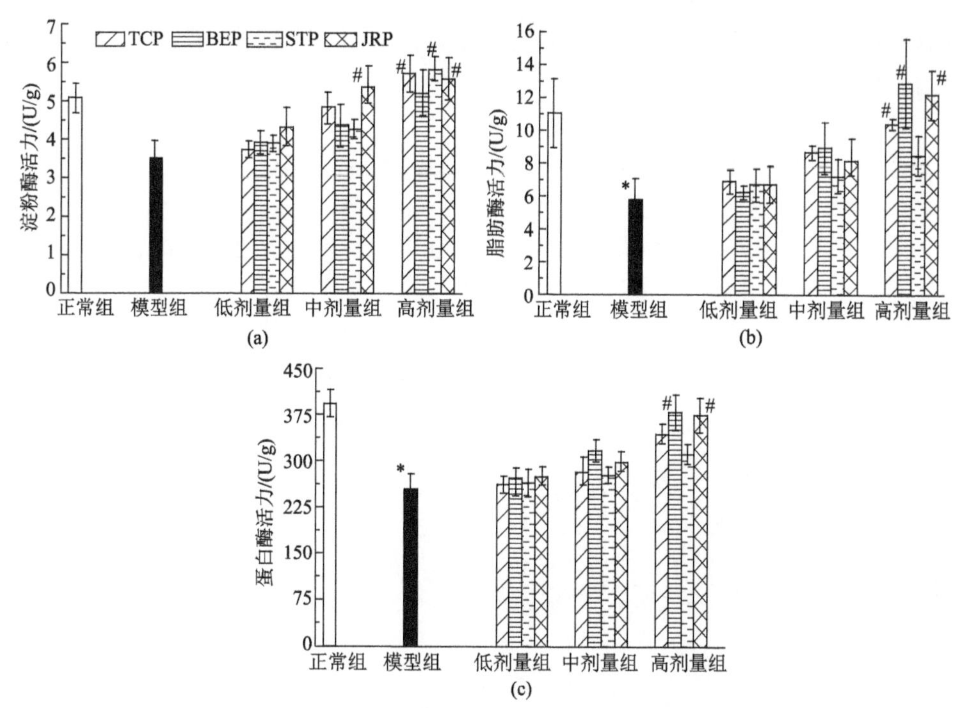

图 6-9　长期 UV 辐照对 SD 大鼠肠道主要消化酶活力的影响及食源肽调节作用

功能，降低了肠道淀粉酶活力，使正常对照组大鼠肠道淀粉酶活力由(5.88±0.38)U/g 降至模型组的(3.52±0.29)U/g，4 种食源肽干预后淀粉酶活力呈不同程度提升，其中 JRP 在中剂量时淀粉酶活力(5.38±0.19)U/g 较模型组显著提升(P<0.05)，在高剂量时，4 种食源肽均可显著提高淀粉酶活力。

就脂肪酶而言，与正常对照组脂肪酶活力(11.11±0.45)U/g 相比，模型组脂肪酶活力显著性下降至(5.29±1.13)U/g，食源肽干预后酶活力呈剂量依赖性上升，在高剂量时，TCP、BEP、JRP 均可显著提升脂肪酶活力至 10 U/g 以上，在统计学上与模型组相比有显著性差异(P<0.05)。就蛋白酶而言，正常对照组酶活力为(396.23±21.23)U/g，而模型组蛋白酶活力显著性下降至(251.45±22.69)U/g，与模型组相比，食源肽干预后蛋白酶活力得到不同程度提升，且 BEP 与 JRP 在高剂量时蛋白酶活力可增加至 270 U/g 以上，在统计学上与模型组相比有显著性差异(P<0.05)。

综合比较后不难发现，BEP 在高剂量时可显著提升三种酶活力(P<0.05)，而 STP 在高剂量时可提高淀粉酶活力，但对脂肪酶和蛋白酶效果不明显；TCP 在高剂量时可提高淀粉酶和脂肪酶活力(P<0.05)，但对蛋白酶未达到显著性水平。本结果表明，长期 UV 辐照对 SD 大鼠肠道主要消化酶的分泌造成了抑制，而食源肽可剂量依赖性促进肠道消化酶的分泌，其机理可能一方面是食源肽修复了受损的肠道结构，恢复了肠道上皮细胞的活力，另一方面可能是食源肽对肠道微生物

具有一定的调节作用，通过调节肠道菌群结构，从而改变肠道菌群分泌消化酶的活力，具体机制有待进一步确证。

6.5 食源肽改善长期 UV 暴露诱导的大鼠肝脏病理损伤

研究表明，各种有害因素所致的肝损伤在组织病理学上可见肝细胞变性、空泡化、凋亡坏死，以及微循环障碍和间质纤维增生等[11~15, 18]。从 6.1 节得知，长期 UV 辐照对肝脏表观形态虽未产生明显影响，但组织病理切片结果可在细胞水平上更加清晰地展示长期 UV 辐照对肝细胞的影响，并评价食源肽对肝细胞的保护作用，结果见图 6-10。

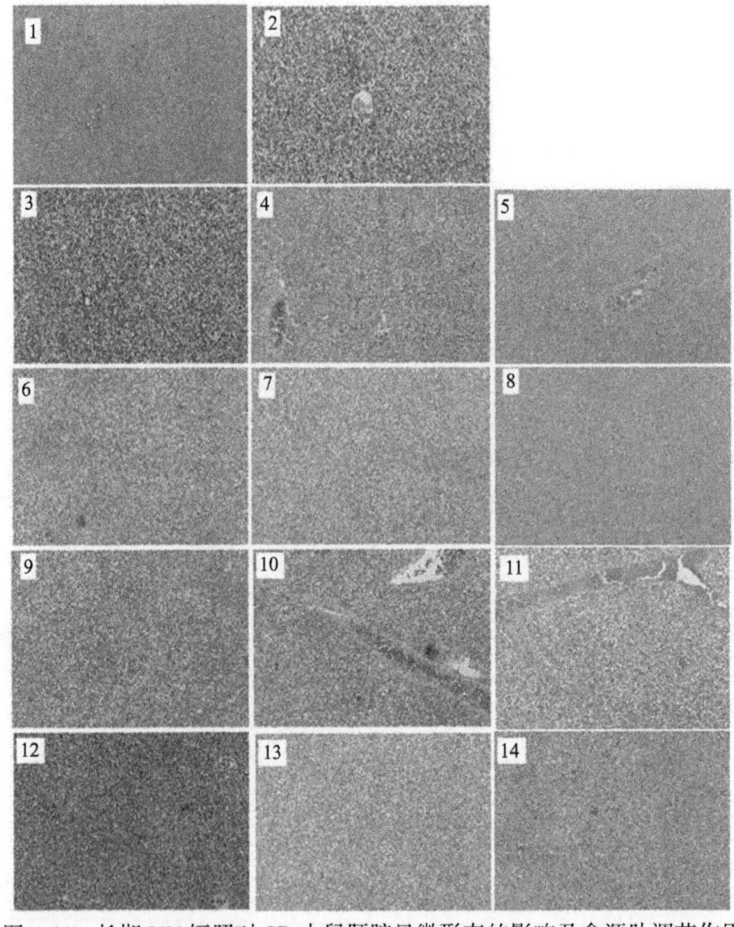

图 6-10 长期 UV 辐照对 SD 大鼠肝脏显微形态的影响及食源肽调节作用

1. 正常组；2. 模型组；3. TCP 低剂量组；4. TCP 中剂量组；5. TCP 高剂量组；6. BEP 低剂量组；7. BEP 中剂量组；8. BEP 高剂量组；9. STP 低剂量组；10. STP 中剂量组；11. STP 高剂量组；12. JRP 低剂量组；13. JRP 中剂量组；14. JRP 高剂量组

由图 6-10 可见，与正常组相比，模型组肝细胞病理组织呈现明显的炎症细胞浸润，而食源肽干预组则对细胞炎症反应有不同程度的干预作用，其中 BEP 效果最为明显，表明长期间歇性紫外辐照间接对肝脏造成了一定的应激损伤，且各种食源肽对辐照引起的肝细胞损伤有一定保护作用。结合器官表观形态图可以看出，虽然长期辐照对肝器官整体形态影响上未见明显异样，但病理切片显示肝细胞微观形态已发生了改变，提示肝功能已受到部分损伤。

6.6　食源肽减轻 UV 暴露大鼠肝脏氧化应激

肝脏病理形态的改变必然伴随着肝功能的改变，肝脏作为体内脆弱敏感器官对外界持续应激必然产生响应，在生化指标上必然有所反映。研究表明，氧化应激诱导的脂质过氧化是主要肝损伤机制之一，ROS 引发的过度脂质过氧化反应产生大量 MDA 是肝损伤的直接表现。肝细胞在发挥正常生理功能过程中，MDA 水平受机体 SOD、CAT 及 GSH-Px 等抗氧化酶系的整体调控，抗氧化酶系活力与 ROS 代谢产物 MDA 维持动态平衡[9, 16, 19]。长期 UV 辐照对 SD 大鼠肝脏 MDA 水平及机体 SOD、CAT 及 GSH-Px 活力的影响，以及食源肽的保护作用见图 6-11。

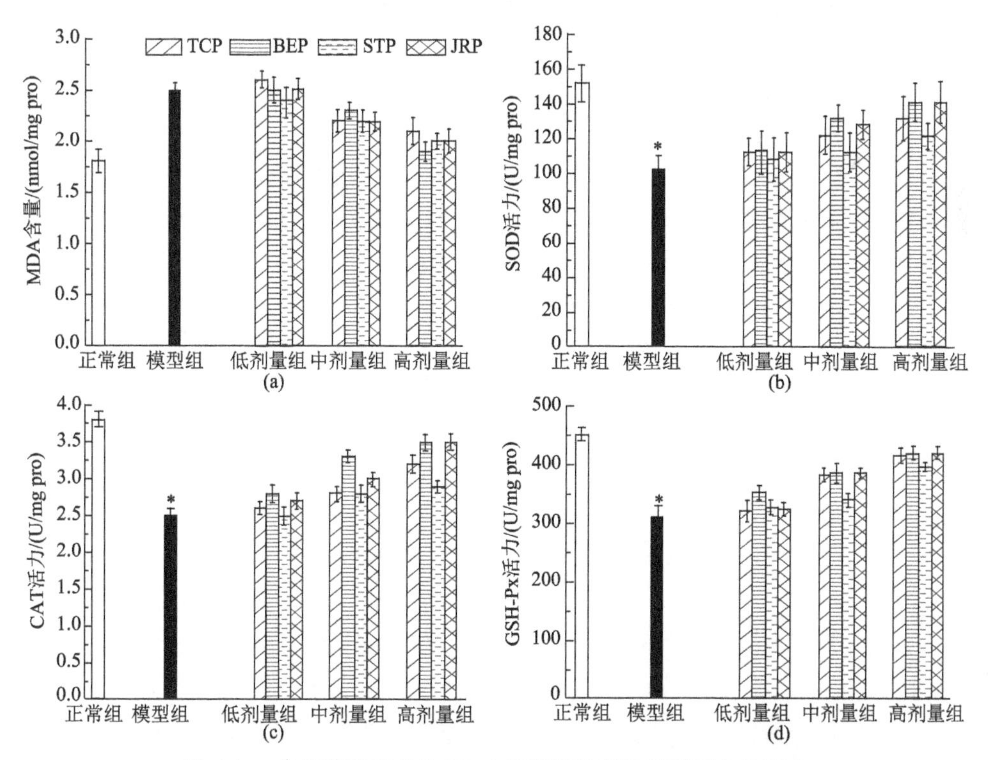

图 6-11　食源肽对光老化 SD 大鼠肝脏抗氧化酶系活力的影响

由图 6-11 (a) 可以看出，与正常对照组肝脏 MDA 含量 (1.77±0.12) nmol/mg pro 相比，模型组大鼠肝脏 MDA 水平 (2.49±0.23) nmol/mg pro 明显升高，表明长期 UV 辐照加重了肝细胞的氧化应激，产生了较多的 ROS，造成细胞膜持续处于氧化应激状态，MDA 水平增加，从而使膜损伤加重；与模型组相比，食源肽干预组大鼠肝脏组织 MDA 含量有不同程度下降，且总体呈剂量-反应关系趋势，TCP、BEP、STP 和 JRP 高剂量时，MDA 分别降至 (2.18±0.32) nmol/mg pro、(2.02±0.33) nmol/mg pro、(2.09±0.05) nmol/mg pro 和 (2.03±0.35) nmol/mg pro，表明所选食源肽可减少 MDA 含量，且不同食源肽降低细胞氧化程度不同，但在程度上均未达到显著性水平。其原因可能在于虽然持续紫外暴露可诱发皮肤光老化，但与皮肤组织不同，肝脏处于体内，其对光老化应激为间接响应，其氧化应激程度较皮肤组织小，因而食源肽虽呈剂量依赖性降低氧化应激程度，但调节效应仍未达到显著性水平。

诸多研究表明，机体 MDA 水平与细胞抗氧化酶系活力密切相关，MDA 含量下降可能意味着机体抗氧化酶系的活力提升，机体抗氧化能力增强。由图 6-11 (b) 可以看出，与正常对照组肝脏 SOD 活力 (150.75±6.54) U/mg pro 相比，模型组大鼠肝脏 SOD 活力水平 (102.12±5.16) U/mg pro 显著降低 ($P<0.05$)，表明长期 UV 辐照加重了肝细胞的氧化应激，产生了较多的 ROS，造成细胞膜持续处于氧化应激状态，从而使膜损伤加重，SOD 消耗增多。与模型组相比，食源肽干预后各组大鼠肝脏 SOD 活力水平呈剂量依赖性提升，但所有肽在整体上均未达到显著性水平，且高剂量时相互间差异不大，基本可将 SOD 活力水平提升至 120 U/ mg pro 以上。

同时，由图 6-11 (c)、(d) 可以看出，与 SOD 变化趋势类似，光老化过程中模型组大鼠肝脏组织 CAT 及 GSH-Px 活力水平较正常对照组均有显著性降低 ($P<0.05$)，CAT 活力水平由正常对照组中的 (3.75±0.54) U/mg pro 降至模型组中的 (2.49±0.21) U/mg pro，而 GSH-Px 活力水平则由对照组中的 (451.46±17.58) U/mg pro 降至模型组中的 (311.76±11.81) U/mg pro，表明长期 UV 辐照会降低肝脏抗氧化酶系的表达，降低机体抗氧化能力，而食源肽干预后机体抗氧化酶系的活力有不同程度的提升，且效应基本随剂量的增加而增加，TCP、BEP 及 JRP 三种食源肽在高剂量时可将 CAT 活力提升至 3.0 U/mg pro 以上，而 GSH-Px 活力也可提升至 420 U/mg pro 以上，提示食源肽口服后可通过提升肝细胞抗氧化酶系活力，加速 MDA 清除，从而保护细胞膜结构，对抗氧化应激损伤。

6.7 食源肽调整长期 UV 暴露大鼠肝脏炎性因子失衡

第 4 章研究结果表明，皮肤光老化可激活炎性细胞因子 IL-1β 及 IL-6 表达，同时抑制抗炎细胞因子 IL-2 及 IL-10 表达，使细胞炎症因子调控网络失衡，从而引起细胞炎症反应。基于肝脏组织在细胞抗炎过程中的独特作用，有必要进一步探讨肝脏炎性系统在光老化进程中的变化及食源肽的调节作用，结果见图 6-12。

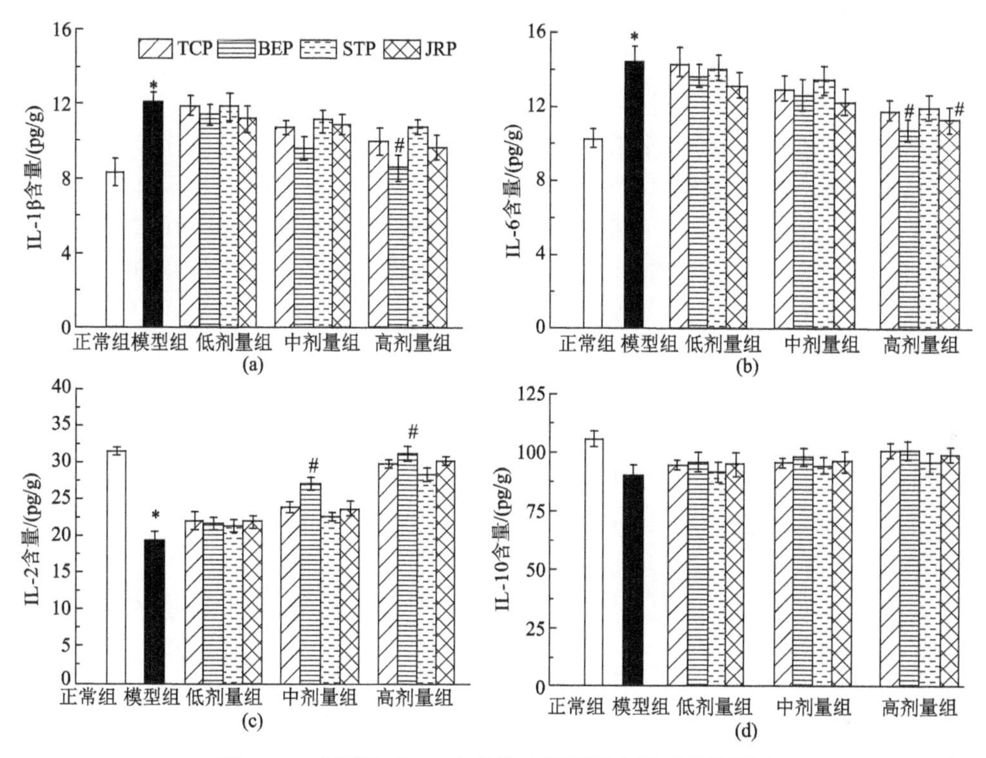

图 6-12　食源肽对 SD 光老化大鼠肝脏炎性系统的影响

由图 6-12(a)可以看出，正常对照组大鼠肝脏组织内炎性细胞因子 IL-1β 含量为(8.15±0.72) pg/g，而模型组大鼠肝脏组织 IL-1β 含量为(12.13±0.85) pg/g，显著高于正常组大鼠水平(P<0.05)，表明长期紫外辐照不仅使皮肤组织处于持续炎性应激状态，而且可通过血液循环系统使肝脏组织也处于炎性应激状态。与模型组相比，食源肽干预后大鼠肝脏组织 IL-1β 含量整体随口服剂量的增加而逐步降低，且 4 种食源肽之间在中、低剂量时差异不明显，而 BEP 在高剂量时干预可显著性下调 IL-1β 炎性水平(P<0.05)。因此，在降低肝脏组织促炎细胞因子 IL-1β 含量方面 BEP 效果最为明显。

除 IL-1β 之外，IL-6 也是重要的促炎细胞因子，长期 UV 辐照对 SD 大鼠肝脏 IL-6 水平的影响，以及食源肽的调节作用见图 6-12(b)。可以看出，正常对照组 IL-6 含量为(10.54±2.13) pg/g，而模型组 IL-6 含量为(14.51±1.92) pg/g，显著高于正常对照组(P<0.05)。与模型组相比，肽干预组 IL-6 含量总体呈剂量-反应趋

势下降，且不同肽之间在高剂量时有明显差别，其中 BEP 和 JRP 可将 IL-6 含量降至 12.0 pg/g 以下，显著低于模型组（$P<0.05$），表明 BEP 与 JRP 在降低机体免疫应激方面优于 TCP 和 STP。

正常机体内炎性细胞因子与抗炎细胞因子间存在动态平衡，而当机体遭受异常应激时炎性与抗炎细胞因子失衡，细胞内诸多抗炎因子参与炎症调控，其中 IL-2 及 IL-10 为重要抗炎细胞因子，长期 UV 辐照对 SD 大鼠肝脏 IL-2 与 IL-10 水平的影响，以及食源肽的调节作用见图 6-12（c）、（d）。结果表明，抗炎细胞因子 IL-2 在不同组之间有显著差别，与正常组的（32.36±2.56）pg/g 相比，模型组 IL-2 含量（20.12±2.03）pg/g 显著降低（$P<0.05$），表明长期 UV 辐照使肝细胞中 IL-2 表达下调，而肽干预组 IL-2 含量则整体呈剂量-反应性提升，其中 BEP 在中剂量时即可显著提升 IL-2 表达水平，在高剂量时 4 种肽均可显著提升 IL-2 表达水平（$P<0.05$），尤其是 BEP 效果更佳。与 IL-2 不同，抗炎细胞因子 IL-10 在不同组之间虽有差别，但组间差异不大，表明长期 UV 辐照对肝脏组织 IL-10 表达水平影响不显著。总之，长期 UV 辐照引起肝脏器官受到免疫抑制，食源肽可不同程度地降低炎性细胞因子的表达水平，提升抗炎因子水平，使炎症调节系统趋于平衡，且 BEP 与 JRP 在高剂量时效果最佳。

6.8 食源肽改善皮肤光老化与逆转 UV 辐照诱导的大鼠消化系统结构功能失衡存在密切相关性

将反映消化系统形态结构与功能的主要指标进行数据提取，借助热图分析工具及其相关性进行整体讨论，全面分析并直观化展示 4 种食源肽对消化系统失衡的调节作用，主要显著性变化指标数据见表 6-1，将数据采用 SPSS 软件进行 *Z*-score 标准化处理后得到标准化数据矩阵，其组间及组内理化指标相关性见聚类热图 6-13。

表 6-1 SD 大鼠光老化进程中及食源肽干预下消化系统主要结构与功能指标变化

组别	绒毛高度 /μm	隐窝深度 /μm	淀粉酶活力 /(U/g)	脂肪酶活力 /(U/g)	蛋白酶活力 /(U/g)	IL-1β /(pg/g)	IL-6 /(pg/g)	IL-2 /(pg/g)
CK	486.23±21.14	123.11±17.45	5.88±0.38	11.11±0.45	396.23±21.23	8.15±0.72	10.54±2.13	32.36±2.56
Model	311.25±22.69	94.29±15.13	3.52±0.29	5.29±1.13	251.45±22.69	12.13±0.85	14.51±1.92	20.12±2.03
TCP-L	345.78±19.18	93.27±14.22	3.78±0.19	6.27±1.02	265.78±19.18	11.89±0.52	14.38±2.15	22.41±2.51
TCP-M	377.46±18.42	96.14±16.71	4.86±0.42	8.14±0.71	287.46±18.42	10.15±0.77	13.05±0.79	24.24±2.12
TCP-H	432.17±20.11	112.34±15.29	5.72±0.43	10.34±0.29	342.17±20.11	9.97±0.84	11.89±1.58	30.15±1.85
BEP-L	357.76±21.22	97.89±14.87	3.96±0.52	6.89±0.87	277.76±21.22	11.54±0.62	13.67±1.27	21.79±2.67
BEP-M	392.17±23.17	110.23±20.12	4.37±0.34	8.23±0.62	312.17±23.17	9.58±0.75	12.69±1.63	26.39±2.62

续表

组别	绒毛高度/μm	隐窝深度/μm	淀粉酶活力/(U/g)	脂肪酶活力/(U/g)	蛋白酶活力/(U/g)	IL-1β/(pg/g)	IL-6/(pg/g)	IL-2/(pg/g)
BEP-H	459.43±18.42	119.47±17.52	5.45±0.41	12.47±1.52	379.43±18.42	8.45±0.83	10.88±0.82	31.68±2.82
STP-L	321.18±16.13	94.78±18.17	3.92±0.22	6.78±1.17	261.18±16.13	11.85±0.33	14.08±1.32	21.54±1.83
STP-M	359.66±21.33	98.26±19.25	4.26±0.38	7.26±0.75	279.66±21.33	11.43±0.52	13.49±0.71	23.25±2.51
STP-H	394.87±25.45	108.45±22.33	5.87±0.46	8.45±0.33	311.87±25.45	10.57±0.49	12.03±0.79	28.56±2.44
JRP-L	362.54±19.17	97.33±15.28	4.34±0.27	6.33±0.28	272.54±19.17	11.27±0.58	13.21±1.51	22.38±1.52
JRP-M	386.75±18.11	107.53±17.94	5.38±0.19#	8.53±0.94	306.75±18.11	10.85±0.59	12.27±0.79	24.51±2.42
JRP-H	446.39±17.49	116.39±16.37	5.59±0.64	12.39±0.37	376.39±17.49	9.68±0.74	11.33±1.17	30.51±2.53

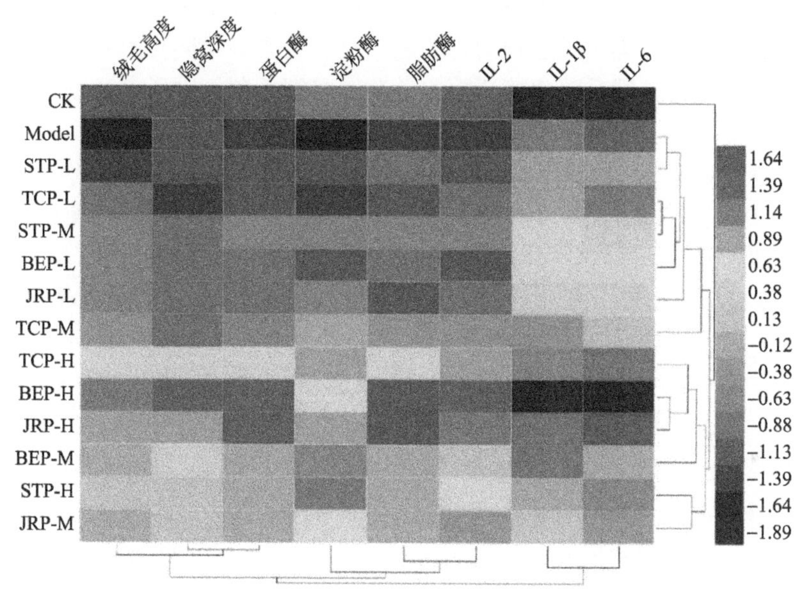

图 6-13　长期 UV 辐照对 SD 大鼠消化系统主要组成及生化指标热图分析

由图 6-13 可以看出，在正常对照组中，表示肠道绒毛高度的绒毛高度(villi height)及隐窝深度(recess depth)的色键值均为 1.64，而模型组中分别为−1.64 及−1.13，组间相差 3.28 与 2.77，表明光老化对肠道屏障结构产生损伤。表示肠道主要消化酶蛋白酶(protease)、淀粉酶(amylase)及脂肪酶(lipase)在正常组中色键值分别为 1.64、1.14 及 1.14，而模型组为−1.39、−1.64 及−1.39，组间相差分别为 3.03、2.78 及 2.53，提示肠道消化功能显著下降。表示肝脏细胞免疫因子水平指标 IL-1β、IL-6 及 IL-2 色键值为−1.89、−1.89 及 1.39，而在模型组中其值分别为 1.14、1.39 及−1.39，组间相差 3.03、3.28 及 2.78，表明肝脏免疫因子调控网络失衡。色键差值分析结果表明，UV 辐照不仅使皮肤组织的氧化应激和免疫抑制，而且使消化系统长期处于氧化应激状态，造成肠道屏障结构受损、主要消化酶活力下降，以及肝脏炎性细胞因子调控网络失衡。

食源肽干预后，消化系统的肠道屏障结构损伤与消化酶活力下降，以及肝脏炎性调控网络失衡状况得到了不同程度的缓解，但不同肽、不同浓度下其整体干预效应存在明显差别。由图 6-13 中功能指标聚类分析可以看出，隐窝深度与蛋白酶聚为一类后再与绒毛高度聚为一类，可用来表示肠道屏障结构与主要消化功能指标。脂肪酶与 IL-2 聚为一类后再与淀粉酶聚为一类，可用来表示肠道消化酶与肝脏抗炎因子能力，之后再与肠道屏障结构聚为一类，整体解释了肠道屏障结构、消化能力与肝脏抗炎因子水平间的内在联系。IL-1β 与 IL-6 聚为一类，最后与肠道结构及功能聚为一类，且两大类间呈反向同步变化，表明肠道结构及功能与肝脏细胞炎性状态密切相关，当炎性细胞因子增加时，肝细胞损伤明显加重，进而通过血液循环系统影响到肠道结构与功能。整体来看，不同食源肽正是通过修复受损肠道屏障结构、提升消化酶活力、调节肝脏细胞免疫因子表达水平而改善消化系统的失衡状态。

基于正常对照组与模型组的色键对比可以明显看出，STP-L、TCP-L、STP-M、BEP-L、JRP-L 及 TCP-M 聚为一大类，在色键颜色上其肠道屏障结构与消化功能及肝脏炎性细胞因子水平均处在橙青色区域，而肝脏抗炎细胞因子水平均处在橙黄色区域，与模型组颜色较为接近，表明此剂量上述食源肽在维护肠道屏障结构、维持消化酶活力、调节肝脏炎性细胞因子方面无明显作用。BEP-M、STP-H 及 JRP-M 聚为一类，整体颜色呈草绿色，表明在改善肠道结构功能与肝脏细胞免疫因子水平方面较上一类已有明显提升。TCP-H、BEP-H 及 JRP-H 干预后其色键颜色明显趋同于正常组，且 BEP-H 整体效果最佳，其次为 JRP-H 及 STP-H，而 TCP-H 相对较弱。

BEP-H 可将绒毛高度由模型组的−1.64 提升至 1.44，较正常组仅相差 0.20，且隐窝深度与淀粉酶分别提升至 1.39 与 0.63，较正常组相差 0.25 与 0.51。蛋白酶、脂肪酶与 IL-2 可提升至正常组水平，而 IL-1β 与 IL-6 可降至正常组水平，整体表明肠道屏障结构与功能得到良好恢复，同时肝细胞免疫因子调控网络有良好回调。本结果表明，统计学聚类分析与生物学功能指标检测具有良好的一致性，证明基于热图的聚类分析在整体上可准确直观地展示不同食源肽及其浓度在改善皮肤光老化诱导的消化系统结构损伤与功能下降，以及免疫调节失衡方面具有独特的生物学价值。

6.9 食源肽改善光老化诱导的消化系统结构损伤和功能障碍

与外用抗衰老物质吸收途径不同，食源肽口服后引起的生物学效应与消化系统的结构和功能密不可分。胃、肠、肝是外源物质在体内发挥作用的主要消化、吸收和转运器官，其形态结构决定了生理功能。现有的研究表明，肝-肠轴在功能上存在密切相关性，20 Gy 剂量辐照大鼠肝部 1 h、6 h、24 h、96 h 和 1.5 个月、3 个月均可损伤小肠上皮细胞屏障结构，空肠、回肠肠段可见充血状，但持续性绒毛和隐窝结构损伤只出现在空肠肠段，绒毛-隐窝系统的上皮细胞再生功能受损，相比而言，结肠肠段损伤微小，且在辐射的 1～12 h 内发生，十二指肠及空肠肠段可见炎症性粒细胞浸润及黏膜炎，并伴有显著的趋化因子聚集，而在回肠段此种损伤较为缓慢[20]。本研究进一步证明，在长期紫外辐照进行皮肤光老化造模的过程中，肝器官出现了一定程度的应激性损伤，且肠道屏障结构与功能发生了应激性改变。

肠绒毛是机体营养吸收的主要部位，长 350～1000 μm，且随肠段后移而逐渐变短，肠黏膜表面通过褶皱和密集的绒毛增大了吸收面积，同时肠绒毛柱状上皮细胞的微绒毛又使吸收面积增大了数百倍，肠隐窝是绒毛基部的上皮内陷至固有层内形成的管状结构。正常肠黏膜结构完整、层次分明，黏膜表面纹状缘结构清晰，肠绒毛和肠黏膜上皮细胞形状规则、排列整齐、染色鲜明，柱状细胞呈高柱状、胞浆丰富、胞核位于细胞基底部、椭圆形，固有层细胞着色良好、核质对比鲜明、无水肿。绒毛长度和隐窝深度反映小肠的功能状态，绒毛变短则营养物质的消化吸收能力降低，隐窝深度反映小肠上皮更新速度，隐窝变浅表明肠上皮细胞更加成熟、分泌功能增强，同时表明肠道上皮细胞更新能力下降。

本研究表明，长期 UV 辐照导致肠道黏膜萎缩、绒毛变短、隐窝变深，从而使得绒毛吸收细胞减少、杯状细胞增多、吸收能力下降，食源肽在不同程度上修复了受损肠道屏障结构，恢复了肠道功能。小肽对肠道结构发育的促进作用已有较多报道，在早期断奶仔猪的日粮中添加肠膜蛋白粉（富含小肽），可以促进小肠绒毛的发育，减轻小肠绒毛萎缩和隐窝加深的程度，有效地提高了小肠绒毛的高度及绒腺比[21～24]，本实验取得了与上述实验相似的结果，说明食源肽干预可减轻长期 UV 辐照对肠道结构的损伤，维护小肠屏障结构。

另外，肠道消化酶活力对机体健康影响极大，当消化酶活力不足时将因底物蓄积而引起机体发病。低蛋白饲料中补充适量小肽可显著提高脂肪酶、淀粉酶和胃蛋白酶活性，改善饲料的营养价值，原因在于肽可刺激小肠绒毛刷状缘消化酶的分泌，促进肠黏膜细胞新陈代谢，水解蛋白能力提高，促进动物营养性康复[25～30]。Siow 等[31]从小茴香籽中制备了活性肽，并分析了活性肽对胰蛋白酶和脂肪酶活性的影响，发现所制备的肽可显著提升蛋白酶活力，而抑制脂肪酶活力，然后基于酶蛋白结构与活性的密切相关性，采用计算机模拟和生物信息学技术构建了肽与酶蛋白结合的动力学模型，并认为肽对脂肪酶的抑制源于肽与脂肪酶活性中心结合，从而抑制了脂肪酶的活性，而肽可与蛋白酶的非催化中心结合，引起酶蛋白的别构效应，使酶更利于与底物结合，从而显著提升蛋白酶活力，该模型基本解释了活性肽对消化酶活力调控的分子机制。

本研究结果与Ngoh等[4, 5, 27]基于墨西哥豆寡肽结构制备的合成肽所具有的提升蛋白酶活力的研究相似,进一步证明了食源肽可一定程度调节肠道消化酶活力。原因可能在于食源肽使小肠绒毛增粗、增长、紧密排列，改善肠道黏膜屏障结构，进一步影响肠道酶的分泌量，从而使肠道酶活性得以改变。另外，还推测本实验所用食源肽中含有能与肠道蛋白酶和脂肪酶相结合的活性片段，从而提升了蛋白酶和脂肪酶活力。从肠道酶活角度研究食源肽对光老化大鼠的影响是对其他研究方面的补充，为食源肽作为功能性成分在功能食品领域的进一步应用提供了科学依据，但利用大鼠肠道内容物进行肠道内酶活力的测定，得到的实验结果有待进一步验证。

中医认为人体衰老的发生发展与机体的各个脏腑均有联系，五脏功能衰退是导致衰老的根本原因[32]。历来中医有关衰老的理论，一直将脾肾二脏置于延缓衰老的首要地位，补肾、健脾成为历代医家驻颜防衰的主要手段[32]。肝郁是脾虚肾虚的基础，与衰老有密切的内在联系。“肝，其华在面”，肝与面部关系非常密切，容颜衰老多与肝的功能失常有关。肝主疏泄，是肝具有养颜防衰作用的重要保证，肝主藏血，使气血充盛则面部肌肤得以濡养，气血充盛则皮肤润泽，容颜不老，调肝可促进脾胃的运化功能，使气血生化有源，即“土得木而达”。因此，研究肝与皮肤衰老的关系显得尤为重要，且以往的研究多次证明皮肤自然衰老、光老化及皮肤美白与自由基的作用密不可分，采用各种措施降低肝脏代谢过程中的MDA，提升各类抗氧化酶活力可实现保肝护肝的目的，从而实现抗衰老的效果。

综上所述，长期紫外辐照不仅造成皮肤光老化，而且可对肠道和肝脏的形态结构和功能产生影响，食源肽干预后可剂量依赖性修复受损肠道屏障结构，同时提高肝脏器官的抗氧化和抗炎因子表达水平，改善光老化诱导的消化系统结构损伤和功能障碍，具体研究结果及干预机制见图 6-14。

6.10 小　　结

⑴ 在形态学上，长期皮肤光老化造模过程对 SD 大鼠胃、肠、肝等消化系统的脏器表观形态无明显影响，但对肠道上皮细胞绒毛结构有损伤，破坏了肠道屏障结构的完整性，肝组织病理学显示有不同程度的炎症细胞浸润。

⑵ 在生化指标上，长期皮肤光老化造模过程对 SD 大鼠空肠肠道淀粉酶、脂肪酶和蛋白酶活性有不同程度降低，肝脏过氧化产物 MDA 明显增加，抗氧化酶 SOD、CAT、GSH-Px 活力明显下降，炎症因子 IL-1β 及 IL-6 表达水平显著上调，而抗炎因子 IL-2 和 IL-10 表达显著下调，细胞抗氧化能力下降而免疫因子调控网络失衡。

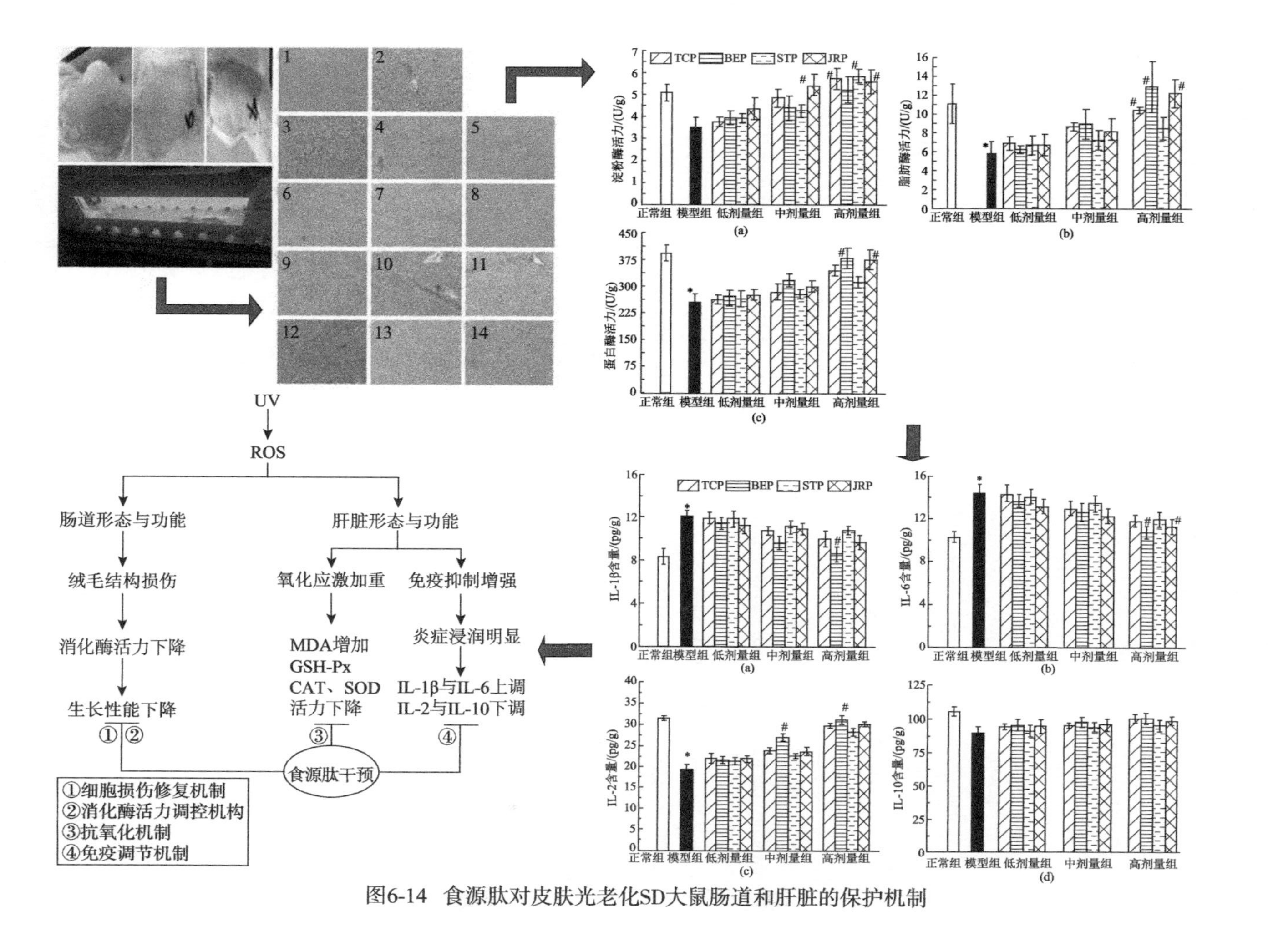

图6-14　食源肽对皮肤光老化SD大鼠肠道和肝脏的保护机制

(3)食源肽对受损肠道屏障结构有一定修复作用,可不同程度地减轻肝细胞炎症浸润,发挥保肝护肝作用,同时可促进消化酶分泌,增加抗氧化酶活力,下调炎症因子表达水平,而上调抗炎细胞因子表达水平,在消化系统层面整体拮抗皮肤光老化。

参考文献

[1] 崔家军, 张鹤亮, 张维金, 等. 酶解蛋白肽对生长育肥猪生长性能、血液生化指标及养分表观消化率的影响. 中国畜牧兽医, 2017, 44(8): 2342～2347.

[2] 贺璐, 龙承星, 刘又嘉, 等. 中药对肠道消化酶活性的调节作用. 中药材, 2017, 40(8): 1983～1986.

[3] 李雅梅, 方烁, 肖俊松, 等. 原花青素对营养肥胖模型大鼠肠道消化酶活性的影响. 食品工业科技, 2016, 37(10): 364～367+372.

[4] Ngoh Y Y, Gan C Y. Enzyme-assisted extraction and identification of antioxidative and α-amylase inhibitory peptides from pinto beans (*Phaseolus vulgaris* cv. Pinto). Food Chemistry, 2016, 190: 331～337.

[5] Ngoh Y Y, Lim T S, Gan C Y. Screening and identification of five peptides from pinto bean with inhibitory activities against α-amylase using phage display technique. Enzyme and Microbial Technology, 2016, 89: 76～84.

[6] 吴夏飞, 连娜琦, 陆春风, 等. 肠道菌群对慢性肝脏疾病影响的研究进展. 中国药理学通报, 2013, 29(12): 1644～1647.

[7] 马蕊. 茶叶水提物抗皮肤光老化的作用及机理研究. 长沙: 湖南农业大学硕士学位论文, 2013.

[8] Tobin D J. Introduction to skin aging. Journal of Tissue Viability, 2017, 26(1): 37～46.

[9] Naylor E C, Watson R E B, Sherratt M J. Molecular aspects of skin ageing. Maturitas, 2011, 69(3): 249～256.

[10] Kim J A, Ahn B N, Kong C S, et al. Chitooligomers inhibit UVA-induced photoaging of skin by regulating TGF-β/Smad signaling cascade. Carbohydrate Polymers, 2012, 88(2): 490～495.

[11] Hinek A, Wang Y T, Liu K L, et al. Proteolytic digest derived from bovine *Ligamentum Nuchae* stimulates deposition of new elastin-enriched matrix in cultures and transplants of human dermal fibroblasts. Journal of Dermatological Science, 2005, 39(3): 155～166.

[12] Tanaka Y T, Tnaka K, Kojima H, et al. Cynaropicrin from *Cynara scolymus* L. suppresses photoaging of skin by inhibiting the transcription activity of nuclear factor-kappa B. Bioorganic & Medicinal Chemistry Letters, 2013, 23(2): 518～523.

[13] 王刘祥. UVA 辐射对人皮肤成纤维细胞的过氧化损伤及 EGCG 的保护作用. 杭州: 浙江大学硕士学位论文, 2013.

[14] Rivers J K. The role of cosmeceuticals in antiaging therapy. Skin Therapy Letters, 2008, 13(8): 5～9.

[15] Tanaka M, Koyama Y, Nomura Y. Effects of collagen peptide ingestion on UVB-induced skin

damage. Bioscience, Biotechnology and Biochemistry, 2009, 73(4): 930～932.

[16] Fujii T, Okuda T, Yasui A, et al. Effects of amla extract and collagen peptide on UVB-induced photoaging in hairless mice. Journal of Functional Foods, 2013, 5(1): 451～459.

[17] 杨斌, 郝飞. 皮肤光老化、活性氧簇与抗氧化剂. 中国美容医学, 2005, 14(5): 637～639.

[18] Shah H, Mahajan S R. Photoaging: New insights into its stimulators, complications, biochemical changes and therapeutic interventions. Biomedicine & Aging Pathology, 2013, 3(3): 161～169.

[19] Chen L, Hu J Y, Wang S Q. The role of antioxidants in photoprotection: A critical review. Journal of the American Academy of Dermatology, 2012, 67(5): 1013～1024.

[20] Cameron S, Schwartz A, Sultan S, et al. Radiation-induced damage in different segments of the rat intestine after external beam irradiation of the liver. Experimental and Molecular Pathology, 2012, 92(2): 243～258.

[21] 张为鹏, 王斌, 杨在宾. 植物活性肽对哺乳仔猪生产性能、免疫性能及肠道微生物影响的研究. 饲料工业, 2007, 28(17): 10～13.

[22] 刘文斌. 饼粕蛋白酶解产物对异育银鲫生长发育影响及其生物效价分析的研究. 南京: 南京农业大学博士学位论文, 2005.

[23] 岳洪源. 大豆生物活性肽对仔猪生长性能的影响及其机理的研究. 北京: 中国农业大学硕士学位论文, 2004.

[24] 汪官保. 植物活性肽对哺乳仔猪生产性能的影响及其促生长机理的研究. 西宁: 青海大学硕士学位论文, 2007.

[25] 左伟勇, 陈伟华, 邹思湘. 伴大豆球蛋白胃蛋白酶水解肽对小鼠免疫功能及肠道内环境的影响. 南京农业大学学报, 2005, 28(3): 71～74.

[26] 刘伟, 皮雄娥, 王欣. 抗菌肽与肠道健康研究新进展. 微生物学报, 2016, 56(10): 1537～1543.

[27] Ngoh Y Y, Choi S B, Gan C Y. The potential roles of Pinto bean (*Phaseolus vulgaris* cv. Pinto) bioactive peptides in regulating physiological functions: Protease activating, lipase inhibiting and bile acid binding activities. Journal of Functional Foods, 2017, 33: 67～75.

[28] Ikarashi N, Ogawa S, Hirobe R, et al. Epigallocatechin gallate induces a hepatospecific decrease in the CYP3A expression level by altering intestinal flora. European Journal of Pharmaceutical Sciences, 2017, 100: 211～218.

[29] 羊雪芹. *E. cloacae* Z0206 蛋白多糖的研制及其对大鼠生长、免疫和抗氧化功能的影响. 杭州: 浙江大学硕士学位论文, 2009.

[30] Yang D, Yu X M, Wu Y P, et al. Enhancing flora balance in the gastrointestinal tract of mice by lactic acid bacteria from Chinese sourdough and enzyme activities indicative of metabolism of protein, fat, and carbohydrate by the flora. Journal of Dairy Science, 2016, 99(10): 7809～7820.

[31] Siow H L, Choi S B, Gan C Y. Structure-activity studies of protease activating, lipase inhibiting, bile acid binding and cholesterol-lowering effects of pre-screened cumin seed bioactive peptides. Journal of Functional Foods, 2016, 27: 600～611.

[32] 林荣锋. 广藿香油对 UV 所致小鼠皮肤光老化模型保护作用的实验研究. 广州: 广州中医药大学博士学位论文, 2015.

第7章 UV辐照对大鼠肠道菌群结构的影响及食源肽调节作用

人体肠道内栖居着数以万亿计的微生物，在长期与宿主共生共代谢的进化过程中，微生物逐渐达到种类和数量的平衡。越来越多的证据表明，肠道菌群与代谢、免疫、胃肠道，甚至精神类疾病相关联，肠道菌群与人类健康的关系已成为研究热点[1~3]。肠道微生物的形成和多样性受宿主肠道的生理结构、自身基因型、年龄、性别、健康状态、饮食结构、获得性免疫系统、地域、生活环境、社会行为等各方面因素的影响，一旦肠道菌群结构发生失调，将会引起宿主各种代偿性应答，诱发各种代谢类疾病[4~6]。多项研究表明，长期紫外辐照将使机体产生过多的ROS，激活细胞炎症信号通路NF-κB，上调促炎细胞因子表达水平，造成免疫抑制，进而影响肠道微生物菌群结构，并降低肠道免疫屏障功能[7~10]。益生菌在肠道内的大量繁衍，可调节紊乱的肠道菌群结构并提高机体的免疫能力，进而帮助恢复健康水平。

第6章研究结果已充分证明长期UV辐照不仅可造成皮肤光老化，而且对肠道屏障结构造成明显损伤并降低主要消化酶活性，表明皮肤光老化与肠道结构及功能存在一定的相关性。食源性肽具有易吸收、耗能少的特点，同时还具有调节肠道内菌群稳定性的作用，能够有效促进肠道内益生菌的生长繁殖，进而降低其他有害菌的致病性，对于维护肠道内菌群平衡可以起到一定的促进作用[11, 12]，但光老化诱发的肠道微生物区系变化及其食源性肽的干预作用目前尚未见报道。同时，随着近年来对肠-肝轴研究的不断深入，发现肠道菌群的改变在诱导和促进慢性肝功能损伤过程中发挥了重要作用，肝-肠与免疫系统存在复杂的功能相关性，肝-肠相互影响且受营养素种类及其传送方式的影响[13~16]。结合第6章UV辐照可降低肝脏抗氧化能力，并上调促炎细胞因子表达的事实，有必要进一步探讨光老化过程中肠道主要微生物种群结构的变化及其与食源肽干预的相关性。

因此，本章在第6章研究的基础上进一步采用传统微生物分离手段与基于16S rDNA测序技术的现代菌群结构分析技术，对皮肤光老化及食源肽干预下的肠道菌群结构变化进行分析，明确皮肤光老化对肠道菌群结构的影响及食源肽口服抗皱的菌群调节机理。

7.1　主要菌群的分离培养与形态鉴定

经鉴别培养基培养，肠道内主要菌群得到了良好分离和形态鉴定(图 7-1)，左列为菌落形态，右列为显微形态。产气荚膜梭菌菌落圆形、直径 2～4 mm、凸起、光滑、半透明、边缘整齐、有荚膜，在紫外光下有荧光，革兰氏染色呈阳性，个体大小(1～1.5) μm × (3～5) μm、两端钝圆、单个或成双排列，偶见链状[图 7-1(a)]。肠杆菌菌落椭圆形、直径 3～5 mm、凸起、光滑、半透明、边缘整齐、有荚膜，革兰氏染色呈阴性，个体大小(1～1.5) μm × (3～5) μm、两端钝圆、单个或成双排列[图 7-1(b)]。肠球菌菌落圆形、直径 1～2 mm、凸起、光滑、不透明、边

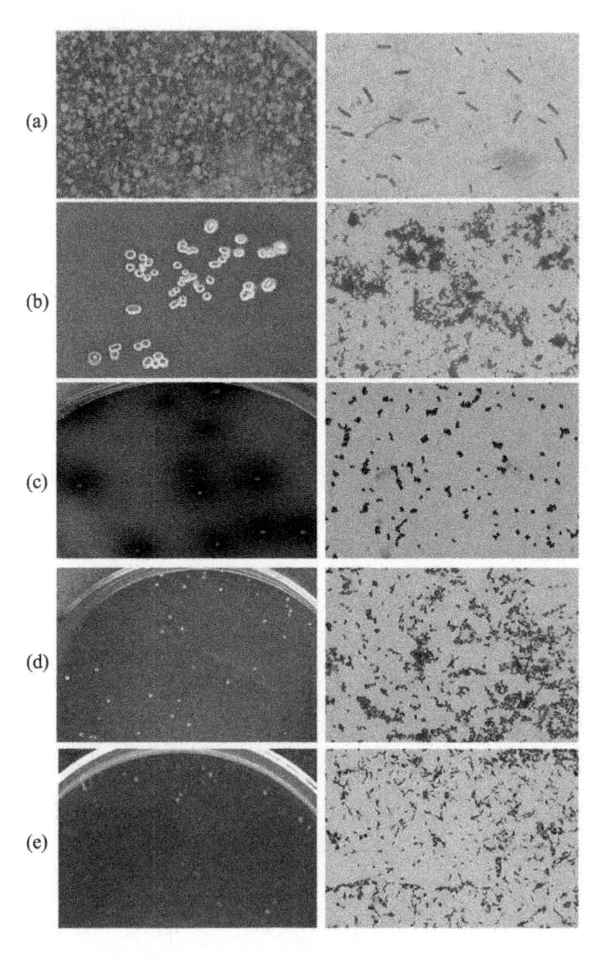

图 7-1　SD 大鼠肠道主要微生物种属菌落及显微形态图(100×)

(a)产气荚膜梭菌；(b)肠杆菌；(c)肠球菌；(d)乳杆菌；(e)双歧杆菌

缘整齐、周围有明显褐色圈，革兰氏染色呈阳性，个体大小(1～1.5) μm、两端钝圆、多成双或呈链状排列[图 7-1(c)]。乳杆菌菌落圆形、白色不透明、直径 1～2 mm、凸起、光滑、边缘整齐，革兰氏染色呈阳性，个体大小(1～1.5) μm × (1～2) μm、圆形、多成双或呈链状排列[图 7-1(d)]。双歧杆菌菌落圆形、直径 1～2 mm、凸起、光滑、不透明、边缘整齐，革兰氏染色呈阳性，个体大小(1～1.5) μm × (2～3) μm、两端钝圆、单个或成双排列，偶见链状[图 7-1(e)]。以上菌落及显微形态与已有文献报道较为吻合，进一步证明了所选鉴别培养基及其分离方法的适合性，为菌落计数奠定了基础。

7.2 食源肽调节皮肤光老化大鼠不同肠段主要菌群数量

7.2.1 食源肽调节皮肤光老化大鼠十二指肠主要菌群结构

肠黏膜屏障包括机械屏障、免疫屏障和生物屏障，其中机械屏障由肠上皮细胞、紧密连接蛋白与菌膜三者构成，免疫屏障由免疫球蛋白与免疫活性细胞因子等共同组成，生物屏障由肠道菌群和肠上皮细胞结合产生的黏蛋白活性肽等共同组成[17～19]。肠道菌群主要由厚壁菌门、拟杆菌门、放线菌门和变形菌门组成，厚壁菌门及拟杆菌门占肠道菌总数的 90%以上，肠黏膜生物屏障由正常肠道共生菌构成，以双歧杆菌、乳杆菌等厌氧菌为主[20, 21]。生理状态下双歧杆菌等与肠上皮细胞紧密结合，黏附定植于肠黏膜表面，形成一层完整的菌膜屏障，限制机会致病菌如大肠埃希菌等对肠上皮细胞的黏附及定植，维持了肠道菌群与机体之间的微生态平衡关系[22～26]。长期 UV 辐照对 SD 大鼠十二指肠肠段主要微生物菌群结构的影响及食源肽的干预效应见图 7-2。

由图 7-2 可以看出，与正常对照组相比，模型组大鼠十二指肠肠段微生物菌落结构有明显差异，产气荚膜菌菌落总数有所增加，肠杆菌菌落总数轻微降低，乳球菌菌落总数显著降低($P<0.05$)，乳杆菌和双歧杆菌菌落总数也有较大程度减少，但未达到显著性水平，表明光老化过程改变了肠道微生物菌落结构，肠道益生菌菌落总数降低，而肠道有害菌菌落总数增加。其原因一方面可能是长期 UV 辐照时动物产生情绪应激，而情绪应激则可改变肠道菌群结构；另一方面可能与长期氧化和免疫应激造成肠道屏障结构受损从而改变肠道菌群结构，具体原因有待进一步研究。与模型组相比，肽干预组大鼠十二指肠肠段中产气荚膜菌菌落总数未见改变，肠杆菌菌落总数有所增加，乳球菌菌落总数高剂量时有较明显增加，但未达到显著性水平，乳杆菌和双歧杆菌菌落总数也变化不大，表明食源肽对十二指肠主要肠道微生物菌群影响不大。

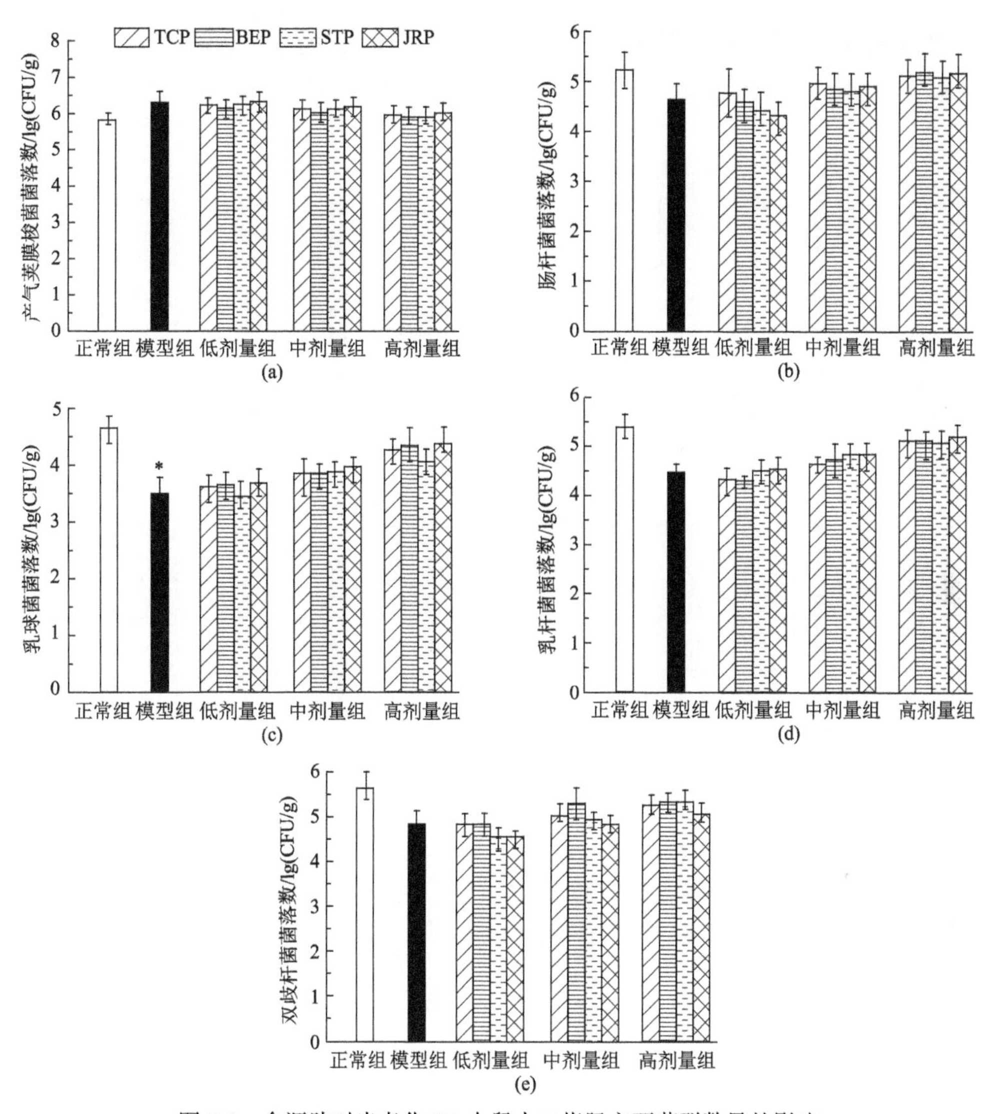

图 7-2 食源肽对光老化 SD 大鼠十二指肠主要菌群数量的影响

7.2.2 食源肽可调节皮肤光老化大鼠空肠肠段主要菌群结构

空肠肠段是外源营养物质消化吸收的主要场所，肠道菌群结构不仅直接影响营养物质的消化吸收，而且对调节机体健康水平至关重要[27~31]。

由图 7-3 可以看出，与正常对照组相比，模型组产气荚膜菌数量明显升高，而肠杆菌、肠球菌、乳杆菌和双歧杆菌菌落数均有不同程度的降低，与模型组相比，肽干预组则总体呈剂量依赖性降低产气荚膜菌数量，同时增加肠杆菌、肠球菌、乳杆菌和双歧杆菌菌落数，但都未达到显著性水平，表明食源肽对空肠肠段主要菌落结构产生了明显的调节作用，从而产生较多相关益生结果。

TCP BEP STP JRP

产气荚膜梭菌菌落数/lg(CFU/g)

正常组 模型组 低剂量组 中剂量组 高剂量组

(a)

肠杆菌菌落数/lg(CFU/g)

正常组 模型组 低剂量组 中剂量组 高剂量组

(b)

肠球菌菌落数/lg(CFU/g)

正常组 模型组 低剂量组 中剂量组 高剂量组

(c)

乳杆菌菌落数/lg(CFU/g)

正常组 模型组 低剂量组 中剂量组 高剂量组

(d)

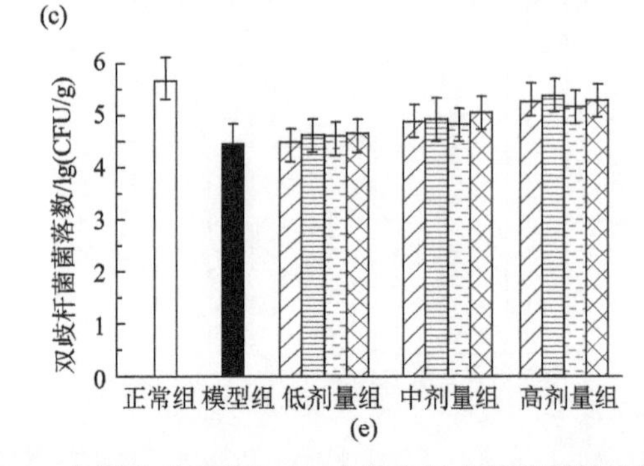

图 7-3　食源肽对光老化 SD 大鼠空肠主要菌群数量的影响

7.2.3　食源肽改善皮肤光老化大鼠回肠肠段主要菌群失衡

由图 7-4 可以看出，与正常对照组相比，模型组产气荚膜菌数量明显升高，而肠杆菌、肠球菌、乳杆菌和双歧杆菌菌落数均有不同程度的降低，其中肠杆菌与肠球菌菌落数量下降水平达到显著性差异（P<0.05），与模型组相比，肽干预组总体呈剂量依赖性降低产气荚膜菌数量，同时剂量依赖性增加肠杆菌、肠球菌、乳杆菌和双歧杆菌菌落数，但都未达到显著性水平，表明食源肽对回肠肠段的主要菌落结构产生了明显的调节作用，使益生菌数量上升而有害菌数量下降。

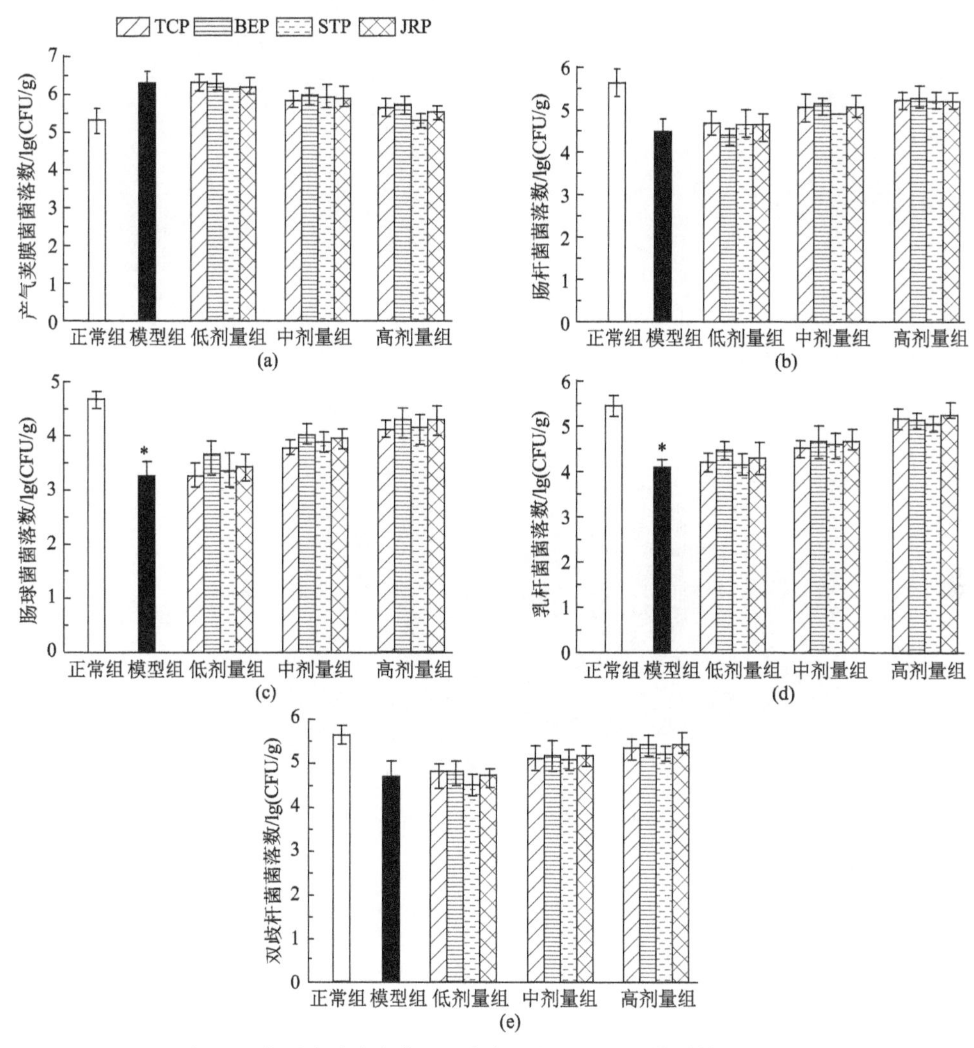

图 7-4　食源肽对光老化 SD 大鼠回肠肠段主要菌群数量的影响

7.3　基于 16S rDNA 测序分析的皮肤光老化大鼠肠道菌群结构变化及食源肽调节作用

基于 16S rDNA 测序的肠道菌群结构分析有助于进一步探讨皮肤光老化诱导的肠道微生物变化及食源肽干预效应，基因扩增质量及微生物分类操作单元(operational taxonomic unit，OTU)覆盖度见图 7-5，门水平的菌群分析见图 7-6，纲水平的菌群分析见图 7-7，目水平的菌群分析见图 7-8，科水平的菌群分析见图 7-9，属水平的菌群分析见图 7-10，种水平的菌群分析见图 7-11。

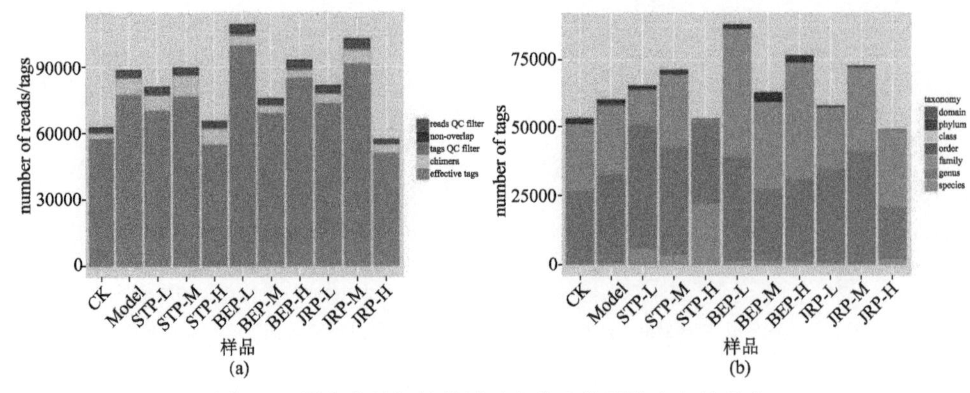

图 7-5　测序有效标签数量及在微生物覆盖度上的分布

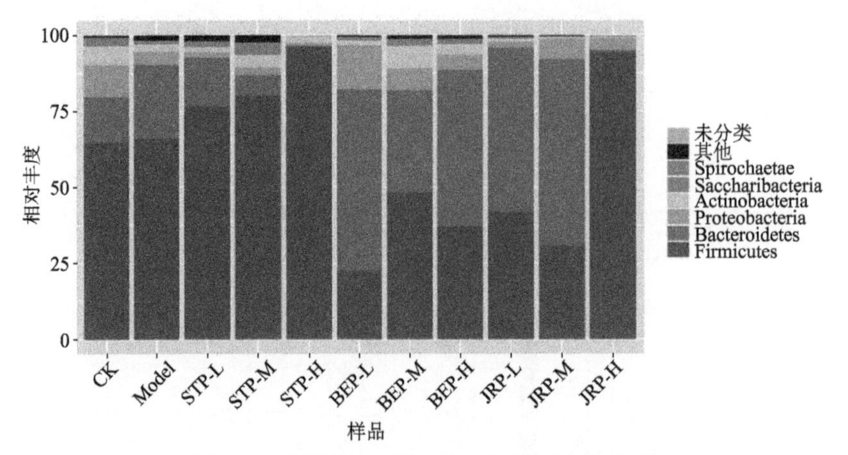

图 7-6　扩增片段在门水平上的相对丰度差异

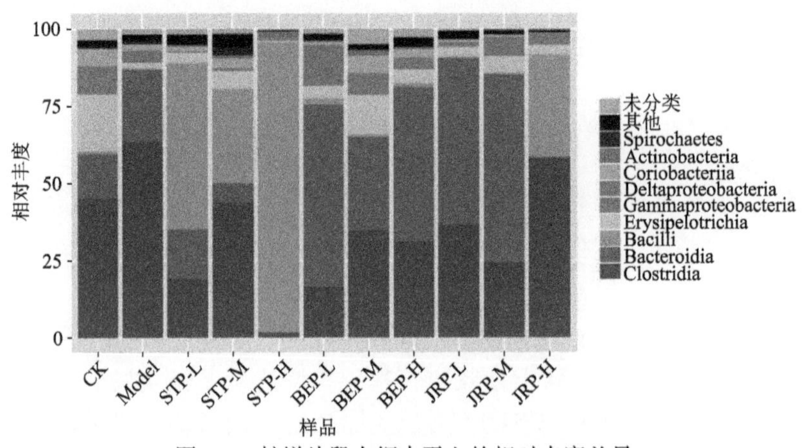

图 7-7　扩增片段在纲水平上的相对丰度差异

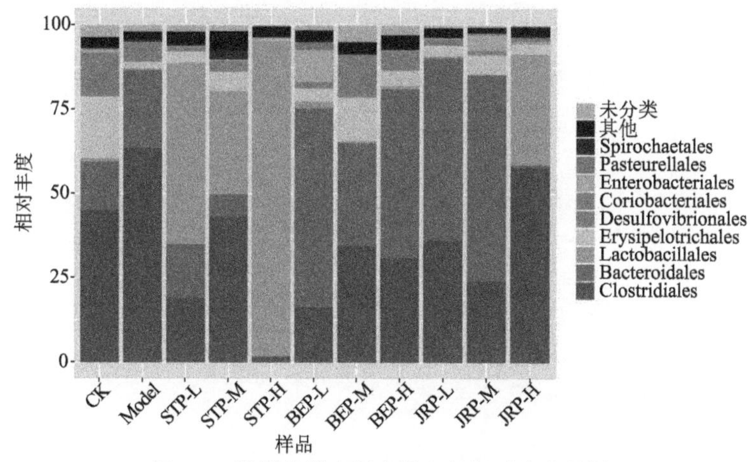

图 7-8　扩增片段在目水平上的相对丰度差异

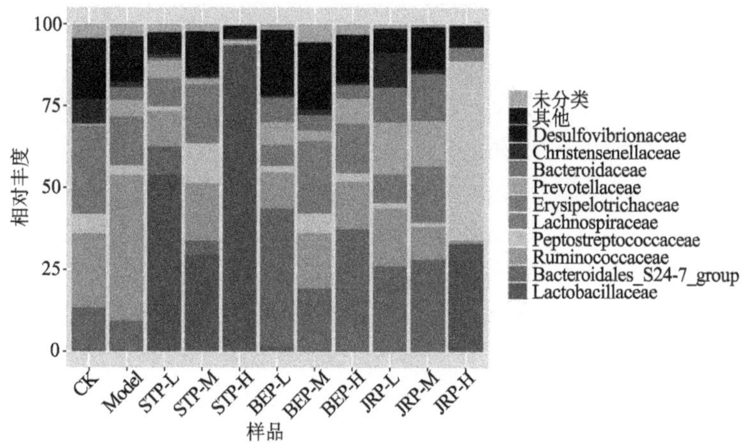

图 7-9　扩增片段在科水平上的相对丰度差异

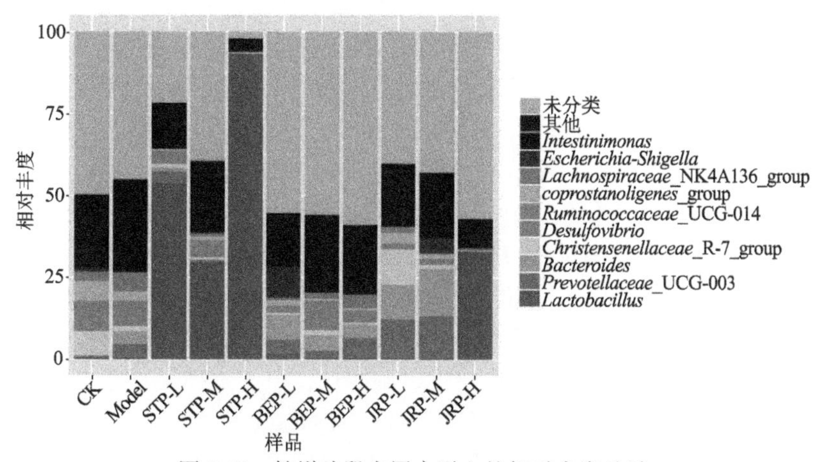

图 7-10　扩增片段在属水平上的相对丰度差异

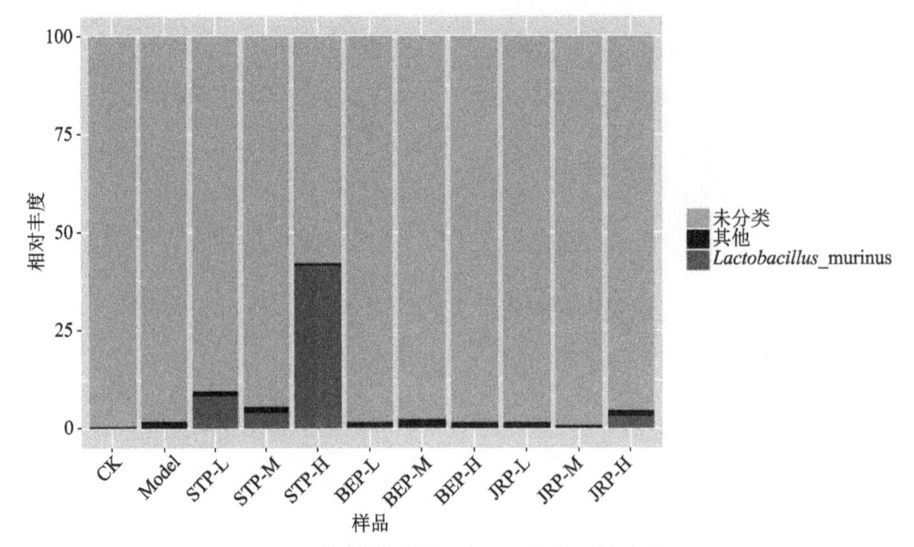

图 7-11　扩增片段在种水平上的相对丰度差异

由图 7-5 可以看出，V3-V4 可变区扩增及测序后的原始数据质控良好，各样品组中有效标签数量基本在 50000 条以上[图 7-5(a)]，说明质控后得到高质量的目标片段，进一步对有效标签在分类上的情况进行分析[图 7-5(b)]，发现标签主要分布在属(genus)水平及科(family)水平，其他种(species)水平及门(phylum)水平较少，表明所得片段在微生物分类上覆盖较为全面，基本能反映样品内生细菌群落结构组成，且可以看出不同组有明显的组间差距，通过由门到种的逐层分析，可明确正常组、模型组及食源肽干预组在微生物种属上的差异性。

由图 7-6 可以看出，Firmicutes(厚壁菌门)及 Bacteroidetes(拟杆菌门)为优势菌门，两者之和在所有样品中几乎占了 80%以上，其次为 Proteobacteria(变形菌门)和 Actinobacteria(放线菌门)，两者之和在各组中占总数的 5%～15%，再次为 Saccharibacteria 及 Spirochaetae(螺旋菌门)，两者之和在各组中不超过总数的 5%，但不同组间二者有明显差异。正常对照组与模型组之间在 Firmicutes 差异不大，在 Bacteroidetes、Proteobacteria、Actinobacteria、Saccharibacteria 菌门方面，模型组较正常组下降了约 50%，提示光老化诱导了肠道微生物发生显著改变。与模型组相比，食源肽 STP 干预后 Firmicutes 菌门有剂量依赖性上调，Firmicutes 虽在 BEP 和 JRP 干预下未呈剂量依赖性上调，但总体呈增加趋势，表明食源肽干预可在不同程度上促进 Firmicutes 菌门的微生物增殖。在 Bacteroidetes 菌门中，模型组较正常组增加了约 90%，食源肽 STP 干预后，Bacteroidetes 菌门有剂量依赖性下调，而食源肽 BEP 和 JRP 可呈整体下调变化，但无规律性。在 Proteobacteria 菌门中，与正常对照组相比模型组显著下降，而食源肽干预后只有 BEP 呈剂量依赖性下降，BEP 和 JRP 整体呈上调变化。其他菌门微生物在不同组中虽有差异，但几乎无规律性变化。

由图7-7可以看出，在纲分类水平上Clostridia（梭菌纲）、Bacteroidia（拟杆菌纲）、Bacilli（杆菌纲）为优势菌纲，三者之和占总分布的60%以上，但各组之间在菌纲分布方面差异较大。在正常对照组中Clostridia相对丰度为45.13%，而模型组中上升为63.49%，上升了62.49%，三种食源肽干预后，Clostridia均有不同程度的下降，但均无剂量依赖性趋势，提示菌群结构在应答外界胁迫中变化的复杂性。Bacteroidia菌纲中模型组较正常组增加了22.27%，STP可剂量依赖性降低Bacteroidia水平，且STP-H可将Bacteroidia降至0.24%；JRP-H可显著降低Bacteroidia至0.56%，BEP干预有降低Bacteroidia的作用，但整体水平仍在正常和模型组以上，具体原因有待探明。模型组Bacilli菌纲较正常组下降了65.38%，食源肽干预后均有不同程度的提升，其中STP-H提升效果最为明显，可将Bacilli增加至94.06%，其次JRP-H可将Bacilli提升至33.14%，而BEP相对较弱。

由图7-8可以看出，在目水平上物种注释水平与纲水平一致，且均注释在拟杆菌纲，Clostridiales、Bacteroidales、Lactobacillales（乳酸菌）为优势菌目，三者之和占总分布的60%以上，但组间差异较大。在正常对照组中，Clostridiales和Bacteroidales均较正常对照组有显著增加，而Lactobacillales有明显降低，食源肽干预后失衡状况得到一定程度的改善，但无剂量依赖性趋势。

由图7-9可以看出，与门、纲、目水平上的微生物分布不同，在科水平上微生物分布更加宽泛，单科水平上的比例不像更高一级的那么集中，但不同样品之间的差异仍然明显。正常对照组中Bacteroidales菌科为12.86%，模型组中降低至8.88%，下降了30.94%。与模型组相比，食源肽干预后有明显变化，但基本无规律，除了BEP总体上仍维持较高水平外，STP及JRP在高剂量时显著低于模型组，原因有待查证。Lactobacillaceae（乳酸菌科）菌科基本呈现了与Bacteroidales相同的变化。在Ruminococcaceae（瘤胃球菌科）菌科水平上，模型组较正常组增加了近1倍，食源肽干预后均有不同程度的降低，其中JRP呈剂量依赖性下调Ruminococcaceae水平，在高剂量时可降至0.98%。STP及BEP虽然未呈剂量依赖性，但仍可将Ruminococcaceae菌科降低至远低于模型组水平。Lachnospiraceae菌科在模型组中较正常组有明显增加，不同来源食源肽干预后，菌科水平虽有不同程度的下降，但都未表现出剂量依赖性，只能表明4种食源肽对Lachnospiraceae菌科有一定负性调节作用。Peptostreptococcaceae（消化链球菌科）菌科在模型组中较正常组几乎下降了1倍，而4种食源肽干预后虽有一定程度的上调，但作用相对较弱，且未呈剂量依赖性趋势。Prevotellaceae（普雷沃氏菌科）菌科在模型组中增加了10倍，STP干预后呈剂量依赖性降低，且在高剂量时可降至0.04%；JRP在高剂量时也可将Prevotellaceae菌科降至0.1%，其他剂量下则高于模型组。Erysipelotrichaceae（丹毒丝菌科）菌科在模型组中较正常组下降了9倍，食源肽干预后菌科水平均有明显下降，但未呈剂量依赖性趋势。Bacteroidaceae（拟杆菌科）菌科在模型组中水平约为正常组的 20 倍，STP 干预后呈剂量依赖性降低，且在高剂量时可降至 0.04%。JRP 在高剂量时也可将 Bacteroidaceae 菌科降至 0.12%，其他剂量下则高于模型组。

整体而言，模型组较正常组肠道有益菌科水平下降，而有害菌科增加，食源肽干预后可在一定程度上降低有害菌科水平而增加有益菌科水平，体现了一定的肠道菌群调节作用。

由图 7-10 可以看出，与上一级分类情况不同，在属水平上未鉴定微生物种类大大增加，表明了肠道微生物菌群结构的复杂性。就可鉴定微生物而言，不同样品之间在属水平上有较大差异，在模型组中 *Lactobacillus*（乳酸菌）较正常组有明显降低，食源肽干预后在整体上可明显增加，但基本无规律性变化。*Bacteroides*（拟杆菌属）菌属在模型组中较正常组增加了约 20 倍，食源肽干预后基本都呈剂量依赖性降低。*Prevotellaceae* 菌属在模型组中较正常组增加了约 10 倍，食源肽干预后的整体变化情况与 *Bacteroides* 菌属相似。*Christensenellaceae*（克里斯滕森菌属）菌属在模型组中较正常组下降了约 5 倍，食源肽干预后整体水平仍较低，表明所选食源肽对提升 *Christensenellaceae* 菌属作用不大。*Desulfovibrio*（脱硫弧菌属）菌属在模型组中约为正常组的 50%，BEP 干预后，菌属水平有明显提升，而 STP 及 JRP 效果微弱，表明不同肽调节 *Desulfovibrio* 菌属能力存在差异。

由图 7-11 可以看出，与属水平相比，未能分类微生物的相对丰度进一步增加，除了 BEP-H 组外各组未分类丰度均在 90%以上，表明分类越细，判定依据越缺乏，而唯一可确切分类的微生物为 *Lactobacillus*（乳酸菌），表明该菌在不同样品间差异最大。与正常对照组的 0.17%相比，模型组降至 0.1%，食源肽干预后均有显著增加，但无剂量依赖性，且 STP 效果最佳。

7.4 传统培养和高通量测序结果表明食源肽改善长期 UV 辐照引起的肠道微生物区系紊乱

在长期进化过程中，肠道内菌群与其宿主之间形成了互惠互利、协同进化的共生关系。肠道内菌群的失衡，常会导致肠道感染，从而诱发肠炎、腹泻甚至肿瘤等各种肠道疾病，危害宿主健康。诸多研究表明，肠道微生物群落组成-肠道屏障结构完整性-疾病三者间存在密切联系，膳食因子可改变肠道微生物组成及肠道屏障[8, 12, 16, 18, 32~35]。第 6 章实验结果已经证明，食源肽可不同程度地修复肠道屏障结构，且其他学者发现膳食因子-肠道微生物-屏障结构完整性之间存在广泛的相互作用，并引起多器官生物学效应[36]。膳食因子可改变屏障结构的组成，从而影响肠道功能和机体健康，但具体机制尚不清楚。

肠道内微生态系统平衡具有重要意义，抗生素在杀灭微生物作用方面具有不可替代的作用，但这种作用没有选择性，有益菌也同时被杀死，许多学者研究了大量抗生素及抗生素替代剂在这方面的作用。寡糖作为一种益生元可有选择性地促进有益菌生长，抑制有害菌，但效果还有待提高，活菌制剂在调控肠道微生物平衡方面具有一定的效果，但作用尚有较大的不确定性，而对于食源性寡肽对肠道微生物的调控研究则很少[37]。本章通过长期 UV 辐照 SD 大鼠建立皮肤光老化动物模型，然后对十二指肠、空肠和回肠三个肠段的主要菌群进行选择性培养，结果表明光老化大鼠十二指肠、空肠和回肠肠段的菌群结构发生了明显改变，有害菌产气荚膜菌明显上升，而益生菌乳杆菌、乳球菌和双歧杆菌数量不同程度降低，证明光老化过程造成了肠道菌群结构改变，从而改变肠道环境与绒毛屏障结构。食源肽干预后由于乳杆菌和双歧杆菌等有益菌的增长，肠道内产气荚膜梭菌的繁殖受抑制，从而恢复了健康状态下肠道菌群结构。

另外，多项研究表明，植物活性肽代替血浆蛋白粉能够提高哺乳仔猪的体增重和采食量，添加较高水平的小肽能有效地降低腹泻率和死淘率，提高血清中的抗体 IgG 水平、免疫器官脾脏质量和脾脏指数明显升高，显著提高大肠中有益菌群乳酸菌的数量，降低有害菌群大肠杆菌和沙门氏菌的数量[12, 36~40]。以上结果进一步证明食源性肽可能产生或作为益生元促进肠道内乳杆菌和双歧杆菌的增长。

肠道微生物传统研究方法主要依赖于分离培养技术，但肠道内可培养细菌约占细菌总数的 1%，因此目前的分离培养技术很难了解肠道菌群的整体结构。随着分子生物学的发展，检测不可培养细菌成为可能，作为第二代高通量测序技术的代表，焦磷酸测序技术可以针对多个样本进行平行测序，保证了实验的准确性，成为全面了解菌群多样性的有效工具[18, 39, 41]。其已广泛应用于人体及环境微生物群落多样性研究和动态分析。本研究通过焦磷酸测序技术对正常组、模型组及食源肽干预组 SD 大鼠肠道微生物进行了菌群结构分析。本研究结果表明，正常组与皮肤光老化模型组大鼠肠道微生态菌群结构存在显著差异。与正常组相比，模型组在厚壁菌门、拟杆菌门、放线菌门、变形菌门比例明显升高，而乳酸菌比例显著降低，食源肽干预后失衡菌群结构有所回调，但无明显规律性，具体原因有待考证。另外，传统分离培养技术与现代分子生物测序技术在整体上具有较好的一致性，证实光老化可能通过损伤肠道结构，从而影响肠道微生物菌群结构平衡，而食源肽可在不同程度上调节失衡的菌群结构，从而改善皮肤光老化对肠道的损伤，其相关性有待进一步研究。

7.5 小　　结

（1）长期UV辐照不仅加速SD大鼠皮肤老化，而且可改变空肠肠段菌群结构，使产气荚膜菌菌落总数增加，而乳球菌、乳杆菌、双歧杆菌数量降低，表明伴随着皮肤光老化造模过程，SD大鼠肠道内有益菌数量降低而有害菌数量增加。

（2）高通量测序分析结果表明，模型组在厚壁菌门、拟杆菌门、放线菌门、变形菌门比例明显升高，而乳酸菌比例显著降低，食源肽干预后，失衡菌群结构有所回调，其中BEP优于其他三种肽。

（3）传统分离培养技术与现代分子生物测序技术实验结果在整体上具有较好的一致性。

参 考 文 献

[1] Qin J, Li R, Raes J, et al. A human gut microbial gene catalogue established by metagenomic sequencing. Nature, 2010, 464(7285): 59～65.

[2] Alonso V R, Guarner F. Linking the gut microbiota to human health. British Journal of Nutrition, 2013, 109(S2): S21～S26.

[3] Zackular J P, Baxter N T, Iverson K D, et al. The gut microbiome modulates colon tumor igenesis. mBio, 2013, 4(6): 692～713.

[4] 张家超, 郭壮, 孙志宏, 等. 益生菌对肠道菌群的影响——以 *Lactobacillus casei* Zhang 研究为例. 中国食品学报, 2011, 11(9): 58～68.

[5] 郭慧玲, 邵玉宇, 孟和毕力格, 等. 肠道菌群与疾病关系的研究进展. 微生物学通报, 2015, 42(2): 400～410.

[6] Chen T J, Hou H. Protective effect of gelatin polypeptides from Pacific cod (*Gadus macrocephalus*) against UV irradiation-induced damages by inhibiting inflammation and improving transforming growth factor-β/Smad signaling pathway. Journal of Photochemistry and Photobiology B: Biology, 2016, 162: 633～640.

[7] Lee M J, Jeong N H, Jang B S. Antioxidative activity and antiaging effect of carrot glycoprotein. Journal of Industrial and Engineering Chemistry, 2015, 25: 216～221.

[8] Nusgens B V, Humbert P, Rougier A, et al. Topically applied vitamin C enhances the mRNA level of collagens Ⅰ and Ⅲ, their processing enzymes and tissue inhibitor of matrix metalloproteinase-1 in the human dermis. Journal of Investigative Dermatology, 2001, 116(6): 853～859.

[9] 周小平. 补益营卫延缓皮肤衰老的理论和实验研究. 北京: 北京中医药大学博士学位论文, 2007.

[10] 左伟勇, 陈伟华, 邹思湘. 伴大豆球蛋白胃蛋白酶水解肽对小鼠免疫功能及肠道内环境的影响. 南京农业大学学报, 2005, 28(3): 71～74.

[11] Adawi D, Molin G, Jeppsson B, et al. Gut-liver axis. Hepato Pancreato Biliary, 1999, 1(4):

173～186.

[12] Kirpich I A, Marsano L S, McClain C J. Gut-liver axis, nutrition, and non-alcoholic fatty liver disease. Clinical Biochemistry, 2015, 48(13～14): 923～930.

[13] Mithieux G. Brain, liver, intestine: A triumvirate to coordinate insulin sensitivity of endogenous glucose production. Diabetes & Metabolism, 2010, 36(3): S50～S53.

[14] Kirpich A I, Marsano S L, McClain J C, et al. Gut-liver axis, nutrition, and non-alcoholic fatty liver disease. Clinical Biochemistry, 2015, 48(13～14): 923～930.

[15] Haque T R, Barritt A S. Intestinal microbiota in liver disease. Best Practice & Research Clinical Gastroenterology, 2016, 30(1): 133～142.

[16] 岳洪源. 大豆生物活性肽对仔猪生长性能的影响及其机理的研究. 北京: 中国农业大学硕士学位论文, 2004.

[17] 刘莉如, 滑静, 王晓霞. 抗菌肽对蛋用仔公鸡血液免疫指标和肠道菌群的影响. 动物营养学报, 2012, 24(9): 1812～1818.

[18] 刘瑞雪, 李勇超, 张波. 魔芋低聚糖对结肠炎大鼠肠道菌群的影响. 中国食品学报, 2017, 17(6): 53～59.

[19] Guarner F, Casellas F, Borruel N, et al. Role of microecology in chronic inflammatory bowel disease. European Journal of Clinical Nutrition, 2002, 56(4): 34～38.

[20] Rawls J F, Samuel B S, Gordon J I. Gnotobiotic zebra fish reveal evolutionarily conserved responses to the gutmicrobiota. PNAS, 2004, 101(13): 4596～4601.

[21] Seksik P, Rigottier-Gois L, Gramet G, et al. Alterations of the dominant faecal bacterial groups in patients with Crohns disease of the colon. Gut, 2003, 52(2): 237～242.

[22] 李勇, 蔡木易. 肽营养学. 2 版. 北京: 北京大学医学出版社, 2016.

[23] 李平兰. 食品微生物学实验原理与技术. 北京: 中国农业出版社, 2003.

[24] 徐志毅. 肠道正常菌群与人体的关系. 微生物学通报, 2005, (3): 117～120.

[25] Jackson M A, Goodrich J K, Maxan M E, et al. Proton pump inhibitors after the composition of the gut microbiota. Gut, 2016, 65(5): 749～756.

[26] 吴夏飞, 连娜琦, 陆春风, 等. 肠道菌群对慢性肝脏疾病影响的研究进展. 中国药理学通报, 2013, 29(12): 1644～1647.

[27] 王生, 黄晓星, 余鹏飞, 等. 肠道菌群失调与结肠癌发生发展之间关系的研究进展. 中国药理学通报, 2014, 30(8): 1045～1049.

[28] 张璐, 刘懿萱, 段丽萍. 肠道菌群与脑-肠轴功能相互影响的研究进展. 胃肠病学, 2014, 19(9): 563～565.

[29] 刘佳, 胡松, 毛拥军. 肠黏膜屏障与常见老年慢性病的相关研究进展. 中华老年心脑血管病杂志, 2017, 19(8): 890～892.

[30] 乔艺. 高脂诱导的氧化应激对小鼠肠道菌群改变与炎症反应的影响. 无锡: 江南大学博士学位论文, 2014.

[31] 李宁. 肠道菌群紊乱与粪菌移植. 肠外与肠内营养, 2014, 21(4): 193～197.

[32] 唐惠儒, 王玉兰. 哺乳动物与肠道菌群的共代谢相互作用. 生命科学, 2017, 29(7): 687～694.

[33] 王瑶, 李卓, 杨超, 等. 粪便微生物系移植通过影响炎症因子和肠道菌群结构缓解大鼠实

验性结肠炎. 中国生物化学与分子生物学报, 2017, 33(9): 917～924.
[34] 李佳彦, 陈代文, 余冰, 等. 单胃动物肠道菌群与宿主肠道免疫系统的互作关系及可能机制. 动物营养学报, 2017, 29(7): 2252～2260.
[35] 高洁, 孙静, 黄建, 等. 高脂饮食 HFA-小鼠肠道菌群结构和 NF-κB 炎症通路研究. 中国酿造, 2017, 36(5): 141～145.
[36] 冯澜, 李绍民, 代立娟, 等. 马齿苋多糖对溃疡性结肠炎小鼠肠黏膜细胞因子及肠道菌群的影响. 中国微生态学杂志, 2015, 27(2): 139～142.
[37] 雷春龙, 董国忠. 肠道菌群对动物肠黏膜免疫的调控作用. 动物营养学报, 2012, 24(3): 416～422.
[38] Cameron S, Schwartz A, Sultan S, et al. Radiation-induced damage in different segments of the rat intestine after external beam irradiation of the liver. Experimental and Molecular Pathology, 2012, 92(2): 243～258.
[39] 郑晓皎. 肠道菌-宿主代谢物组的分析平台的建立及应用. 上海: 上海交通大学博士学位论文, 2013.
[40] 张为鹏, 王斌, 杨在宾. 植物活性肽对哺乳仔猪生产性能、免疫性能及肠道微生物影响的研究. 饲料工业, 2007, 28(17): 10～13.
[41] Kim H N, Yun Y J, Ryu S, et al. Correlation between gut microbiota and personality in adults: A cross-sectional study. Brain, Behavior, and Immunity, 2018, 69: 374～385.

第 8 章　食源肽对 UV 诱导的代谢失调整体调节作用

与常规护肤品外敷吸收作用机制不同，食源肽通过口服经胃肠道吸收后进入血液循环系统，随血液运送至周身细胞并产生多种生物学效应。前述章节已充分论述，在所选 4 种食源肽中，BEP 与 JRP 经口摄入后可对皮肤光老化进程产生显著的干预效应，并通过组织化学、生物化学与分子生物学技术手段解析了食源肽干预皮肤光老化的生物学机制，但食源肽 BEP、JRP 口服后引起的细胞代谢网络改变尚不清楚，其抗皱的整体代谢调控机制有待阐明。

代谢组学是继基因组学、转录组学和蛋白质组学之后的系统生物学重要组成部分，也是目前组学领域研究热点之一[1~4]。通常内源性小分子代谢物的变化与细胞功能蛋白或基因的变化密切相关，因此通过代谢组学方法可将研究对象从微观基因或蛋白质分子变为宏观代谢物与代谢表型，使研究对象更为直观。与传统代谢研究方法相比，代谢组学采用现代仪器联用技术对机体在特定条件下的整体代谢产物进行全谱检测，并结合多元统计分析研究机体生物学功能，从而有助于整体了解疾病病理过程及相关代谢途径的改变。自英国 Nicholson 研究组从毒理学角度分析大鼠尿液成分时提出了代谢组学的概念以来[5]，代谢组学技术已在医学诊断、药物筛选、食品营养与安全、微生物发酵、植物育种等领域广泛应用并显示出独特优势[6~11]。

在前述各章节单项抗皱应激指标及其相关性研究的基础上，本章基于 UPLC-Q-TOF/MS 生物质谱技术及多元统计分析工具，对正常 SD 大鼠对照组、光老化模型组及具有明显抗皱效应的食源肽BEP与JRP 干预组血清代谢物进行比较分析，识别组间显著代谢差异物，辅以在线数据库解析其代谢途径，并探讨相关变化在光老化及食源肽干预过程中的生物学意义，进而从整体层面探讨食源肽 BEP 与 JRP 干预皮肤光老化的代谢调节机制。

8.1　血清样品预处理及代谢物整体分离质量分析

样品前处理及分离情况在代谢组学研究中极其重要，它决定着样品的信息含量、准确性及柱残留情况，其工作质量可通过包含所有血清样本的质控(quality control，QC)样本及各组样本基峰图进行评价，基峰图是将每个时间点质谱图中最强离子的强度连续描绘得到的图谱。图 8-1 为 QC 样本、正常对照组、模型组及 BEP 各干预剂量 ESI 正离子扫描模式下的基峰图，图 8-2 为 QC 样本、正常对照组、模型组及 BEP 各干预剂量 ESI 负离子扫描模式下的基峰图，图 8-3 为 JRP

各干预剂量下分别在 ESI 正负离子扫描模式下的基峰图。

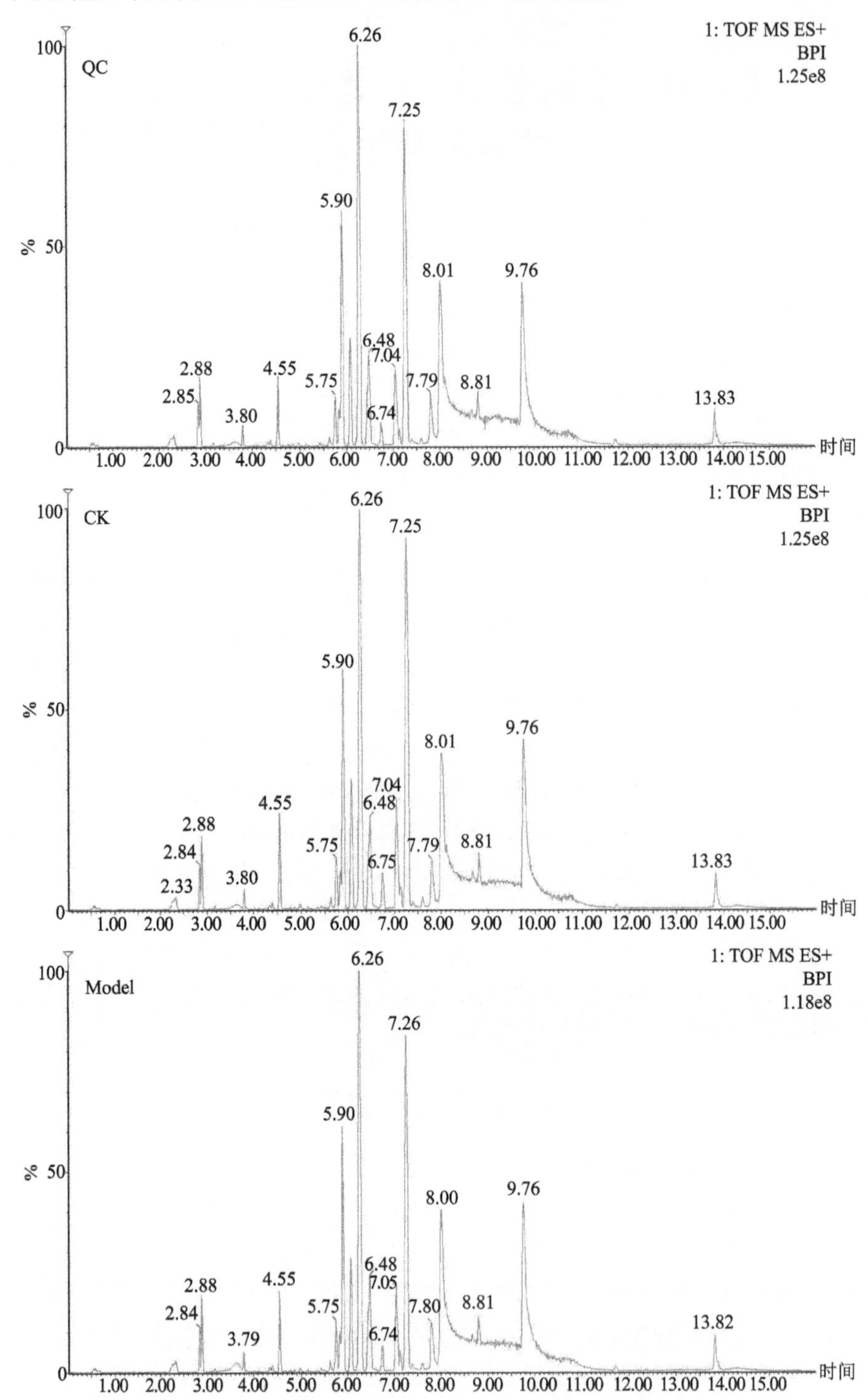

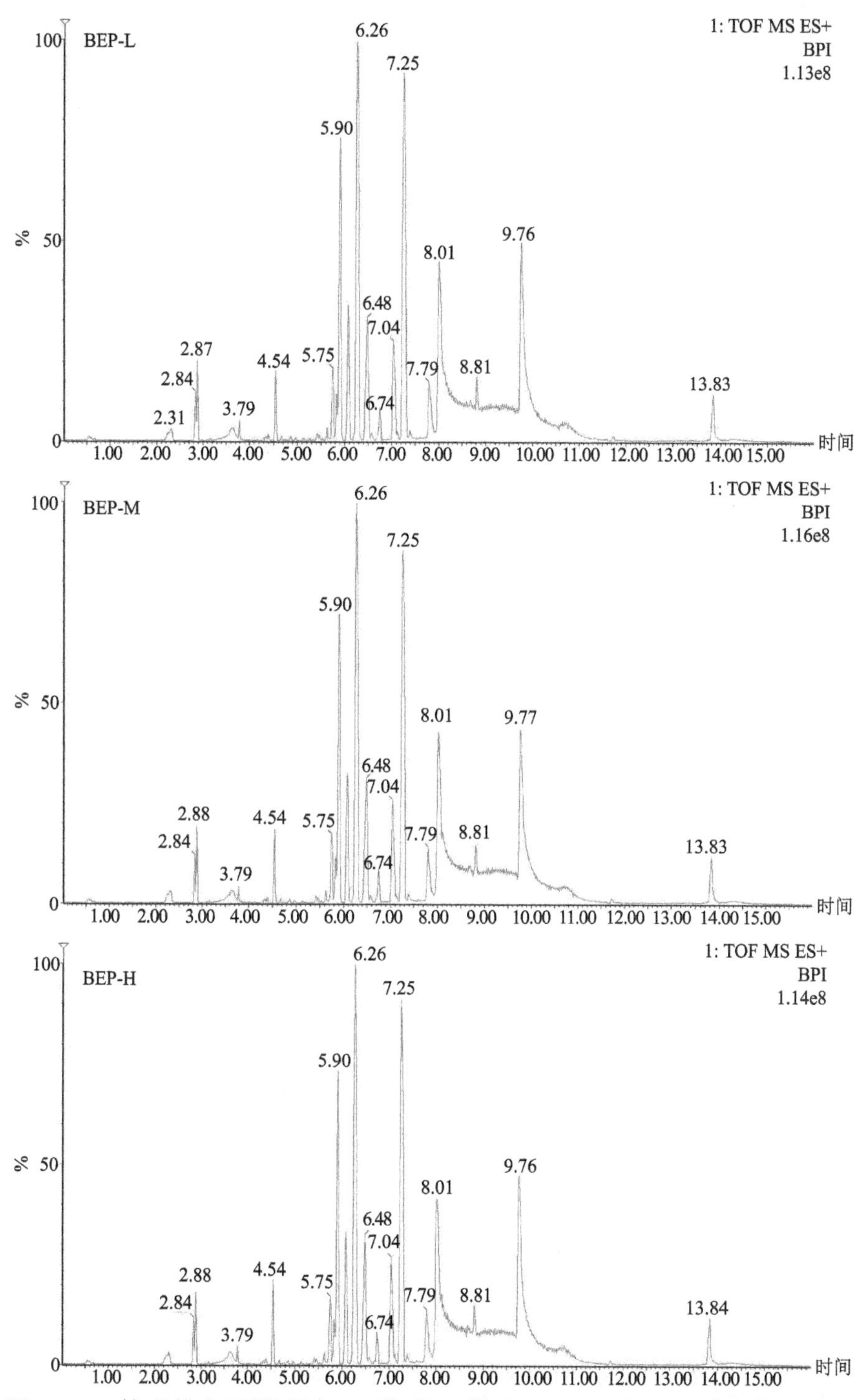

图 8-1　ESI$^+$扫描模式下质控样本、正常对照、模型组及 BEP 干预组血清代谢物基峰图

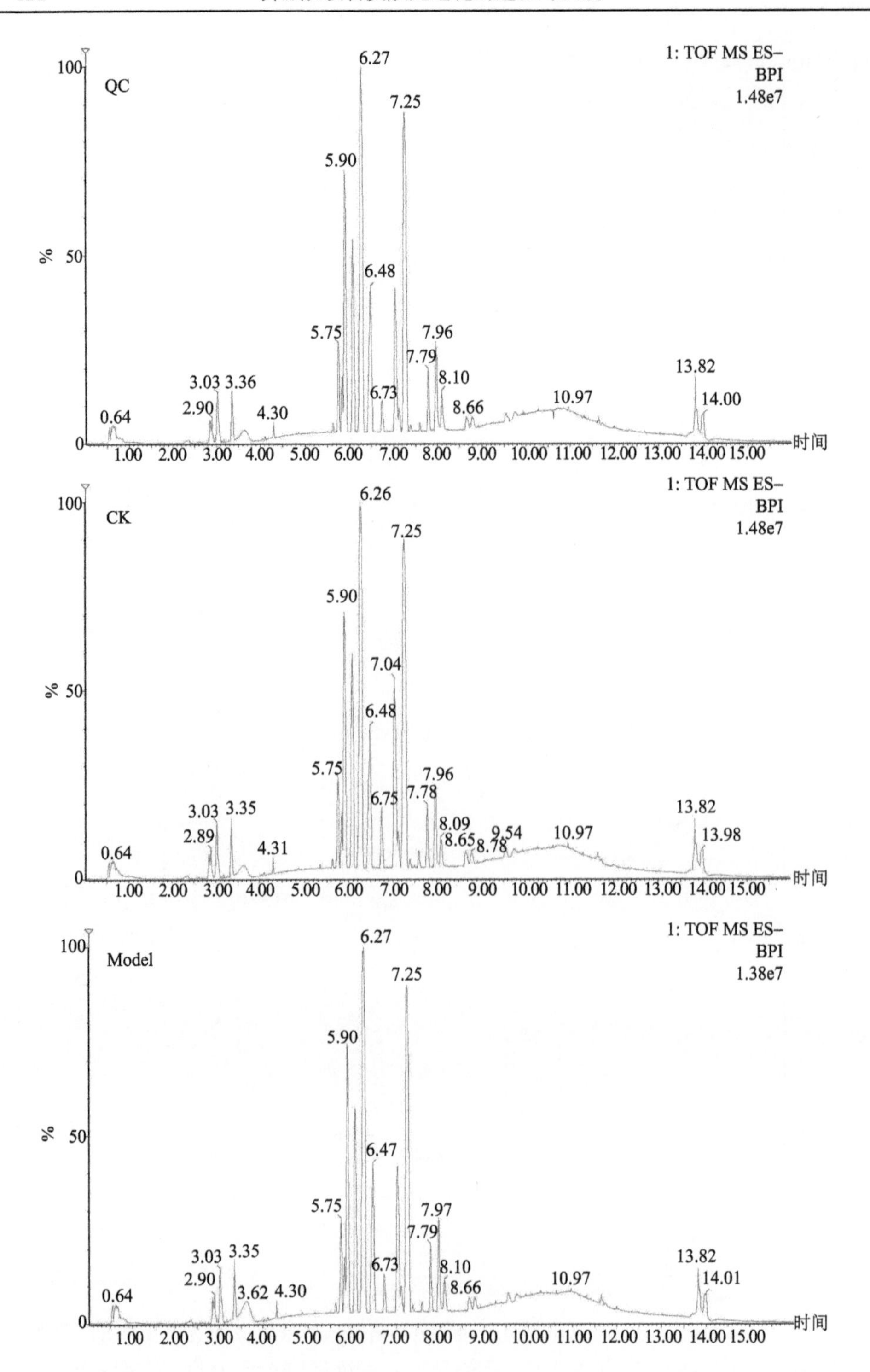
QC
1: TOF MS ES–
BPI
1.48e7
6.27
7.25
5.90
6.48
5.75
7.96
7.79
8.10
6.73
3.03 3.36
2.90
4.30
0.64
8.66
10.97
13.82
14.00
%
100
50
0
1.00 2.00 3.00 4.00 5.00 6.00 7.00 8.00 9.00 10.00 11.00 12.00 13.00 14.00 15.00
时间
CK
1: TOF MS ES–
BPI
1.48e7
6.26
7.25
5.90
7.04
6.48
5.75
7.96
6.75
7.78
3.03 3.35
8.09
2.89
8.65
9.54
8.78
10.97
13.82
13.98
4.31
0.64
%
100
50
0
1.00 2.00 3.00 4.00 5.00 6.00 7.00 8.00 9.00 10.00 11.00 12.00 13.00 14.00 15.00
时间
Model
1: TOF MS ES–
BPI
1.38e7
6.27
7.25
5.90
6.47
5.75
7.97
7.79
3.03 3.35
6.73
8.10
2.90
3.62 4.30
0.64
8.66
10.97
13.82
14.01
%
100
50
0
1.00 2.00 3.00 4.00 5.00 6.00 7.00 8.00 9.00 10.00 11.00 12.00 13.00 14.00 15.00
时间

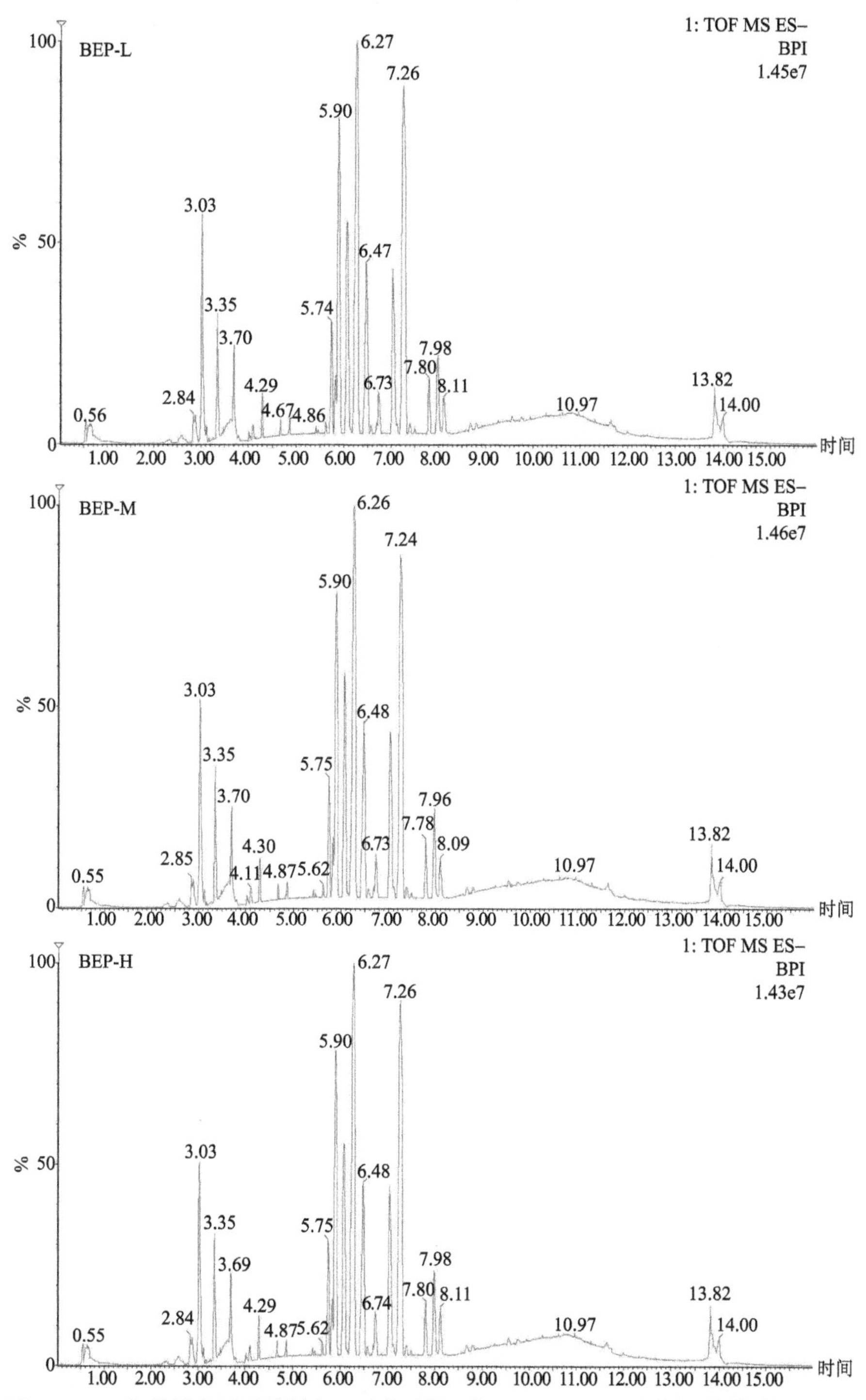

图 8-2　ESI⁻扫描模式下质控样本、正常对照、模型组及 BEP 干预组血清代谢物基峰图

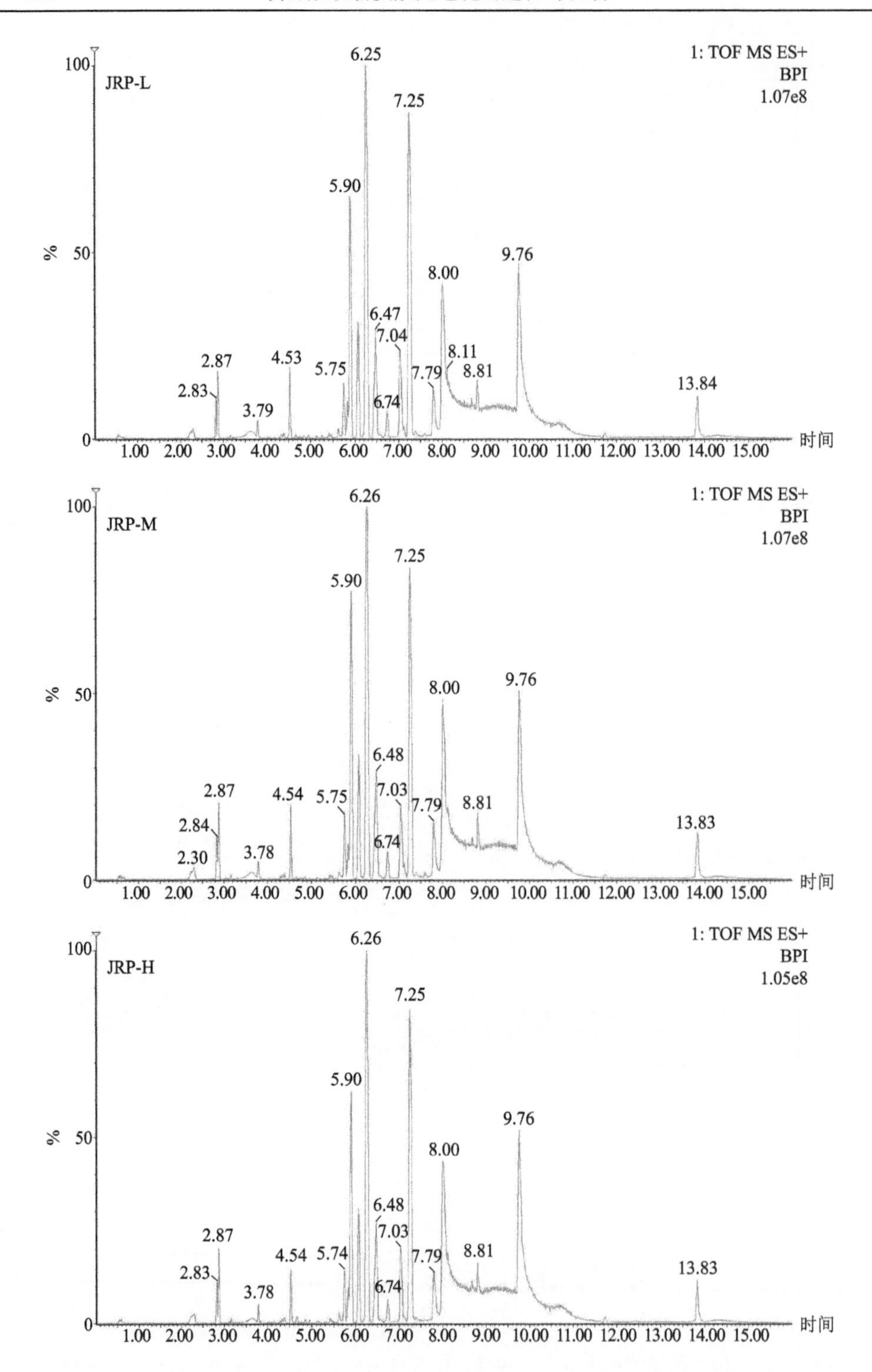

JRP-L
1: TOF MS ES+
BPI
1.07e8
6.25
7.25
5.90
9.76
8.00
6.47
7.04
8.11
2.87
4.53
5.75
7.79
8.81
2.83
3.79
6.74
13.84
%
时间
JRP-M
1: TOF MS ES+
BPI
1.07e8
6.26
7.25
5.90
9.76
8.00
6.48
2.87
4.54
5.75
7.03
7.79
8.81
2.84
13.83
2.30
3.78
6.74
JRP-H
1: TOF MS ES+
BPI
1.05e8
6.26
7.25
5.90
9.76
8.00
6.48
7.03
2.87
4.54
5.74
7.79
8.81
2.83
3.78
6.74
13.83

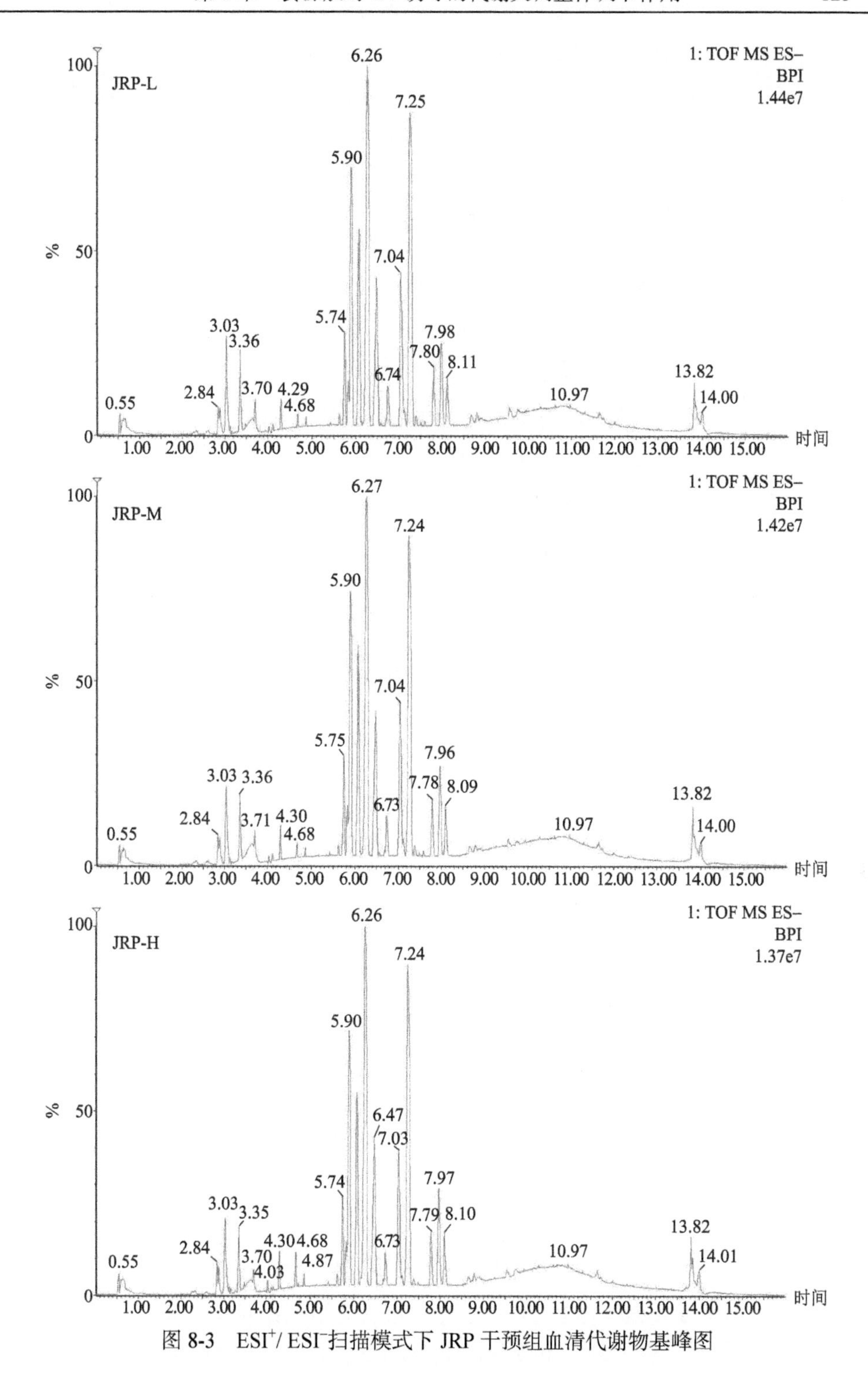

图 8-3　ESI⁺/ESI⁻扫描模式下 JRP 干预组血清代谢物基峰图

由图 8-1～图 8-3 可以看出，QC 样本、正常对照组、模型组及食源肽干预组样品中代谢物分离质量良好，无异常峰形出现，表明分离条件及质谱条件合适，同时由色谱峰的个数可以看出样品中代谢物成分复杂，且不同样品间组分差异明显，提示在光老化及食源肽干预下机体代谢途径发生了变化，具体标志性代谢物识别及代谢途径解析见后续分析。对 MS 提取到的数据删除组内缺失值>50%的离子峰，并根据化合物定性结果打分筛选得到化合物，满分 60 分，30 分以下视为定性结果不准确并删除，通过 QC 样本筛选后得到的峰数目如表 8-1 所示，将正负离子数据合并成一个数据矩阵表(因数据过于庞大未列出)，该矩阵包含了原始数据提取到的所有可以用于分析的信息，后续分析均以此为基础。

表 8-1　样品 ESI 扫描保留峰数目及得率

扫描模式	原始峰数目	保留数目	得率/%
ESI^+	12359	10178	82.35
ESI^-	6716	6179	92.00

8.2　基于 UPLC-Q-TOF/MS 的大鼠血清差异代谢物分离模型选择

将质谱分离数据矩阵导入 SIMCA 软件包(version 14.0，Umetrics，Umeå，Sweden)，按照软件要求调整数据格式，对代谢物进行主成分分析，观察样本间总体分布趋势，判断可能存在的离散点。首先采用无监督的 PCA 模型观察各样本之间的总体分布，结果见图 8-4。

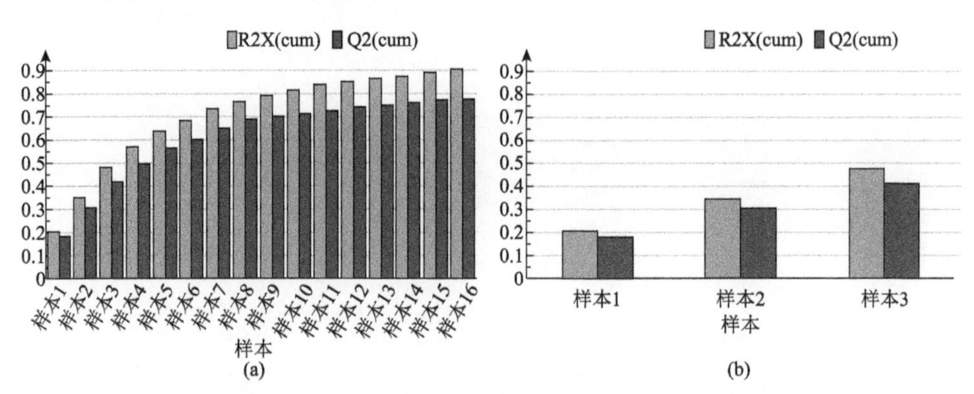

图 8-4　样品 PCA-X 模型不同主成分整体拟合情况

PCA 模型主要参数为 R2X，PCA 得分图的横坐标表示第 1 主成分即 PC1，用 t[1]表示；纵坐标表示第 2 主成分即 PC2，用 t[2]表示。由图 8-4(a)可以看出，生成的 PCA-X 模型产生 13 个主成分，继续增加成分后模型预测性 Q2 没有明显增加，说明剩余主成分对于模型的贡献微小。为便于分析只选取前 3 个主成分，整体拟合结果见图 8-4(b)及表 8-2。R2X(cum)代表多元统计分析建模时，在 X 轴方向模型的累积解释率，Q2(cum)代表模型的累积预测率，两者越接近 1，说明模型能更好地解释和预测两组样本之间的差异；R2 及 Q2 为响应排序检验的参数，用来衡量模型是否过拟合。可以看出，包含 3 个主成分的模型变异解释率为 61.1%，预测值累积可以达到 52.2%，失拟项 13.9%，表明 3 个主成分可良好代表整体。

表 8-2　PCA 分析模型拟合性

主成分数量	R2X	R2X(cum)	特征值	Q2(cum)	Q2
1	0.308	0.308	23.4	0.228	0.228
2	0.219	0.527	16.6	0.445	0.281
3	0.0847	0.611	6.44	0.522	0.139

通过得分图中样本之间的分离程度大小可以说明各组样本之间的代谢差异大小，在模型基本分析的基础上进行第 1 主成分 t[1]和第 2 主成分 t[2]的 PCA 分析，以及离群值的去除，结果见图 8-5。由图 8-5(a)可以看出，多组样本数据在中心区域浓缩聚集在一起，没有得到很好的区分，且存在 CK7 与 CK9 两个离群点，利用软件去除离群点后 t[1]-t[2]主成分分布图变为图 8-5(b)，进一步查看 t[2]-t[3]得分图，结果表明数据整体分离情况较 t[1]-t[2]主成分有明显改善(图 8-6)，但数据在二维图中心区域仍然无法分离，因此需进一步采用有监督模式的 PLS-DA 模型进行进一步建模，以区分各组间代谢轮廓的总体差异，结果见图 8-7。

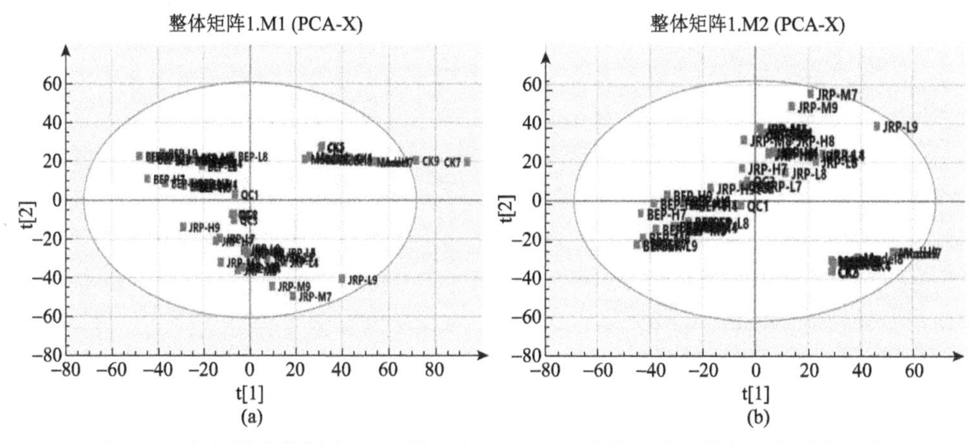

图 8-5　各组样本数据在 PCA 模型中 t[1]-t[2]主成分二维图分布及离群值去除

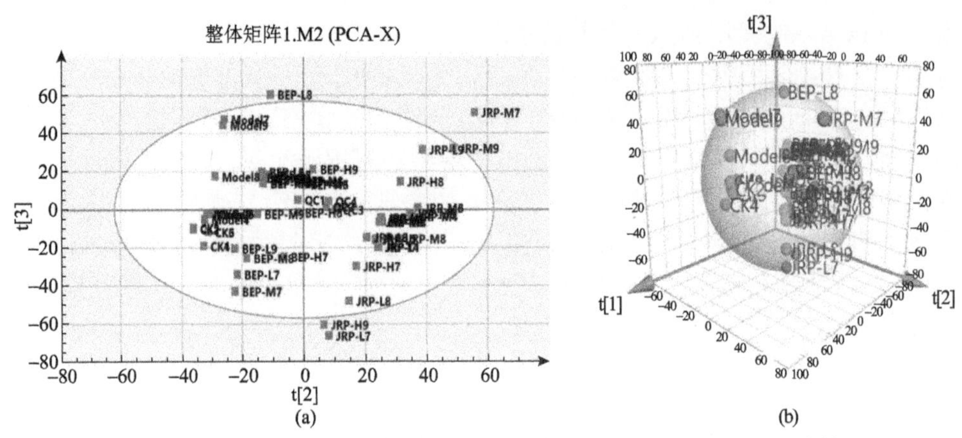

图 8-6 各组样本在 PCA 模型 t[2]和 t[3]主成分上的二维及三维图分布情况

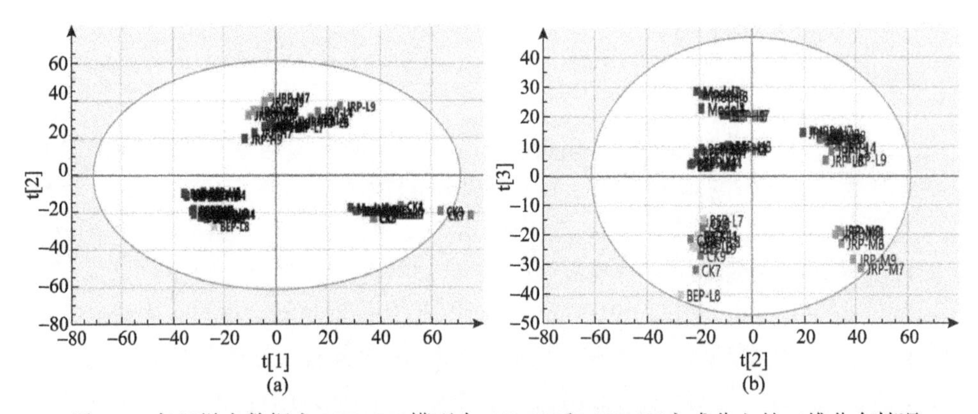

图 8-7 各组样本数据在 PLS-DA 模型中 t[1]-t[2]和 t[2]-t[3]主成分上的二维分布情况

PLS-DA 模型运用偏最小二乘回归建立代谢物表达量与样本分组之间的关系，来实现对样品类别的预测，PLS-DA 除参数 R2X 之外，还包括解释率 R2Y 和预测率 Q2。由图 8-7 可以看出，对比 PCA 模型得分图，PLS-DA 模型中样本数据的区分效果明显好转，样本明显分区聚类，且在 t[2]-t[3]主成分上更加明显。进一步采用 OPLS-DA 模型对样本进行整体区分，模型拟合质量见表 8-3。

表 8-3 OPLS-DA 模型整体预测质量情况

成分	R2X	R2X(cum)	特征值	R2	R2(cum)	Q2	Q2(cum)
模型		0.892			0.968		0.946
预测		0.63			0.968		0.946
P1	0.204	0.204	14.7	0.141	0.141	0.123	0.123
P2	0.172	0.376	12.3	0.141	0.282	0.14	0.263

续表

成分	R2X	R2X(cum)	特征值	R2	R2(cum)	Q2	Q2(cum)
P3	0.0929	0.469	6.69	0.14	0.422	0.125	0.388
P4	0.0652	0.534	4.69	0.141	0.563	0.133	0.521
P5	0.0427	0.576	3.08	0.138	0.701	0.133	0.654
P6	0.0359	0.612	2.59	0.136	0.837	0.147	0.802
P7	0.018	0.63	1.29	0.131	0.968	0.145	0.946
		正交实验（OPLS）	0.261				
O1	0.188	0.188	13.5	0	0		
O2	0.0372	0.225	2.68	0	0		
O3	0.036	0.261	2.59	0	0		

OPLS-DA 也是有监督的判别分析统计方法，该方法在 PLS-DA 的基础上进行修正，滤除与分类信息无关的噪声，提高模型的解析能力和有效性。由表 8-3 可知，模型解释能力为 89.2%，预测能力为 94.6%，表明模型拟合良好。OPLS-DA 模型对样本组间进一步聚类区分结果见图 8-8。可以看出，在 OPLS-DA 得分图上，有两种主成分，即预测主成分 t[1]和正交主成分。OPLS-DA 将组间差异最大化反映在 t[1]上，从 t[1]上能直接区分组间变异，而正交主成分上则反映了组内变异。样本组间整体区分情况较 PCA 和 PLS-DA 模型有了进一步提高，且在不同主成分二

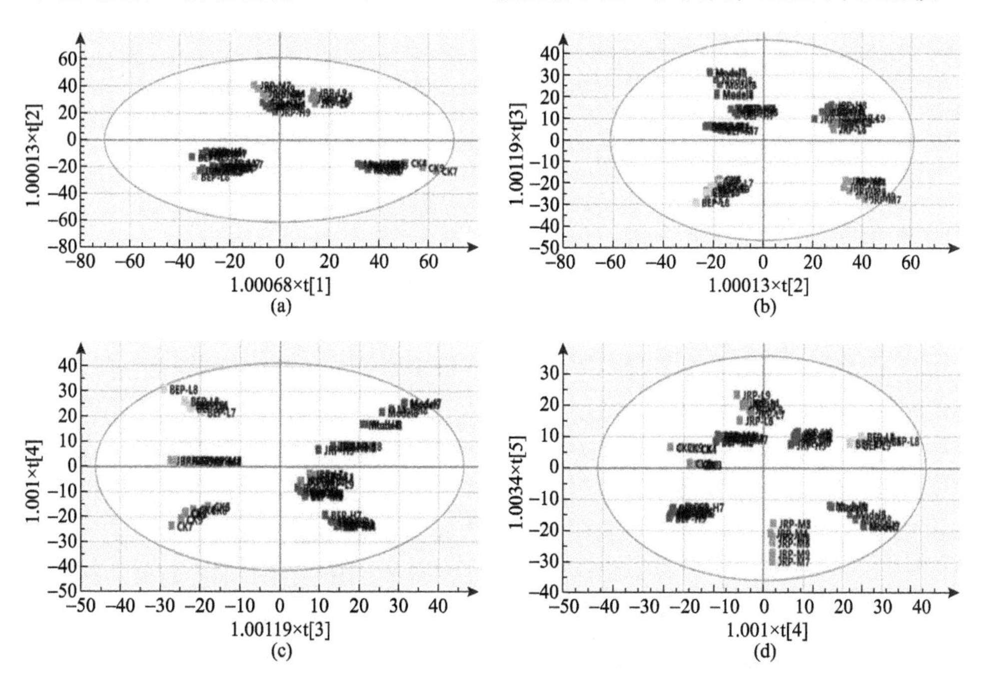

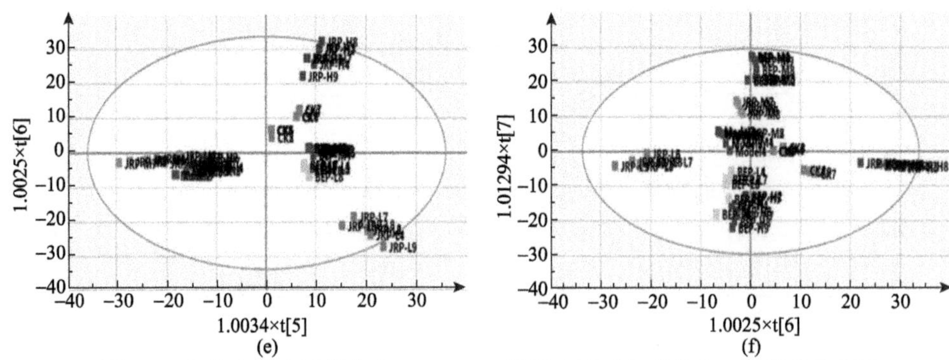

图 8-8　各组大鼠血清样本在 OPLS-DA 模型中不同主成分上二维得分分布图

维得分图上有不同表现，但整体组内聚类而组间分离的趋势更加明显，表明 OPLS-DA 模型在区分和直观展示不同组间差异方面效果更优。对不同模型预测的解释和预测能力进行汇总后可更加清楚地判断各模型的差异（表 8-4），结果表明 OPLS-DA 模型在数据解释能力和预测能力上几乎较 PCA-X 和 PLS-DA 模型提升一倍。

表 8-4　不同模型拟合能力对比分析

模型	类型	A	R2X(cum)	Q2(cum)	Q2
M1	PCA-X	3	0.483	0.418	0.637
M2	PLS-DA	3	0.443	0.381	0.164
M2	OPLS-DA	7+3+0	0.892	0.946	0

注：A 代表建模时主成分个数；R2X（cum）代表建模时在 x 轴方向模型的累积解释率；Q2（cum）代表模型的累积预测率；Q2 为响应排序检验的参数，衡量模型是否过拟合；OPLS-DA 模型的主成分个数表示 7 个主成分（P）和 3 个正交成分（O）。

8.3　基于多元统计工具的血清差异代谢物识别与代谢途径解析

为进一步分析比较光老化对机体代谢的影响及食源肽干预途径的代谢调节机制，应用 SIMCA 14.1 软件分别对各组血清样本数据进行 OPLS-DA 分析，为防止模型过拟合，采用响应排序检验方法来考察模型质量。响应排序检验是一种用来评价 OPLS-DA 模型准确性的随机排序方法，用来避免监督性学习方法获得偶然性分类。本实验对 OPLS-DA 模型进行了 999 次响应排序检验，获取了随机模型的 R2 和 Q2 值，与原模型的 R2Y、Q2Y 进行线性回归，得到的回归直线与 y 轴的截距值分别为 R2 和 Q2，用来衡量模型是否过拟合。通常 R2Y 和 Q2Y 直线的斜率越接近水平直线，模型越有可能过拟合。因此，使用 RPT 检验时，一般要求 R2 大于零而 Q2 小于零，表示模型拟合良好。以 *S*-plot 载荷图和 VIP 图为评价指标选取显著差异代谢物，载荷图中以 $|p|>0.1$ 和 $|p(\text{corr})|>0.5$ 为筛选标准，以 VIP

图中的变量权重排序辅助验证 *S*-plot 图，将筛选出的显著差异代谢物在数据矩阵中查找，明确化合物名称、分子式及扫描强度相对变化。

8.3.1　模型组与正常组显著差异代谢物识别及其代谢途径分析

以正常组大鼠血清为对照，采用 OPLS-DA 模型考察皮肤光老化进程对代谢的影响，识别差异代谢物，然后基于 HDMB 及 KEGG 数据库进行功能富集与代谢途径信息挖掘，结果见图 8-9～图 8-11。

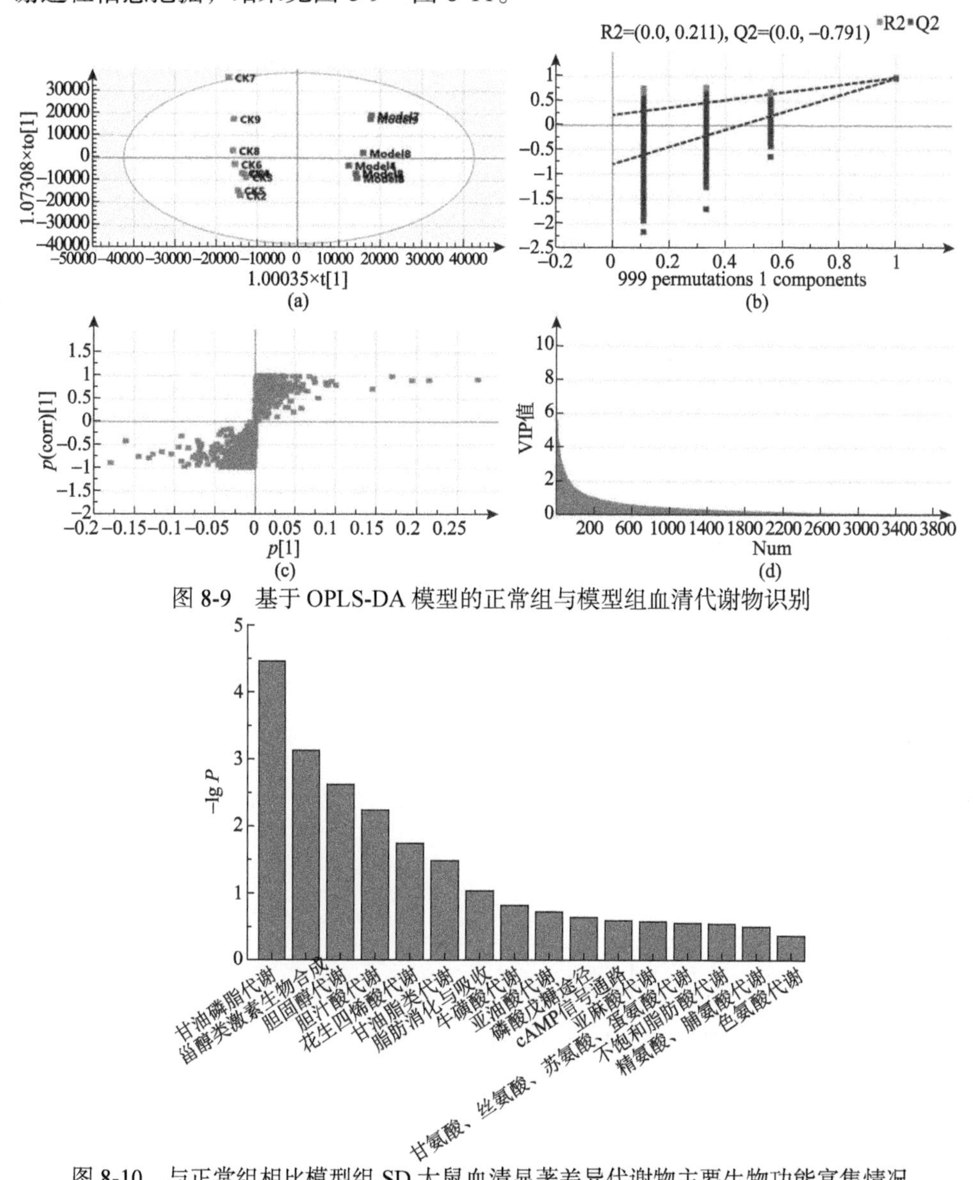

图 8-9　基于 OPLS-DA 模型的正常组与模型组血清代谢物识别

图 8-10　与正常组相比模型组 SD 大鼠血清显著差异代谢物主要生物功能富集情况

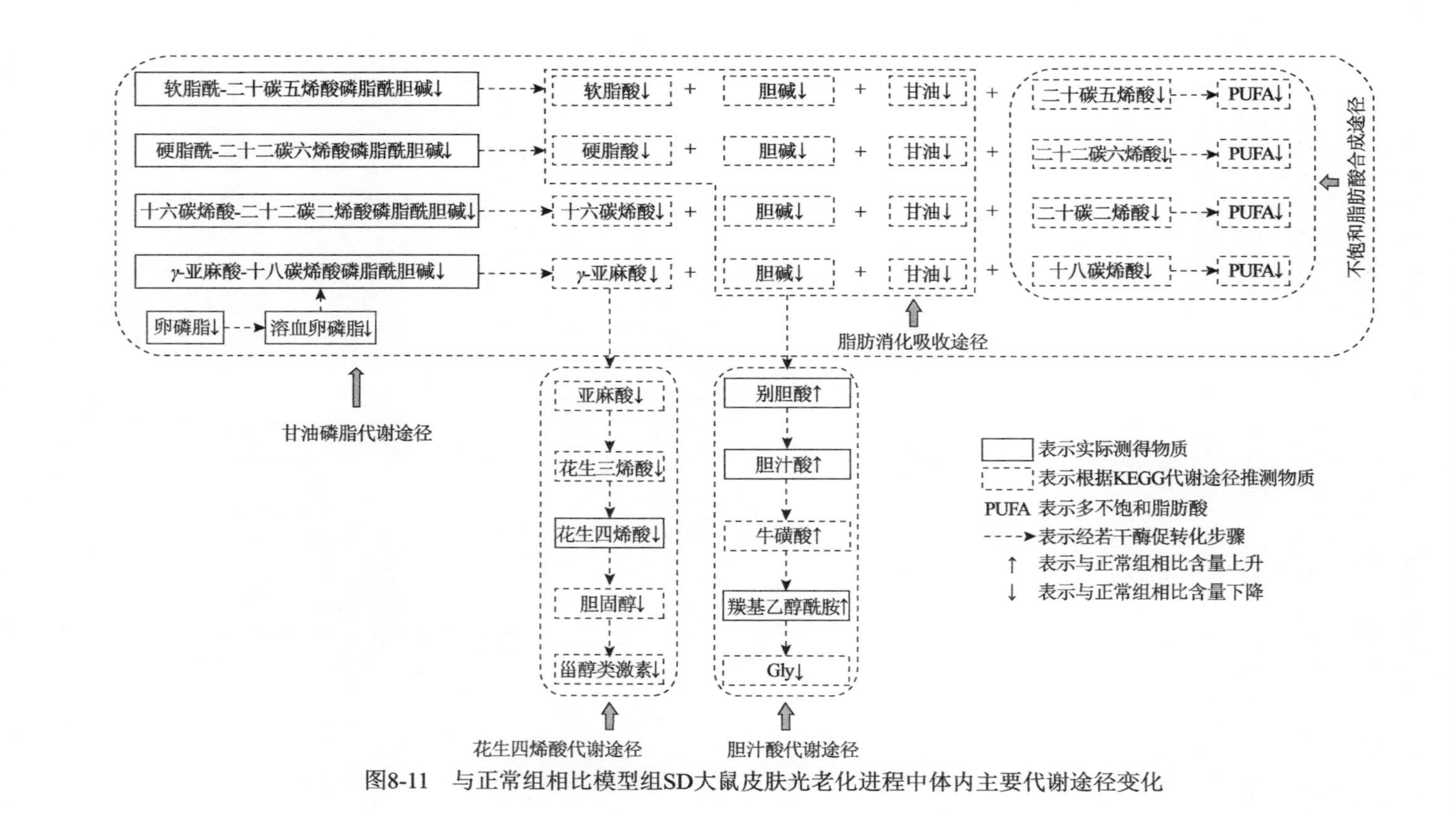

图8-11　与正常组相比模型组SD大鼠皮肤光老化进程中体内主要代谢途径变化

由图 8-9(a)可以看出，模型组与正常组在 OPLS-DA 模型中分离良好，且模型响应排序检验结果[图 8-9(b)]表明 R2 和 Q2 截距分别为 0.211 和–0.791，其直线斜率远离水平线，证明模型拟合良好。*S*-plot 载荷图[图 8-9(c)]结果表明，绝大多数点集中在原点附近，只有少数点远离原点分布于两端，这些远离原点的点即是将模型组与正常对照组 SD 大鼠血清样品完全区分开的关键差异代谢物，是在皮肤光老化进程中发生显著变化的关键化合物，基于$|p|>0.5$ 与$|p(\text{corr})|>0.1$ 的筛选标准，发现有 11 个点符合差异显著性标准。通常，VIP 值大于 1.0 的变量被看作可能的潜在标记物，将分类相关性低的变量剔除，VIP 图可对关键差异代谢物可靠性进行验证，辅以 VIP 值结果[图 8-9(d)]可进一步在统计数量上确证 11 个化合物为皮肤光老化进程中血清代谢物的显著性差异物，基于 ESI 扫描的质谱数据库识别出该组差异物的详细生物学信息，结果见表 8-5。

表 8-5　正常组与模型组 SD 大鼠相比血清显著差异代谢物及其强度相对变化

ID	VIP 值	R_t/min	*m/z*	代谢物	分子式	CK/Model
1	17.2302	9.46	812.6189	PC[16:1(9*Z*)/22:2(13*Z*,16*Z*)] (十六碳烯酸-二十二碳二烯酸磷脂酰胆碱)	$C_{46}H_{86}NO_8P$	1.58↑
2	13.5005	9.26	834.6047	PC[18:0/22:6(4*Z*,7*Z*,10*Z*,13*Z*,16*Z*,19*Z*)] (硬脂酰-二十二碳六烯酸磷脂酰胆碱)	$C_{48}H_{84}NO_8P$	1.42↑
3	12.244	9.55	808.5870	PC[16:0/22:5(4*Z*,7*Z*,10*Z*,13*Z*,16*Z*)] (软脂酰-二十碳五烯酸磷脂酰胆碱)	$C_{46}H_{82}NO_8P$	1.52↑
4	11.2124	7.58	537.3780	PC(O-16:0/3:0) (卵磷脂)	$C_{27}H_{56}NO_7P$	1.46↑
5	10.7004	4.68	372.2651	carbonyl ethanolamide (羰基乙醇酰胺)	$C_{24}H_{36}O_3$	6.16↑
6	10.6875	4.68	408.2864	allocholic acid (别胆酸)	$C_{24}H_{40}O_5$	0.07↓
7	10.102	6.27	540.3299	LysoPC(16:0) (溶血卵磷脂)	$C_{24}H_{50}NO_7P$	1.90↑
8	9.1555	8.90	292.2772	6*R*,7*S*-epoxy-3*Z*,9*Z*-eicosadiene (二十碳二烯酸)	$C_{20}H_{36}O$	1.18↑
9	9.05615	6.26	478.2303	Cys、Ile、Met (半胱氨酸、异亮氨酸、蛋氨酸)	$C_{20}H_{38}N_4O_5S_2$	0.85↓
10	8.23265	7.95	304.2401	6,10,14,18-eicosatetraenoic acid (花生四烯酸)	$C_{20}H_{32}O_2$	1.80↑
11	7.95773	9.40	854.5952	PC[20:3(8*Z*,11*Z*,14*Z*)/18:1(11*Z*)] (*γ*-亚麻酸-十八碳烯酸磷脂酰胆碱)	$C_{46}H_{84}NO_8P$	1.83↑

由表 8-5 可知，光老化进程中 SD 大鼠血清代谢物在数量上发生了显著变化，其中化合物十六碳烯酸-二十二碳二烯酸磷脂酰胆碱、硬脂酰-二十二碳六烯酸磷脂酰胆碱、软脂酰-二十二碳五烯酸磷脂酰胆碱、羰基乙醇酰胺、二十碳二烯酸、卵磷脂、溶血卵磷脂、花生四烯酸、γ-亚麻酸-十八碳烯酸磷脂酰胆碱发生了不同程度的降低，而别胆酸、部分氨基酸(Cys、Ile、Met)则有明显增加。

将上述化合物导入 MBRole 软件进行代谢物功能富集，代谢通路中 P 值为该代谢通路富集的显著性，$P<0.05$ 为显著，P 值越小，则该代谢通路的差异性越显著，以$-\lg P$ 为纵坐标绘制代谢通路富集图，P 值以 10 为底取对数，P 值越小，$-\lg P$ 值越大。以代谢通路名称为横坐标，$-\lg P$ 为纵坐标，绘制代谢通路富集图，结果见图 8-10。可以看出，上述差异代谢物生物功能主要富集在甘油磷脂代谢、甾类激素生物合成、胆固醇代谢、胆汁酸代谢、花生四烯酸代谢、牛磺酸代谢、亚油酸代谢、亚麻酸代谢以及部分氨基酸代谢等物质代谢途径。参照已有的生化代谢途径及表 8-5 中差异代谢物的比值变化，可以绘出皮肤光老化诱导的主要代谢途径变化，结果见图 8-11。

皮肤脂类由磷脂、鞘脂、胆固醇、胆固醇脂、脂肪酸、甘油三酯、蜂蜡等成分构成，这些脂类成分在细胞生长与分化、能量代谢、信号转导及基因表达调控方面发挥重要作用。就磷脂而言，磷脂酰胆碱(卵磷脂)与磷脂酰乙醇胺(脑磷脂)是所有哺乳动物细胞膜最丰富的磷脂，磷脂代谢调控着脂类、脂蛋白及整体能量代谢，二者比例的失衡将影响到能量代谢并与疾病进程密切相关[12~14]。作为细胞膜系组分不可或缺的物质，磷脂组分一旦缺乏就会降低皮肤细胞的再生能力，导致皮肤变得粗糙及皱纹增加，适当摄取卵磷脂后皮肤再生活力将显著改善。由表 8-5 可知，正常组与模型组卵磷脂比值为 1.46，表明光老化显著降低了卵磷脂水平。

由图 8-11 基于 KEGG 代谢途径的关键差异代谢物代谢流程可以看出，卵磷脂处于甘油磷脂代谢途径的中心位置，卵磷脂含量的降低直接引起下游亚油酸、胆碱及溶血卵磷脂的下降，从而产生了系列级联反应，整体表现出亚油酸、花生四烯酸、胆汁酸及不饱和脂肪酸合成等代谢途径的改变。

在亚油酸及花生四烯酸代谢途径中，花生四烯酸是核心代谢产物，具有调节免疫系统、缓解多种全身性病症、保护肝细胞、促进消化等多种功能[15, 16]，另外，花生四烯酸在体内可转变成各种具有生理活性的代谢产物，作用广泛而强烈，是细胞生理功能调节的重要物质，花生四烯酸含量直接决定了下游甾醇类激素的含量与生理效应，如前列腺素与特异的膜受体结合后可介导细胞增殖和凋亡等一系列重要细胞活动，在维护细胞氧化和炎症平衡中发挥关键作用。由表 8-5 可知，正常组与模型组花生四烯酸比值为 1.80，明显高于模型组。图 8-11 表明，与正常组相比，模型组亚油酸及花生四烯酸代谢途径发生明显变化，推测模型组甾醇类激素合成量有明显下降，结合前述章节中 UV 辐照对皮肤及血液系统的氧化与炎症系统研究结果，有充分证据可以推断，UV 辐照对皮肤组织产生的损伤效应与亚油酸及花生四烯酸代谢途径紊乱密切相关，提示可通过改善亚油酸及花生四烯酸代谢失衡而干预皮肤光老化进程。

胆汁酸是胆汁的重要成分，在脂肪代谢中起着重要作用，可提高能量利用率，改善动物生长性能，一定浓度范围内胆汁酸浓度与肝脏和结肠功能密切相关[17~20]，在临床上血清中胆汁酸水平可作为检测各种急、慢性肝炎肝损伤的一个敏感指标，小肠细菌过度繁殖导致的小肠抽取物及血清中非结合胆汁酸水平急剧升高可引起肠道炎症反应，而且胆汁酸的代谢可与蛋白质代谢结合起来产生各种氨基酸。由表 8-5 可知，正常组与模型组别胆酸比值 FC 为 0.07，证明皮肤光老化造成胆汁酸浓度显著增加，提示肝脏和肠道炎性反应将增强，同时基于胆汁酸在动物生长中的作用，本结果可在一定程度上对第 3 章中不同组动物生长性能的差别进行解释。根据 KEGG 代谢途径，牛磺酸的代谢中间物中有多种氨基酸生成，别胆酸浓度的增加将引起氨基酸水平的上升，表 8-5 中正常组与模型组氨基酸（Cys、Ile、Met）比值 FC 为 0.85，证明在光老化进程中胆汁酸代谢途径得到了显著增强。同时根据花生四烯酸含量的显著降低，可进一步推测甾醇类激素的生物合成量将较正常组显著降低，引起机体多种生理功能的改变。

不饱和脂肪酸在保持细胞膜相对流动性、使胆固醇酯化、合成甾醇类激素、降低血液黏稠度等方面均发挥重要作用，机体不饱和脂肪酸合成的降低将会导致皮肤结构受损和屏障功能的失调[21~23]。Zhang 等研究表明，UV 可降低皮肤中游离脂肪酸和甘油的生物合成，从而促进皮肤光老化[24]。由表 8-5 可知，与正常组相比，模型组 SD 大鼠多不饱和脂肪酸（polyunsaturated fat acid，PUFA）合成原料十六碳烯酸-二十二碳二烯酸磷脂酰胆碱、硬脂酰-二十二碳六烯酸磷脂酰胆碱、软脂酰-二十二碳五烯酸磷脂酰胆碱、羰基乙醇酰胺、二十碳二烯酸、γ-亚麻酸-十八碳烯酸磷脂酰胆碱有不同程度的降低，表明不饱和脂肪酸合成代谢显著抑制，提示皮肤光老化抑制了不饱和脂肪酸的合成。基于上述代谢物及其代谢途径在正常组与模型组中的差异分析，可以得知光老化改变了甘油磷脂代谢、花生四烯酸代谢、胆汁酸代谢、不饱和脂肪酸代谢。

8.3.2　BEP-L 干预下 SD 大鼠血清关键差异代谢物识别与代谢途径解析

以模型组血清为对照，采用 OPLS-DA 模型考察 BEP-L 对代谢的干预效应，识别关键差异代谢物，然后基于 MBRole 软件及 HDMB、KEGG 数据库进行功能富集分析与代谢途径信息挖掘，结果见图 8-12～图 8-14。

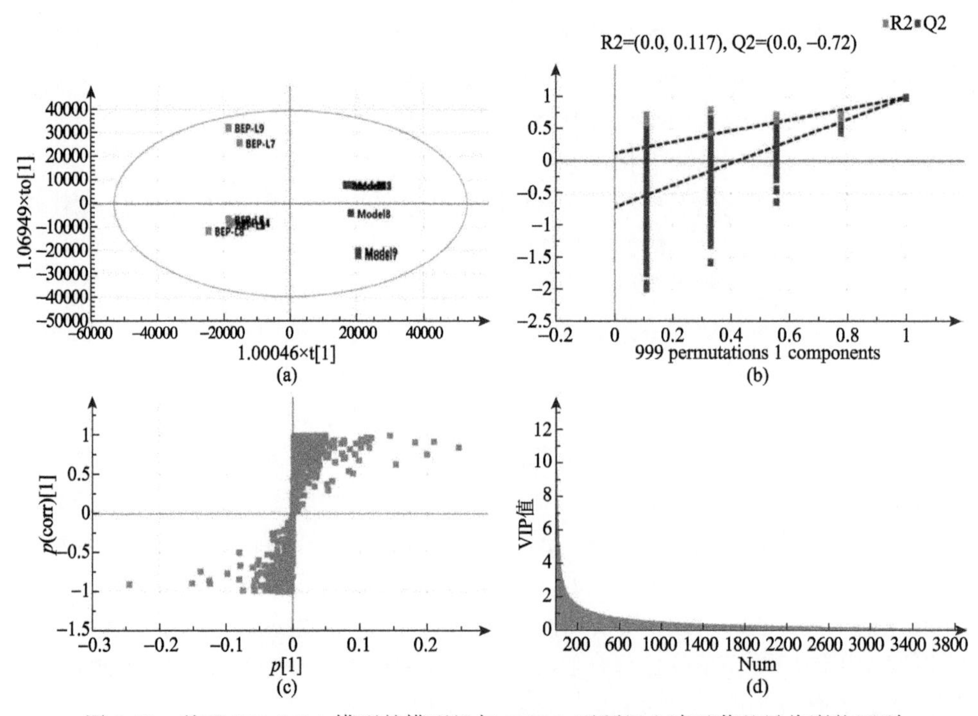

图 8-12　基于 OPLS-DA 模型的模型组与 BEP-L 干预组血清显著差异代谢物识别

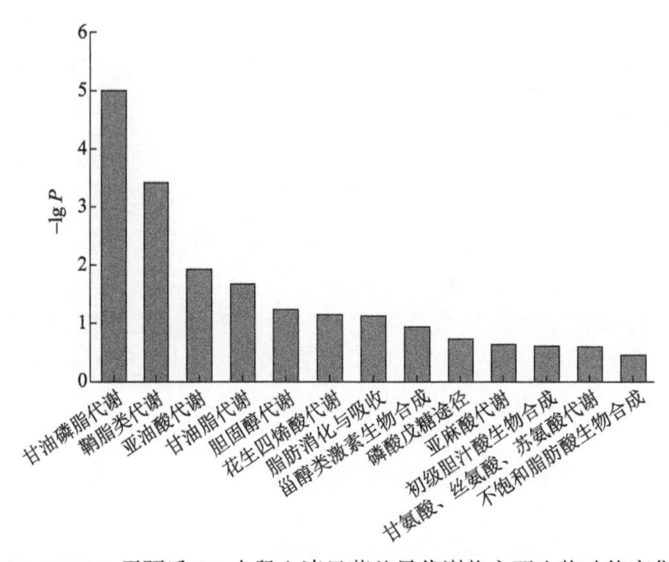

图 8-13　BEP-L 干预后 SD 大鼠血清显著差异代谢物主要生物功能富集情况

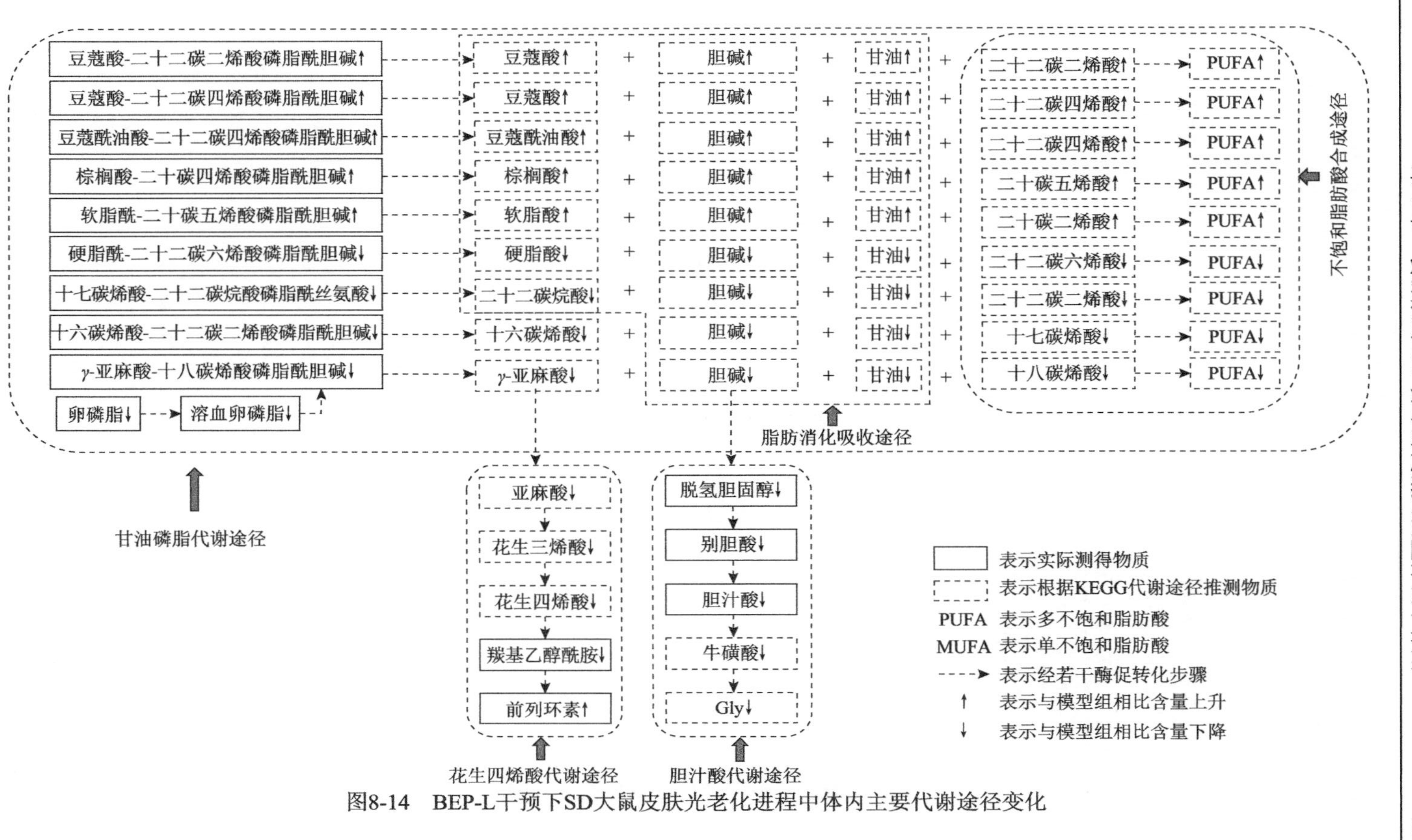

图8-14　BEP-L干预下SD大鼠皮肤光老化进程中体内主要代谢途径变化

由图 8-12(a)可以看出，模型组与正常组在 OPLS-DA 模型中分离良好，且模型响应排序检验结果[图 8-12(b)]表明 R2 和 Q2 截距分别为 0.117 和–0.72，其直线斜率远离水平线，证明模型拟合良好。*S*-plot 载荷图[图 8-12(c)]结果表明有 17 个点符合差异显著性标准，辅以 VIP 值分布结果[图 8-12(d)]可进一步在统计数量上确证 17 个化合物为皮肤光老化进程中血清代谢物的显著性差异物，基于 ESI 扫描的质谱数据库可识别出该组差异物的详细生物学信息，结果见表 8-6。

表 8-6　BEP-L 干预后 SD 大鼠血清显著差异代谢物及其强度相对变化

ID	VIP 值	R_t/min	*m/z*	代谢物	分子式	BEP-L/Model
1	15.4114	7.25	568.3615	LysoPC(18:0) (溶血卵磷脂)	$C_{26}H_{54}NO_7P$	0.83↓
2	15.3458	3.62	757.5648	PC[14:0/20:2(11*Z*,14*Z*)] (豆蔻酸-二十二碳二烯酸磷脂酰胆碱)	$C_{42}H_{80}NO_8P$	1.71↑
3	13.1394	9.46	812.6189	PC[16:1(9*Z*)/22:2(13*Z*,16*Z*)] (十六碳烯酸-二十二碳二烯酸磷脂酰胆碱)	$C_{46}H_{86}NO_8P$	0.74↓
4	12.5595	6.27	540.3299	LysoPC(16:0) (卵磷脂)	$C_{24}H_{50}NO_7P$	0.91↓
5	11.4055	9.26	834.6047	PC[18:0/22:6(4*Z*,7*Z*,10*Z*,13*Z*,16*Z*,19*Z*)] (硬脂酸-二十二碳六烯酸磷脂酰胆碱)	$C_{48}H_{84}NO_8P$	0.76↓
6	9.61473	4.54	274.2728	C_{16} sphinganine (鞘氨醇)	$C_{16}H_{35}NO_2$	0.80↓
7	9.57031	3.62	782.5728	PC[14:0/22:4(7*Z*,10*Z*,13*Z*,16*Z*)] (豆蔻酸-二十二碳四烯酸磷脂酰胆碱)	$C_{44}H_{80}NO_8P$	1.74↑
8	9.01885	4.68	372.2651	cervonoyl ethanolamide (羰基乙醇酰胺)	$C_{24}H_{36}O_3$	0.08↓
9	8.99543	4.68	408.2864	allocholic acid (别胆酸)	$C_{24}H_{40}O_5$	0.65↓
10	8.74219	8.67	782.5722	PC[16:0/20:4(8*Z*,11*Z*,14*Z*,17*Z*)] (棕榈酸-二十碳四烯酸磷脂酰胆碱)	$C_{44}H_{80}NO_8P$	1.31↑
11	7.92243	3.67	783.5797	PC[14:1(9*Z*)/22:2(13*Z*,16*Z*)] (豆蔻酰油酸-二十二碳四烯酸磷脂酰胆碱)	$C_{44}H_{82}NO_8P$	1.55↑
12	7.81929	9.33	734.5755	13,14-dihydro PGF-1a (前列环素)	$C_{20}H_{38}O_5$	1.62↑
13	7.28062	9.26	878.5953	PE[21:0/22:6(4*Z*,7*Z*,10*Z*,13*Z*,16*Z*,19*Z*)] (二十一碳烷酸-二十二碳六烯酸磷脂酰乙醇胺)	$C_{48}H_{84}NO_8P$	0.58↓
14	7.12484	3.79	874.6882	ercalcitriol (脱氢胆固醇)	$C_{28}H_{44}O_3$	0.56↓
15	7.09267	9.40	854.5952	PC[20:3(8*Z*,11*Z*,14*Z*)/18:1(11*Z*)] (γ-亚麻酸-十八碳烯酸磷脂酰胆碱)	$C_{46}H_{84}NO_8P$	0.84↓

续表

ID	VIP 值	R_t/min	m/z	代谢物	分子式	BEP-L/Model
16	6.95752	13.82	878.5955	PC[18:0/22:6(9Z,11Z,13Z,15Z,17Z,19Z)]（硬脂酰-二十二碳六烯酸磷脂酰胆碱）	$C_{48}H_{84}NO_8P$	0.55↓
17	6.82254	13.82	831.5997	PS[17:1(9Z)/22:0]（十七碳烯酸-二十二碳烷酸磷脂酰丝氨酸）	$C_{45}H_{86}NO_{10}P$	0.73↓

由表 8-6 可知，BEP-L 干预后 SD 大鼠血清代谢物在种类和数量上发生了显著变化，其中化合物豆蔻酸-二十碳二烯酸磷脂酰胆碱、豆蔻酸-二十二碳四烯酸磷脂酰胆碱、豆蔻油酸-二十二碳二烯酸磷脂酰胆碱、前列环素、棕榈酸-二十碳四烯酸脂酰胆碱、发生了上调，而溶血卵磷脂、十六碳烯酸-二十二碳二烯酸磷脂酰胆碱、硬脂酸-二十二碳六烯酸磷脂酰胆碱、鞘氨醇、羰基乙醇酰胺、别胆酸、二十一碳烷酸-二十二碳六烯酸磷脂酰乙醇胺、脱氢胆固醇、γ-亚麻酸-十八碳烯酸磷脂酰胆碱、软脂酰-二十二碳六烯酸磷脂酰胆碱、十七碳烯酸-二十二碳烷酸磷脂酰丝氨酸发生了下调。将上述化合物进行功能聚类，结果见图 8-13。

图 8-13 表明上述差异代谢物生物功能主要富集在甘油磷脂代谢、鞘脂类代谢、亚油酸代谢、胆固醇代谢、甾醇类激素生物合成、初级胆汁酸生物合成、花生四烯酸代谢、亚麻酸代谢、部分氨基酸代谢，以及磷酸戊糖和部分氨基酸代谢。参照已有的生化代谢途径及表 8-6 中差异代谢物的比值变化，可以绘出 BEP-L 干预下机体主要代谢途径变化，结果见图 8-14。

由图 8-14 可以看出，与模型组相比，BEP-L 干预后甘油磷脂代谢途径有明显改变，结合表 8-6 数据得知，代谢物卵磷脂、溶血卵磷脂、鞘氨醇、γ-亚麻酸-十八碳烯酸磷脂酰胆碱、十六碳烯酸-二十二碳二烯酸磷脂酰胆碱、硬脂酰-二十二碳六烯酸磷脂酰胆碱、二十一碳烷酸-二十二碳六烯酸磷脂酰乙醇胺、十七碳烯酸-二十二碳烷酸磷脂酰丝氨酸与模型组相比，强度有不同程度降低，其 FC 值分别为 0.91、0.83、0.80、0.84、0.74、0.76、0.58、0.73，较模型累积降低量为 2.21；而上调性代谢物豆蔻油酸-二十二碳二烯酸磷脂酰胆碱、豆蔻酸-二十碳二烯酸磷脂酰胆碱、豆蔻酸-二十二碳四烯酸磷脂酰胆碱、棕榈酸-二十碳四烯酸磷脂酰胆碱与模型组相比，强度有不同程度增加，其 FC 值分别为 1.55、1.71、1.74、1.31，较模型累积增加量为 2.31，可以看出磷脂代谢产物增加量大于降低量。

以上结果充分证明，与模型组相比，BEP-L 干预后常规甘油磷脂的代谢得到一定的提升，代谢产物胆碱和甘油的水平也有不同程度的增加。已知胆碱与脂肪的吸收密切相关，胆碱水平上升将引起脂肪代谢转运能力的提升，脂肪的消化和吸收途径得到正性调控，同时因不饱和脂肪酸底物的增加，不饱和脂肪酸生物合成途径也得到一定程度的提升，而多不饱和脂肪酸合成的增加有助于改善体内脂质代谢失衡引起的氧化应激，提示细胞应激性胁迫得到一定程度的改善。

基于生物体内代谢途径的内在联系，甘油磷脂代谢途径的变化必然引起胆汁酸代谢途径发生变化，结合表 8-5 和表 8-6 数据可以看出，代谢物脱氢胆固醇为胆汁酸代谢途径的上游物质，而别胆酸为中间产物，二者在 BEP-L 干预后其与模型组的 FC 值分别为 0.56 和 0.65，均较模型组有显著下降。鉴于胆汁酸浓度与肝脏和结肠功能的密切相关性，胆汁酸水平的降低也意味着肝脏和肠道的氧化和炎性胁迫得到了一定程度的缓解，因此有理由推测 BEP-L 干预可通过抑制胆汁酸代谢途径间接减轻皮肤光老化诱导的肝脏和肠道结构及功能损伤。同时在亚油酸及花生四烯酸代谢途径中可以看出，BEP-L 干预后光老化大鼠的血清中甾醇类激素前列环素有明显提高，其与模型组比值达到 1.62，已知前列环素在维护细胞氧化和炎症平衡中发挥关键作用，可明显扩张血管，本结果提示食源肽 BEP-L 干预可调整光老化诱导的机体内氧化与炎症失衡，并改善血液循环。为进一步比较 BEP 对皮肤光老化代谢途径的干预效应，继续将中剂量及高剂量干预下的代谢途径变化进行比较分析。

8.3.3 BEP-M 干预下 SD 大鼠血清显著差异代谢物识别与代谢途径解析

以模型组血清代谢物为对照，采用 OPLS-DA 模型考察 BEP-M 干预对代谢的干预效应，识别关键差异代谢物，然后基于 HDMB 及 KEGG 数据库进行功能富集与代谢途径信息挖掘，结果见图 8-15～图 8-17。

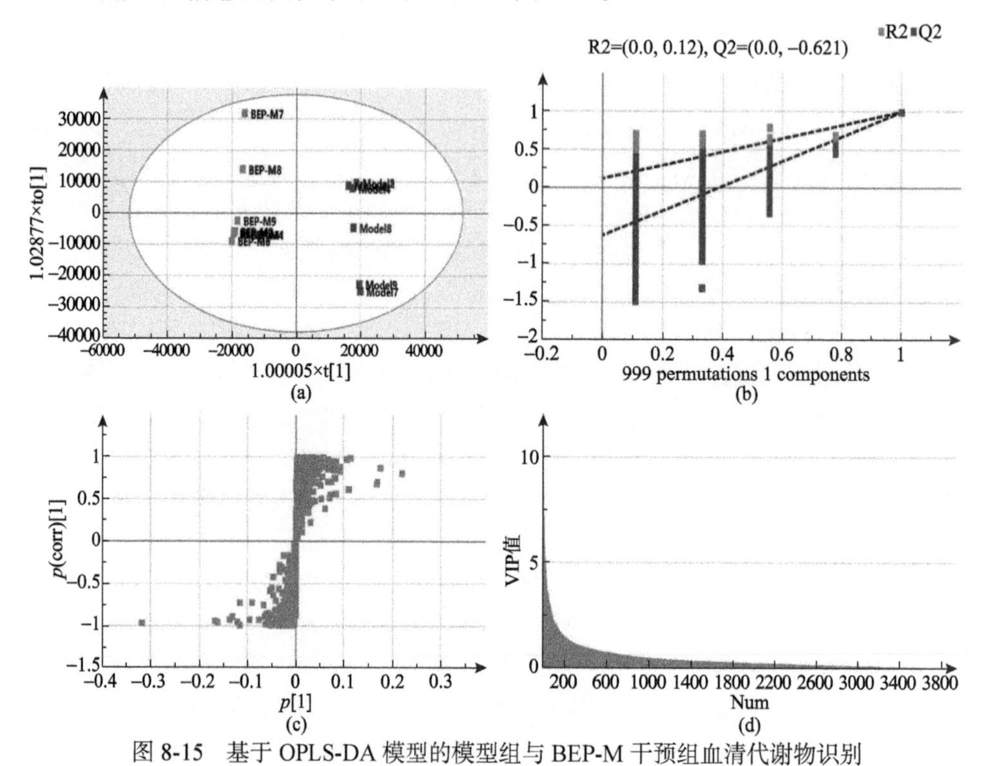

图 8-15 基于 OPLS-DA 模型的模型组与 BEP-M 干预组血清代谢物识别

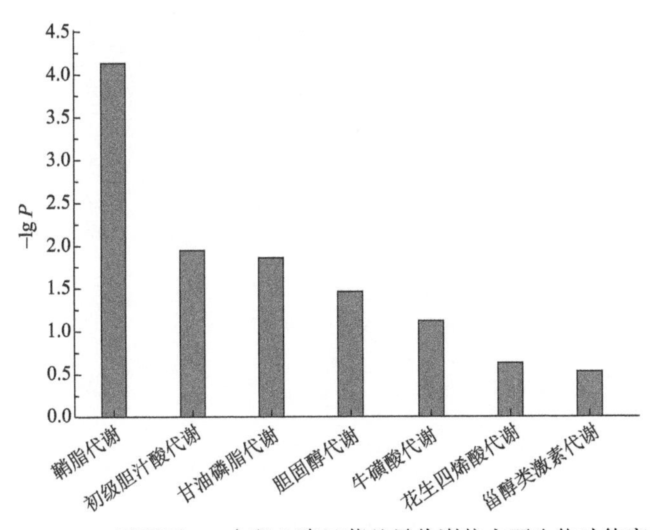

图 8-16　BEP-M 干预下 SD 大鼠血清显著差异代谢物主要生物功能富集情况

由图 8-15(a)可以看出，模型组与正常组在 OPLS-DA 模型中分离良好，且模型响应排序检验结果[图 8-15(b)]表明 R2 和 Q2 截距分别为 0.12 和–0.621，其直线斜率远离水平线，证明模型拟合良好。*S*-plot 载荷图[图 8-15(c)]结果表明有 13 个点符合差异显著性标准，辅以 VIP 值分布结果[图 8-15(d)]可进一步在统计数量上确证 13 个化合物为皮肤光老化进程中血清代谢物的显著性差异物，基于 ESI 扫描的生物质谱数据库可识别出该组差异物的详细生物学信息，结果见表 8-7。

表 8-7　BEP-M 干预下 SD 大鼠血清显著差异代谢物及其强度相对变化

ID	VIP 值	R_t/min	*m*/*z*	代谢物	分子式	BEP-M/Model
1	19.9386	3.62	757.5648	PC[14:0/20:2(11*Z*,14*Z*)] (豆蔻酸-二十碳二烯酸磷脂酰胆碱)	$C_{42}H_{80}NO_8P$	1.93↑
2	13.7366	7.25	568.3615	LysoPC(18:0) (溶血卵磷脂)	$C_{26}H_{54}NO_7P$	0.88↓
3	10.9407	9.46	812.6189	PC[16:1(9*Z*)/22:2(13*Z*,16*Z*)] (十六碳烯酸-二十二碳二烯酸磷脂酰胆碱)	$C_{46}H_{86}NO_8P$	0.83↓
4	10.6366	6.27	540.3299	LysoPC(16:0) (卵磷脂)	$C_{24}H_{50}NO_7P$	0.93↓
5	10.4715	4.54	274.2728	C16 sphinganine (鞘氨醇)	$C_{16}H_{35}NO_2$	0.75↓
6	10.4594	3.67	783.5797	PC[14:1(9*Z*)/22:2(13*Z*,16*Z*)] (豆蔻油酸-二十二碳二烯酸磷脂酰胆碱)	$C_{44}H_{82}NO_8P$	1.72↑
7	10.1092	3.62	782.5728	PC[14:0/22:4(7*Z*,10*Z*,13*Z*,16*Z*)] (豆蔻酸-二十二碳四烯酸磷脂酰胆碱)	$C_{44}H_{80}NO_8P$	1.93↑

续表

ID	VIP 值	R_t/min	m/z	代谢物	分子式	BEP-M/Model
8	8.61847	9.33	734.5755	13,14-dihydro PGF-1a (前列环素)	$C_{20}H_{38}O_5$	1.89↑
9	7.24283	8.67	782.5722	PC[16:0/20:4(8Z,11Z,14Z,17Z)] (棕榈酸-二十碳四烯酸磷脂酰胆碱)	$C_{44}H_{80}NO_8P$	1.35↑
10	7.22272	13.85	885.5539	PI[18:1(11Z)/20:3(5Z,8Z,11Z)] (异油酸-二十碳三烯酸磷脂酰肌醇)	$C_{47}H_{83}O_{13}P$	34.63↑
11	7.15851	4.68	408.2864	allocholic acid (别胆酸)	$C_{24}H_{40}O_5$	0.45↓
12	6.98796	8.87	802.5630	PC[16:0/18:2(9Z,12Z)] (棕榈酸-十八碳二烯酸磷脂酰胆碱)	$C_{42}H_{80}NO_8P$	0.97↓
13	6.69951	4.68	372.2651	cervonoyl ethanolamide (羰基乙醇酰胺)	$C_{24}H_{36}O_3$	0.54↓

由表 8-7 可知，BEP-M 干预后 SD 大鼠血清代谢物在种类和数量上发生了显著变化，其中化合物豆蔻酸-二十碳二烯酸磷脂酰胆碱、豆蔻油酸-二十二碳二烯酸磷脂酰胆碱、豆蔻酸-二十二碳四烯酸磷脂酰胆碱、前列环素、棕榈酸-二十碳四烯酸磷脂酰胆碱、异油酸-二十碳三烯酸磷脂酰肌醇发生了上调，而溶血卵磷脂、十六碳烯酸-二十二碳二烯酸磷脂酰胆碱、卵磷脂、鞘氨醇、别胆酸、棕榈酸-十八碳二烯酸磷脂酰胆碱、羰基乙醇酰胺发生了下调。将上述化合物搜索 HMDB 及 KEGG 数据库，结合 MBRole 软件进行功能聚类，结果见图 8-16。表明上述差异代谢物生物功能主要富集在鞘脂类代谢、初级胆汁酸代谢、甘油磷脂代谢、胆固醇代谢、牛磺酸代谢、花生四烯酸代谢，以及甾醇类激素代谢。参照已有的生化代谢途径及表 8-7 中差异代谢物的比值变化，可以绘出 BEP-M 干预皮肤光老化的主要代谢途径变化，结果见图 8-17。

由图 8-17 可以看出，与 BEP 低剂量干预相比，BEP 中剂量干预后甘油磷脂代谢途径进一步改变，结合表 8-7 得知，代谢物豆蔻酸-二十碳二烯酸磷脂酰胆碱在 BEP-M 干预与模型组的 FC 值为 1.72，而 BEP-L 干预与模型组为 1.55，增加了 10.96%。代谢物十六碳烯酸-二十二碳二烯酸磷脂酰胆碱在 BEP-M 干预与模型组的 FC 值为 0.83，而 BEP-L 干预与模型组为 0.74，豆蔻酸-二十碳二烯酸磷脂酰胆碱、豆蔻酸-二十二碳四烯酸磷脂酰胆碱分别由低剂量干预下的 1.71、1.74 增加至中剂量的 1.93，可以推测其代谢产物中油酸、亚油酸含量将有一定程度的增加，这将为花生四烯酸的生物合成提供充足的原料。同时由花生四烯酸代谢途径中关键产物前列环素的增加可进一步证明，在 BEP-L 干预与模型组前列环素 FC 为 1.62，

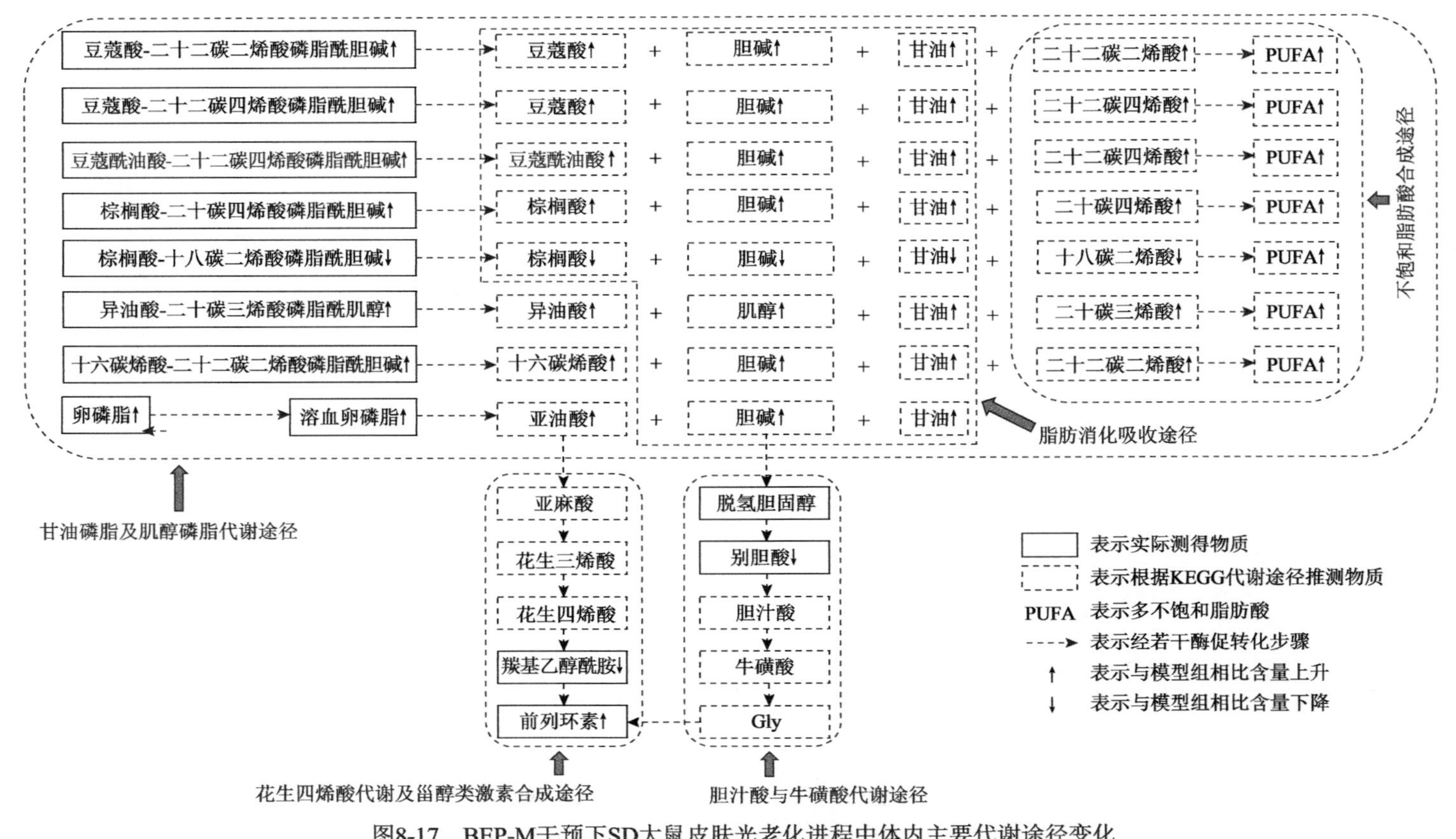

图8-17 BEP-M干预下SD大鼠皮肤光老化进程中体内主要代谢途径变化

而在 BEP-M 干预与模型组的 FC 值为 1.89，增加了 16.67%。已知前列环素为生理作用强烈的甾醇类激素，微量物质即可良好舒张血管，促进血液循环和物质代谢，提示 BEP-M 干预可通过促进血液循环和物质代谢改善光老化诱导的血液循环迟滞和物质代谢紊乱。

在磷脂代谢与花生四烯酸代谢途径调节的基础上可进一步发现，BEP-M 干预引起了胆汁酸代谢途径增强，其代表性中间产物别胆酸水平在 BEP-L 干预时为 0.65，BEP-M 干预后进一步降为 0.54，别胆酸水平进一步降低，表明胆汁酸代谢途径受到进一步抑制。同时代谢物卵磷脂水平在 BEP-M 干预后其与模型组的 FC 值为 0.93，而模型与正常组的 FC 值为 0.91，表明卵磷脂水平有一定的提升，提示细胞膜因氧化应激造成的结构损伤可得到一定程度的缓解。

8.3.4　BEP-H 干预下 SD 大鼠血清显著差异代谢物识别及代谢途径解析

以模型组血清代谢物为对照，采用 OPLS-DA 模型考察 BEP-H 干预对血清代谢的干预效应，识别关键差异代谢物，然后基于 HDMB 及 KEGG 数据库及 MBRole 软件进行功能富集分析与代谢途径信息挖掘，结果见图 8-18～图 8-20。

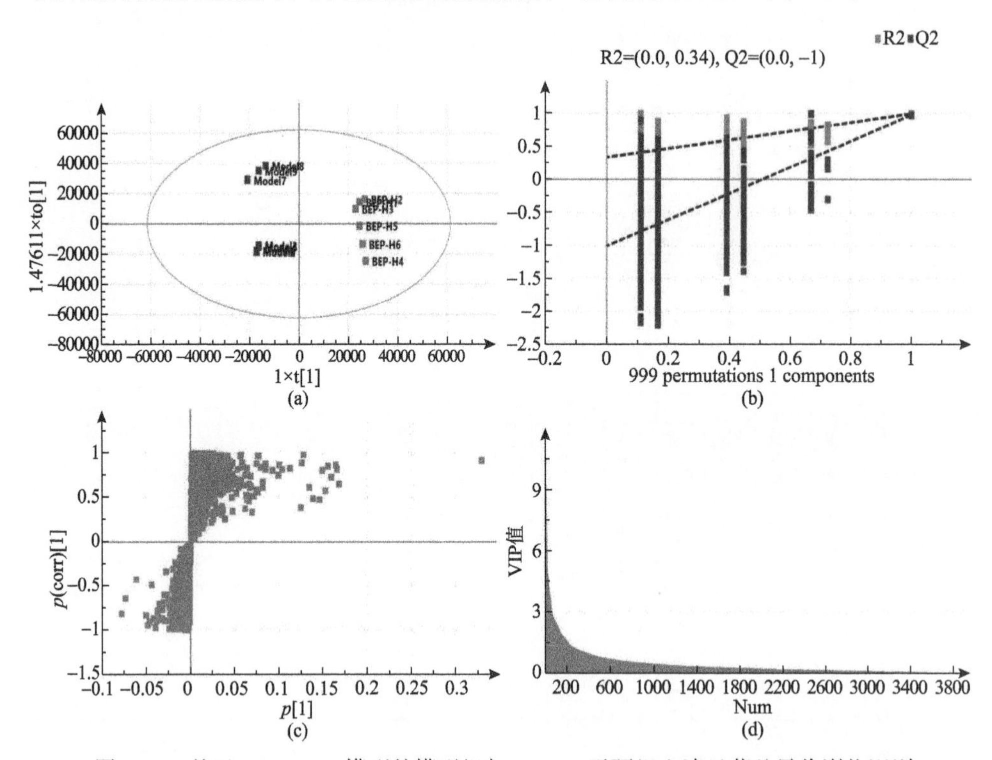

图 8-18　基于 OPLS-DA 模型的模型组与 BEP-H 干预组血清显著差异代谢物识别

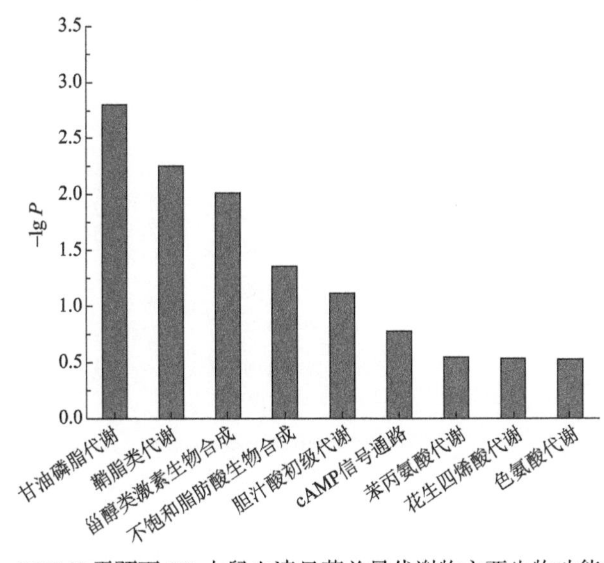

图 8-19　BEP-H 干预下 SD 大鼠血清显著差异代谢物主要生物功能富集情况

由图 8-18(a)可以看出，模型组与 BEP-H 干预组在 OPLS-DA 模型中分离良好，且模型响应排序检验结果[图 8-18(b)]表明 R2 和 Q2 截距分别为 0.34 和–1，其直线斜率远离水平线，证明模型拟合良好。*S*-plot 载荷图[图 8-18(c)]结果表明有 11 个点符合差异显著性标准，辅以 VIP 值分布结果[图 8-18(d)]可进一步在统计数量上确证 11 个化合物为皮肤光老化进程中血清代谢物的显著性差异物，基于 ESI 扫描的质谱数据库可识别出该组差异物的详细生物学信息，结果见表 8-8。

表 8-8　BEP-H 干预下 SD 大鼠血清显著差异代谢物及其强度相对变化

ID	VIP 值	R_t/min	*m*/*z*	代谢物	分子式	BEP-H/Model
1	20.7195	3.62	757.5648	PC[14:0/20:2(11*Z*,14*Z*)] (豆蔻酸-二十碳二烯酸磷脂酰胆碱)	$C_{42}H_{80}NO_8P$	2.51↑
2	10.6065	5.90	564.3302	LysoPC[18:2(9*Z*,12*Z*)] (亚油酸溶血卵磷脂)	$C_{26}H_{50}NO_7P$	1.45↑
3	10.6366	6.27	540.3299	LysoPC(16:0) (卵磷脂)	$C_{24}H_{50}NO_7P$	0.96↓
4	10.4574	9.55	808.5870	PC[16:0/22:5(4*Z*,7*Z*,10*Z*,13*Z*,16*Z*)] (棕榈酸-二十二碳五烯酸磷脂酰胆碱)	$C_{46}H_{82}NO_8P$	1.55↑
5	10.4079	3.67	783.5797	PC[14:1(9*Z*)/22:2(13*Z*,16*Z*)] (豆蔻油酸-二十二碳二烯酸磷脂酰胆碱)	$C_{44}H_{82}NO_8P$	2.13↑
6	9.66671	8.87	802.5630	PC[16:0/18:2(9*Z*,12*Z*)] (棕榈酸-十八碳二烯酸磷脂酰胆碱)	$C_{42}H_{80}NO_8P$	0.89↓

续表

ID	VIP 值	R_t/min	m/z	代谢物	分子式	BEP-H/Model
7	9.45392	5.89	519.2689	Ile、Pro、Gln、Tyr（异亮氨酸、脯氨酸、谷氨酰胺、酪氨酸）	$C_{25}H_{37}N_5O_7$	1.34↑
8	9.25984	6.27	540.3299	LysoPC (16:0)（溶血卵磷脂）	$C_{24}H_{50}NO_7P$	1.45↑
9	7.15851	4.68	408.2864	allocholic acid（别胆酸）	$C_{24}H_{40}O_5$	0.38↓
10	8.73278	4.54	274.2728	C16 sphinganine（鞘氨醇）	$C_{16}H_{35}NO_2$	1.39↑
11	8.49471	8.90	292.2772	6*R*,7*S*-epoxy-3*Z*,9*Z*-eicosadiene（二十碳二烯酸）	$C_{20}H_{36}O$	0.68↓

由表 8-8 可知，BEP-H 干预后 SD 大鼠血清代谢物在种类和数量上发生了显著变化，其中化合物豆蔻酸-二十碳二烯酸磷脂酰胆碱、亚油酸溶血卵磷脂、棕榈酸-二十二碳五烯酸磷脂酰胆碱、豆蔻油酸-二十二碳二烯酸磷脂酰胆碱、氨基酸类（异亮氨酸、脯氨酸、谷氨酰胺、酪氨酸）、溶血卵磷脂及鞘氨醇发生了上调，而卵磷脂、棕榈酸-十八碳二烯酸磷脂酰胆碱、别胆酸、二十碳二烯酸发生了下调。将上述化合物进行功能聚类，结果见图 8-19。表明上述差异代谢物生物功能主要富集在甘油磷脂代谢、鞘脂类代谢、甾醇类激素生物合成、花生四烯酸代谢，以及色氨酸代谢途径。参照已有的生化代谢途径及表 8-8 中差异代谢物的比值变化，可以绘出 BEP-H 干预皮肤光老化的主要代谢途径变化，结果见图 8-20。

由图 8-20 可以看出，与 BEP-M 干预相比，BEP-H 干预后甘油磷脂代谢途径、脂肪消化吸收途径、不饱和脂肪酸合成途径、花生四烯酸代谢途径、胆汁酸和牛磺酸代谢途径、氨基酸代谢途径均发生明显变化。对比表 8-7 及表 8-8 数据得知，甘油磷脂代谢途径中关键代谢物卵磷脂在 BEP-M 干预与模型组的 FC 值为 0.93，而 BEP-H 干预与模型组为 0.96，进一步轻微增加；溶血卵磷脂在 BEP-M 干预与模型组的 FC 值为 0.88，而 BEP-H 干预与模型组为 1.45，增加了 64.77%；鞘氨醇在 BEP-H 干预后其 FC 值上升至 1.39，较 BEP-M 干预时的 0.75 增加了 85.33%，提示细胞膜因氧化应激造成的结构损伤可得到进一步的改善。

同时，长链脂肪酸磷脂水平有了进一步提高，其中差异代谢物豆蔻油酸-二十二碳二烯酸磷脂酰胆碱在 BEP-M 干预与模型组的 FC 值为 1.72，而 BEP-H 干预与模型组 FC 值为 2.13，增加了 23.83%；豆蔻酸-二十二碳四烯酸磷脂酰胆碱在 BEP-M 与模型组的 FC 值为 1.93，而在 BEP-H 与模型组的 FC 值为 2.51，增加了 30.05%。根据以上磷脂类化合物在 BEP-H 干预下的变化可以推测，磷脂代谢产物

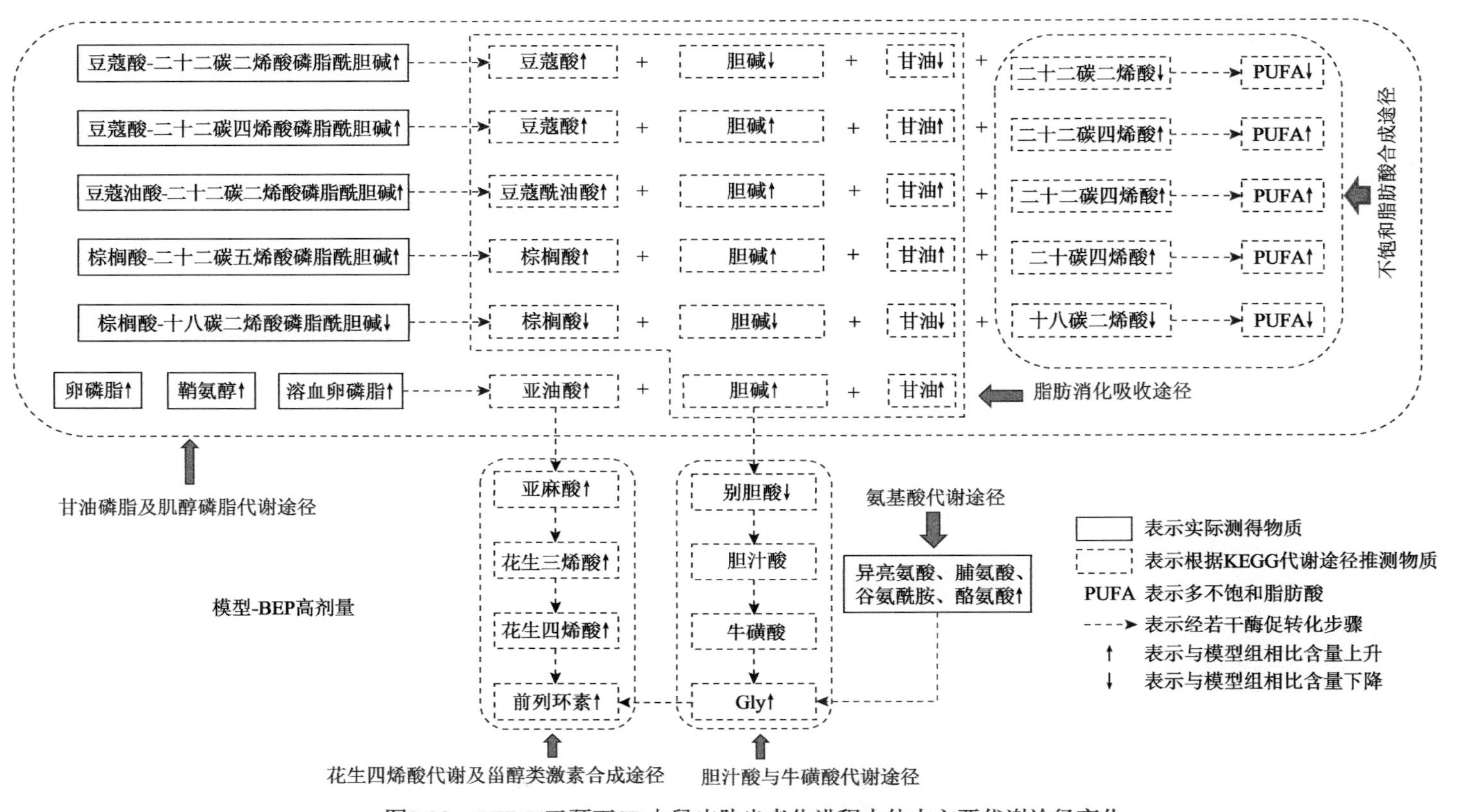

图8-20　BEP-H干预下SD大鼠皮肤光老化进程中体内主要代谢途径变化

胆碱和甘油水平将有明显增加，而胆碱水平与脂肪的消化吸收密切相关，因此提示脂肪消化吸收途径将会增强，从而改善动物的能量代谢和生长性能。根据磷脂代谢途径可以得知长链脂肪酸含量将进一步增加，由此推测 PUFA 合成能力将有所增强，而多不饱和脂肪酸合成的增加有助于减轻皮肤屏障结构损伤，表明食源肽 BEP-H 干预后皮肤屏障功能较 BEP-M 干预得到进一步的改善。

基于甘油磷脂途径中卵磷脂和溶血卵磷脂水平的增加可以推测其代谢产物中油酸、亚油酸含量将有一定程度的增加，这将为花生四烯酸代谢途径的增强提供充足原料。同时，别胆酸水平在 BEP-H 干预后其 FC 值由 BEP-M 干预时的 0.45 降至 0.38，下降了 15.56%，表明胆汁酸代谢途径将进一步受到抑制，鉴于胆汁酸浓度与肝脏和结肠功能的密切相关性，胆汁酸水平的降低意味着肝脏和肠道的氧化和炎性胁迫得到了一定程度的缓解。比较光老化诱导及不同剂量 BEP 干预下的 SD 大鼠血清关键差异代谢物种类及其 FC 值变化，可整体解析 BEP 改善皮肤光老化的代谢机制，结果见表 8-9。整体结果证明 BEP 干预可呈剂量-效应关系调节甘油磷脂代谢途径、花生四烯酸代谢途径、胆汁酸代谢途径，这可能是 BEP 发挥内源性抗衰老的主要代谢调控机制。

表 8-9　光老化诱导及 BEP 干预下 SD 大鼠血清关键差异代谢物种类及其 FC 变化

正常对照组/模型组		BEP-L/模型组		BEP-M/模型组		BEP-H/模型组	
关键差异代谢物	FC	关键差异代谢物	FC	关键差异代谢物	FC	关键差异代谢物	FC
卵磷脂	1.46	卵磷脂	0.91	卵磷脂	0.93	卵磷脂	0.96
溶血卵磷脂	1.90	溶血卵磷脂	0.83	溶血卵磷脂	0.88	溶血卵磷脂	1.45
—	—	鞘氨醇	0.80	鞘氨醇	0.75	鞘氨醇	1.39
γ-亚麻酸-十八碳烯酸磷脂酰胆碱	1.83	γ-亚麻酸-十八碳烯酸磷脂酰胆碱	0.84	—	—	—	—
—	—	豆蔻油酸-二十二碳二烯酸磷脂酰胆碱	1.55	豆蔻油酸-二十二碳二烯酸磷脂酰胆碱	1.93	豆蔻油酸-二十二碳二烯酸磷脂酰胆碱	2.13
花生四烯酸	1.80	—	—	—	—	—	—
—	—	脱氢胆固醇	0.56	—	—	—	—
—	—	前列环素	1.62	前列环素	1.89	—	—
别胆酸	0.07	别胆酸	0.65	别胆酸	0.43	别胆酸	0.38
—	—	—	—	—	—	异亮氨酸、脯氨酸、谷氨酰胺、酪氨酸	1.34
半胱氨酸、异亮氨酸、蛋氨酸	0.85	—	—	—	—	—	—

续表

正常对照组/模型组		BEP-L/模型组		BEP-M/模型组		BEP-H/模型组	
关键差异代谢物	FC	关键差异代谢物	FC	关键差异代谢物	FC	关键差异代谢物	FC
羰基乙醇酰胺	6.16	羰基乙醇酰胺	0.18	羰基乙醇酰胺	0.54	—	—
十六碳烯酸-二十二碳二烯酸磷脂酰胆碱	1.58	十六碳烯酸-二十二碳二烯酸磷脂酰胆碱	0.54	十六碳烯酸-二十二碳二烯酸磷脂酰胆碱	0.83	—	—
—	—	豆蔻酸-二十碳二烯酸磷脂酰胆碱	1.71	豆蔻酸-二十碳二烯酸磷脂酰胆碱	1.93	豆蔻酸-二十碳二烯酸磷脂酰胆碱	2.51
—	—	豆蔻酸-二十二碳四烯酸磷脂酰胆碱	1.74	豆蔻酸-二十二碳四烯酸磷脂酰胆碱	1.93	—	—
硬脂酰-二十二碳六烯酸磷脂酰胆碱	1.42	硬脂酰-二十二碳六烯酸磷脂酰胆碱	0.76	—	—	—	—
二十碳二烯酸	1.18	—	—	—	—	二十碳二烯酸	0.68
—	—	棕榈酸-二十碳四烯酸磷脂酰胆碱	1.31	棕榈酸-二十碳四烯酸磷脂酰胆碱	1.35	—	—
—	—	—	—	—	—	棕榈酸-二十二碳五烯酸磷脂酰胆碱	1.55
—	—	—	—	棕榈酸-十八碳二烯酸磷脂酰胆碱	0.97	棕榈酸-十八碳二烯酸磷脂酰胆碱	0.89
软脂酰-二十二碳五烯酸磷脂酰胆碱	1.52	—	—	—	—	—	—
—	—	—	—	异油酸-二十碳三烯酸磷脂酰肌醇	34.63	—	—
		二十一碳烷酸-二十二碳六烯酸磷脂酰乙醇胺	0.58				
		十七碳烯酸-二十二碳烷酸磷脂酰丝氨酸	0.73				

注：“—”表示无显著差异代谢物。

8.3.5 JRP-L 干预下 SD 大鼠血清显著差异代谢物识别及代谢途径解析

以模型组血清代谢物为对照，采用 OPLS-DA 模型考察 JRP-L 干预对血清代谢的干预效应，识别关键差异代谢物，然后基于 HDMB、KEGG 数据库及 MBRole 软件进行功能富集分析与代谢途径信息挖掘，结果见图 8-21～图 8-23。

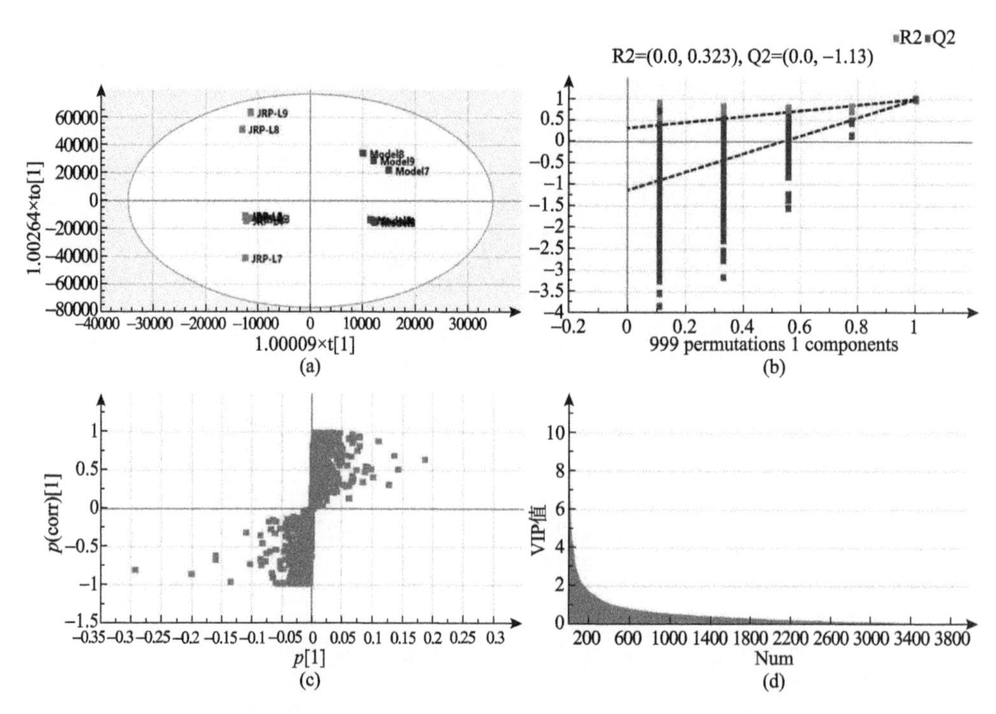

图 8-21 基于 OPLS-DA 模型的模型组与 JRP-L 干预组血清显著差异代谢物识别

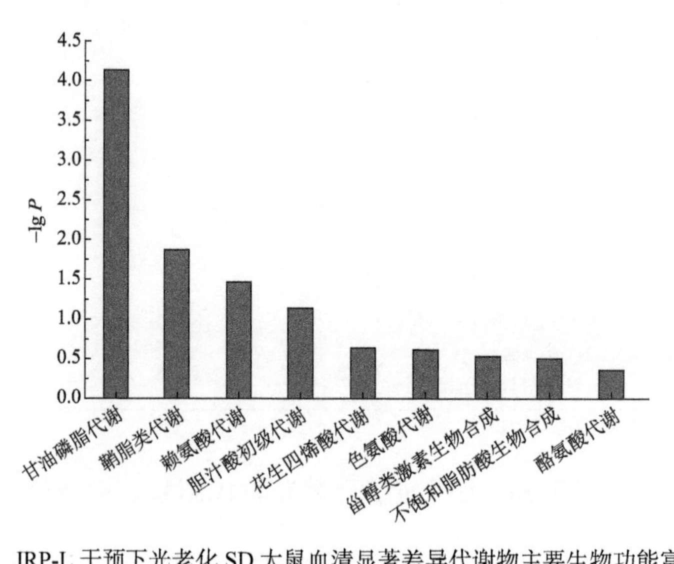

图 8-22 JRP-L 干预下光老化 SD 大鼠血清显著差异代谢物主要生物功能富集情况

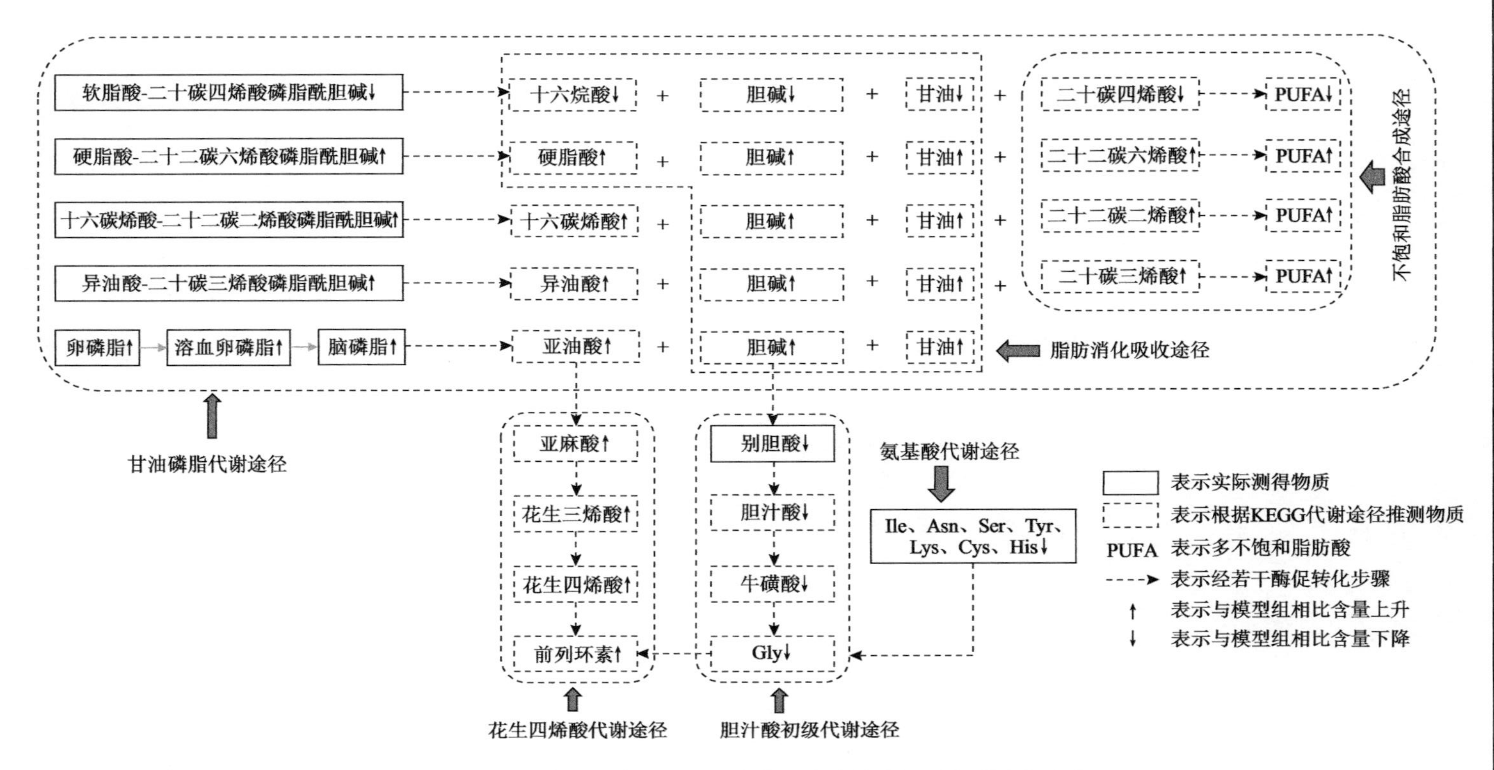

图8-23　JRP-L干预下SD大鼠皮肤光老化进程中体内主要代谢途径变化

由图 8-21(a)可以看出，模型组与 JRP-L 干预组在 OPLS-DA 模型中分离良好，且模型响应排序检验结果[图 8-21(b)]表明 R2 和 Q2 截距分别为 0.323 和 –1.13，其直线斜率远离水平线，证明模型拟合良好。*S*-plot 载荷图[图 8-21(c)]结果表明有 10 个点符合差异显著性标准，辅以 VIP 值分布结果[图 8-21(d)]可进一步在统计数量上确证 10 个化合物为皮肤光老化进程中血清代谢物的显著性差异物，基于 ESI 扫描的质谱数据库可识别出该组差异物的详细生物学信息，结果见表 8-10。

表 8-10 JRP-L 干预下光老化 SD 大鼠血清显著差异代谢物及其相对变化

ID	VIP 值	R_t/min	*m/z*	代谢物	分子式	JRP-L/Model
1	18.4396	8.67	782.5722	PC[16:0/20:4(8*Z*,11*Z*,14*Z*,17*Z*)] (软脂酸-二十碳四烯酸磷脂酰胆碱)	$C_{44}H_{80}NO_8P$	0.97↓
2	12.6587	13.85	885.5539	PI[18:1(11*Z*)/20:3(5*Z*,8*Z*,11*Z*)] (异油酸-二十碳三烯酸磷脂酰胆碱)	$C_{47}H_{83}O_{13}P$	1.26↑
3	11.7898	9.26	834.6047	PC[18:0/22:6(4*Z*,7*Z*,10*Z*,13*Z*,16*Z*,19*Z*)] (硬脂酸-二十二碳六烯酸磷脂酰胆碱)	$C_{48}H_{84}NO_8P$	1.36↑
4	10.1222	7.58	537.3780	PC(O-16:0/3:0) (卵磷脂)	$C_{27}H_{56}NO_7P$	0.57↓
5	8.99543	4.68	408.2864	allocholic acid (别胆酸)	$C_{24}H_{40}O_5$	0.88↓
6	10.0341	8.67	810.6033	1-stearoyl-2-arachidonoyl (脑磷脂)	$C_{46}H_{84}NO_8P$	1.38↑
7	8.98065	6.26	496.2414	Ile、Asn、Ser、Tyr (异亮氨酸、天冬酰胺、丝氨酸、酪氨酸)	$C_{22}H_{33}N_5O_8$	0.99↓
8	8.58792	7.24	524.2396	Lys、Cys、His (赖氨酸、半胱氨酸、组氨酸)	$C_{21}H_{33}N_9O_5S$	0.46↓
9	8.49127	3.17	582.2884	Cascaroside C (药鼠李素苷)	$C_{27}H_{32}O_{13}$	1.41↑
10	8.00798	9.46	812.6189	PC[16:1(9*Z*)/22:2(13*Z*,16*Z*)] (十六碳烯酸-二十二碳二烯酸磷脂酰胆碱)	$C_{46}H_{86}NO_8P$	1.25↑

由表 8-10 可知，JRP-L 干预后 SD 大鼠血清代谢物在种类和数量上发生了显著变化，其中化合物异油酸-二十碳三烯酸磷脂酰胆碱、硬脂酸-二十二碳六烯酸磷脂酰胆碱、脑磷脂、药鼠李素苷、十六碳烯酸-二十二碳二烯酸磷脂酰胆碱发生了上调，而别胆酸、软脂酸-二十碳四烯酸磷脂酰胆碱、部分氨基酸(异亮氨酸、天冬酰胺、丝氨酸、酪氨酸、赖氨酸)发生了不同程度的下调。将上述化合物经过

搜索 HMDB 数据库及 KEGG 数据库进行功能聚类，结果见图 8-22。发现上述差异代谢物生物功能主要富集在甘油磷脂代谢、鞘脂类代谢、赖氨酸代谢、胆汁酸初级代谢、甾醇类激素生物合成、花生四烯酸代谢，以及赖氨酸代谢途径，与 BEP 干预下在部分氨基酸代谢与鞘脂类代谢途径上有一定差别。参照已有的生化代谢途径及表 8-10 中差异代谢物的比值变化，可以绘出 JRP-L 干预下皮肤光老化的主要代谢途径变化，结果见图 8-23。

由图 8-23 可以看出，JRP-L 干预后甘油磷脂代谢途径发生改变，结合表 8-10 和表 8-5 数据得知，代谢物异油酸-二十碳三烯酸磷脂酰胆碱、脑磷脂 FC 值分别为 1.26 和 1.38，十六碳烯酸-二十二碳二烯酸磷脂酰胆碱在模型与正常组的 FC 值为 1.58，而 JRP-L 干预与模型组的 FC 值为 1.25，略有降低。同时代谢物脑磷脂水平在 JRP-L 干预后其与模型组的 FC 值为 1.38，而模型与正常组并未有显著性差异，表明脑磷脂水平有明显的提升。由此可以推测油酸、亚油酸含量将有一定程度的增加，为花生四烯酸的生物合成提供了物质基础，从而促进甾醇类激素的合成，同时甘油磷脂代谢途径的中间产物胆碱也将有明显增加，直接为脂肪的消化吸收提供了动力。在甘油磷脂代谢途径变化的基础上进一步发现，别胆酸水平在 JRP-L 干预后较模型组有显著的降低，在模型组与正常组中 FC 值为 14.28，而在 JRP-L 干预与模型组的 FC 值为 0.88，是原来的 6.16%，同时由 Gly 含量及上游部分氨基酸含量的降低可以判断，氨基酸代谢途径也发生了明显改变，综合表明胆汁酸代谢途径受到一定的抑制，基于胆汁酸代谢途径与肝脏和肠道应激间的相关性，可以推测 JRP-L 干预将会在一定程度上改善肝脏和肠道的应激性胁迫。

8.3.6　JRP-M 干预下 SD 大鼠血清显著差异代谢物识别与代谢途径解析

以模型组血清代谢物为对照，采用 OPLS-DA 模型考察 JRP-M 干预对 SD 大鼠血清代谢的干预效应，识别关键差异代谢物，然后基于 HDMB、KEGG 数据库及 MBRole 软件进行功能富集分析与代谢途径信息挖掘，结果见图 8-24～图 8-26。

由图 8-24(a)可以看出，模型组与 JRP-M 干预组在 OPLS-DA 模型中分离良好，且模型响应排序检验结果[图 8-24(b)]表明 R2 和 Q2 截距分别为 0.0948 和 –0.623，其直线斜率远离水平线，证明模型拟合良好。*S*-plot 载荷图[图 8-24(c)]结果表明有 20 个点符合差异显著性标准，辅以 VIP 值分布结果[图 8-24(d)]可进一步在统计数量上确证 20 个化合物为皮肤光老化进程中血清代谢物的显著性差异物，基于 ESI 扫描的质谱数据库可识别出该组差异物的详细生物学信息，结果见表 8-11。

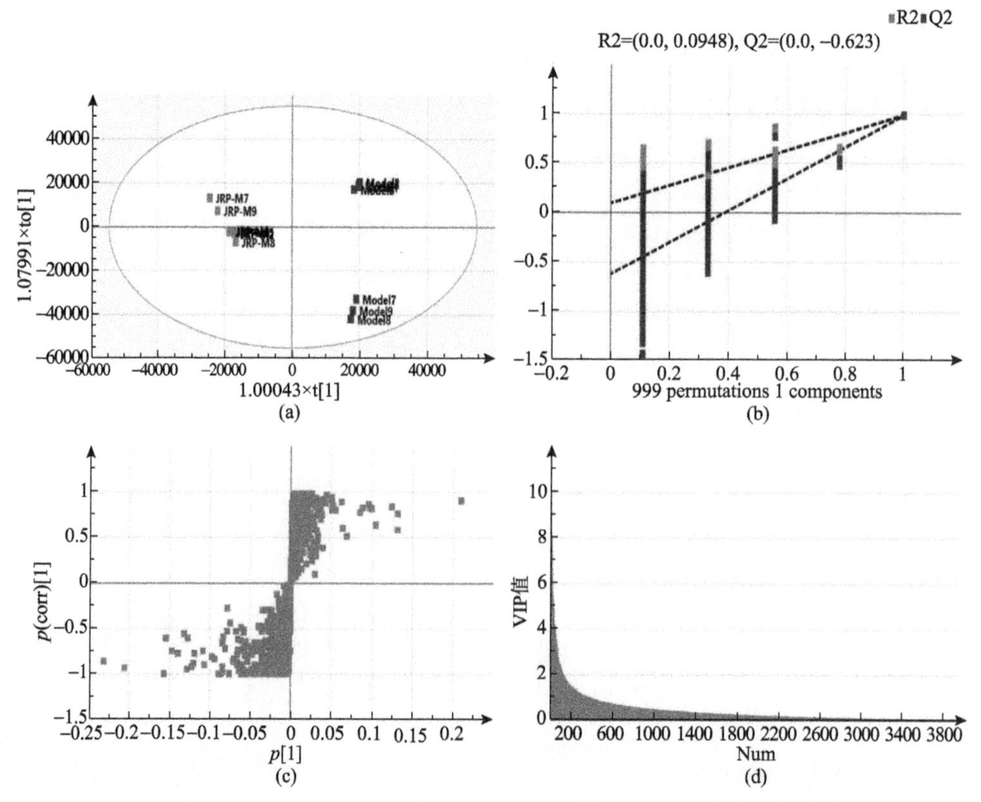

图 8-24 基于 OPLS-DA 模型的模型组与 JRP-M 干预组血清显著差异代谢物识别

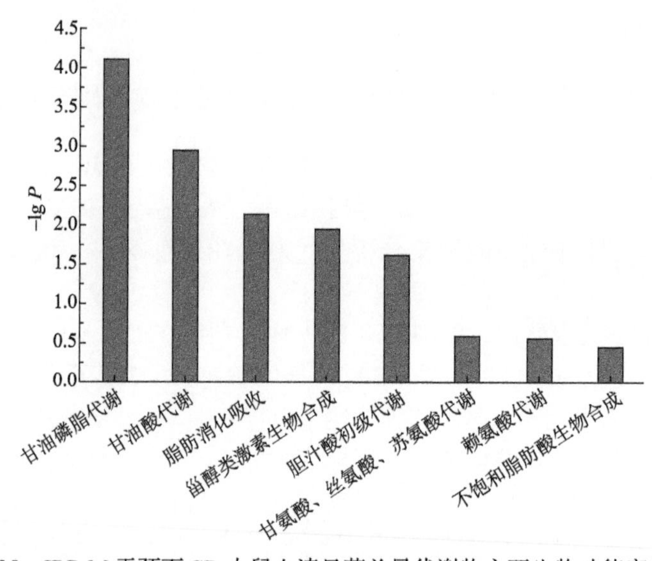

图 8-25 JRP-M 干预下 SD 大鼠血清显著差异代谢物主要生物功能富集情况

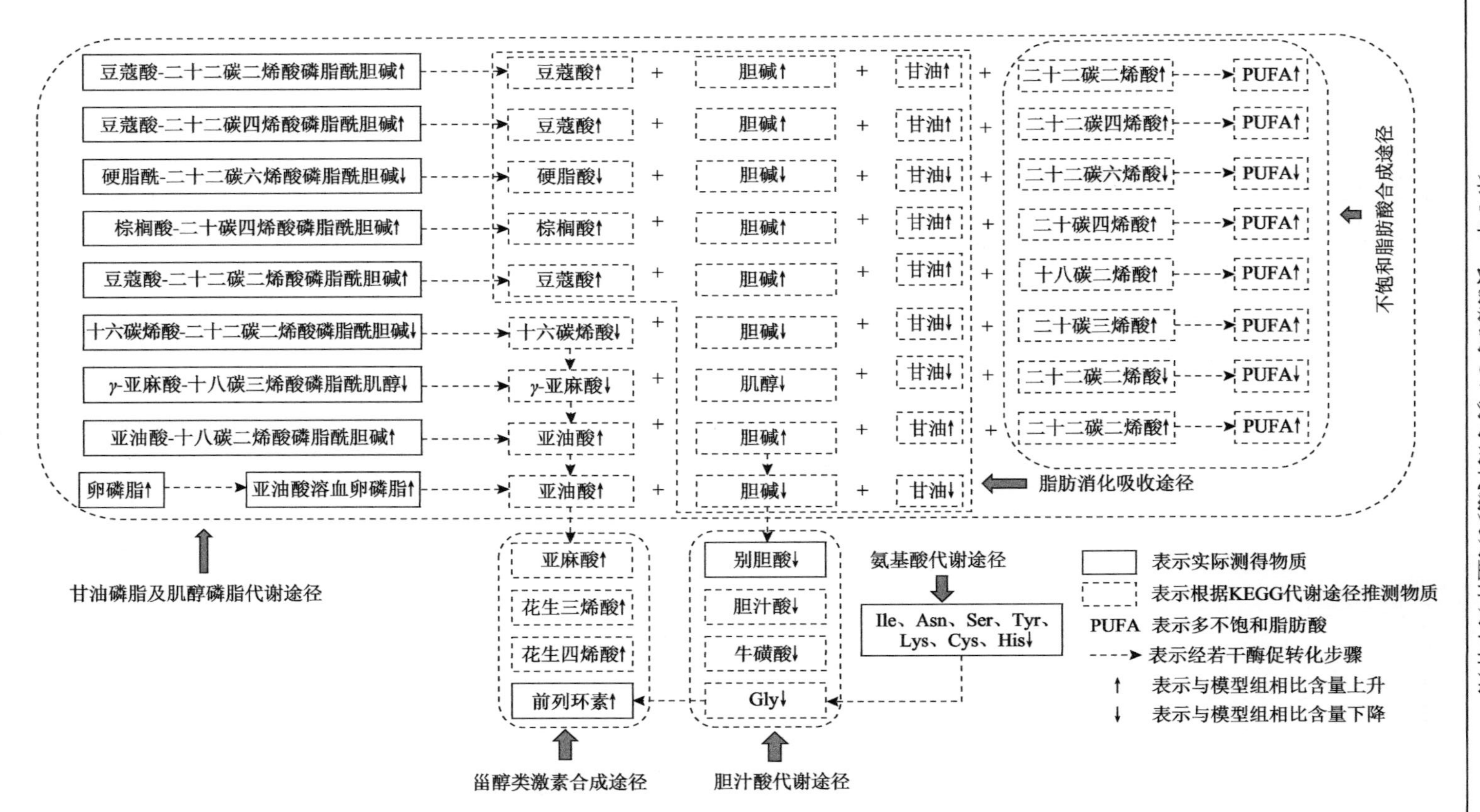

图8-26　JRP-M干预下SD大鼠皮肤光老化进程中体内主要代谢途径变化

表 8-11 JRP-M 干预下光老化 SD 大鼠血清显著差异代谢物及其强度相对变化

ID	VIP 值	R_t/min	*m/z*	代谢物	分子式	JRP-M/Model
1	14.6131	3.62	757.5648	PC[14:0/20:2(11*Z*,14*Z*)] (豆蔻酸-二十碳二烯酸磷脂酰胆碱)	$C_{42}H_{80}NO_8P$	1.49↑
2	13.2016	9.26	834.6047	PC[18:0/22:6(4*Z*,7*Z*,10*Z*,13*Z*,16*Z*,19*Z*)] (硬脂酰-二十二碳六烯酸磷脂酰胆碱)	$C_{48}H_{84}NO_8P$	1.32↑
3	12.9548	8.67	782.5722	PC[16:0/20:4(8*Z*,11*Z*,14*Z*,17*Z*)] (棕榈酸-二十碳四烯酸磷脂酰胆碱)	$C_{44}H_{80}NO_8P$	1.37↑
4	9.86676	13.85	885.5539	PI[18:1(11*Z*)/20:3(5*Z*,8*Z*,11*Z*)] (异油酸-二十碳三烯酸磷脂酰肌醇)	$C_{47}H_{83}O_{13}P$	1.22↑
5	9.71526	8.87	802.5630	PC[16:0/18:2(9*Z*,12*Z*)] (亚油酸-十八碳二烯酸磷脂酰胆碱)	$C_{42}H_{80}NO_8P$	1.18↑
6	9.28388	6.74	510.3547	LysoPC(17:0) (溶血卵磷脂)	$C_{25}H_{52}NO_7P$	0.81↓
7	8.83544	9.55	808.5870	PI[13:0/18:3(6*Z*,9*Z*,12*Z*)] (γ-亚麻酸-十八碳三烯酸磷脂酰肌醇)	$C_{40}H_{71}O_{13}P$	0.74↓
8	8.34424	5.90	564.3302	LysoPC[18:2(9*Z*,12*Z*)] (亚油酸溶血卵磷脂)	$C_{26}H_{50}NO_7P$	1.18↑
9	8.2574	9.46	812.6189	PC[16:1(9*Z*)/22:2(13*Z*,16*Z*)] (十六碳烯酸-二十二碳二烯酸磷脂酰胆碱)	$C_{46}H_{86}NO_8P$	1.18↑
10	8.99543	4.68	408.2864	allocholic acid (别胆酸)	$C_{24}H_{40}O_5$	0.31↓
11	8.21337	7.25	524.2738	Phe、Thr、Glu (苯丙氨酸、苏氨酸、谷氨酸)	$C_{24}H_{37}N_5O_8$	1.16↑
12	8.09178	7.58	537.3780	PC(O-16:0/3:0) (卵磷脂)	$C_{27}H_{56}NO_7P$	0.82↓
13	8.07092	8.90	292.2772	6*R*,7*S*-epoxy-3*Z*,9*Z*-eicosadiene (二十碳二烯酸)	$C_{20}H_{36}O$	0.46↓
14	7.80605	7.24	524.2396	Lys、Cys、His (赖氨酸、半胱氨酸、组氨酸)	$C_{21}H_{33}N_9O_5S$	0.62↓
15	7.76311	5.81	481.3165	PC(14:0/O-1:0) (豆蔻酸-磷脂酰胆碱)	$C_{23}H_{48}NO_7P$	0.84↓
16	7.54207	3.62	782.5728	PC[14:0/22:4(7*Z*,10*Z*,13*Z*,16*Z*)] (豆蔻酸-二十二碳四烯酸磷脂酰胆碱)	$C_{44}H_{80}NO_8P$	2.14↑
17	7.48672	3.63	802.5628	PT[18:0/18:1(9*Z*)] (硬脂酰-亚油酸磷脂酰甘油)	$C_{43}H_{82}NO_{10}P$	1.04↑
18	6.81882	3.67	783.5797	PC[14:1(9*Z*)/22:2(13*Z*,16*Z*)] (豆蔻酸-二十二碳二烯酸磷脂酰胆碱)	$C_{44}H_{82}NO_8P$	0.43↓
19	6.75992	9.33	734.5755	13,14-dihydro PGF-1a (前列环素)	$C_{20}H_{38}O_5$	2.80↑

续表

ID	VIP 值	R_t/min	*m/z*	代谢物	分子式	JRP-M/Model
20	6.52773	6.26	496.2414	Ile、Asn、Ser、Tyr（异亮氨酸、天冬酰胺、丝氨酸、酪氨酸）	$C_{22}H_{33}N_5O_8$	0.91↓

由表 8-11 可知，JRP-M 干预后 SD 大鼠血清代谢物在种类和数量上发生了显著变化，其中化合物豆蔻酸-二十碳二烯酸磷脂酰胆碱、硬脂酰-二十二碳六烯酸磷脂酰胆碱、棕榈酸-二十碳四烯酸磷脂酰胆碱、异油酸-二十碳三烯酸磷脂酰肌醇、亚油酸-十八碳二烯酸磷脂酰胆碱、亚油酸溶血卵磷脂、十六碳烯酸-二十二碳二烯酸磷脂酰胆碱、部分氨基酸（苯丙氨酸、赖氨酸、苏氨酸、谷氨酸）、豆蔻酸-二十二碳四烯酸磷脂酰胆碱、硬脂酰-亚油酸磷脂酰甘油、前列环素发生了上调，而溶血卵磷脂、γ-亚麻酸-十八碳三烯酸磷脂酰肌醇、别胆酸、二十碳二烯酸、部分氨基酸（赖氨酸、半胱氨酸、组氨酸、异亮氨酸、天冬酰胺、丝氨酸、酪氨酸）、豆蔻酸-磷脂酰胆碱、豆蔻酸-二十二碳二烯酸磷脂酰胆碱发生了不同程度的下调，将上述化合物经过功能聚类，结果见图 8-25。可以看出，上述差异代谢物生物功能主要富集在甘油磷脂代谢、赖氨酸代谢、胆汁酸初级代谢、甾醇类激素生物合成。参照已有生化代谢途径及表 8-11 中差异代谢物比值变化，可绘出 JRP-M 干预皮肤光老化的主要代谢途径变化，结果见图 8-26。

由图 8-26 可以看出，JRP-M 干预后甘油磷脂代谢途径进一步发生改变，结合表 8-11 数据得知，代谢物卵磷脂在 JRP-M 干预时其与模型组的 FC 值为 0.82，而在 JRP-L 干预时其与模型组的比值为 0.57，相比增加了 43.86%，同时亚油酸溶血卵磷脂在 JRP-M 干预后其与模型组的 FC 值为 1.18，而其他组并未有显著性差异，表明卵磷脂水平有明显的提升，提示细胞膜损伤得到了明显修复。代谢物 γ-亚麻酸-十八碳三烯酸磷脂酰肌醇、亚油酸-十八碳二烯酸磷脂酰胆碱在 JRP-M 干预后其与模型组的 FC 值分别为 0.74 和 1.18，而其他组并未有显著性差异，提示代谢产物中油酸、亚油酸含量将有一定程度的增加，这将为花生四烯酸的生物合成提供原料。

同时不难发现，豆蔻酸-二十二碳四烯酸磷脂酰胆碱、棕榈酸-二十碳四烯酸磷脂酰胆碱、豆蔻酸-二十碳二烯酸磷脂酰胆碱甘油、豆蔻酸-二十二碳二烯酸磷脂酰胆碱、硬脂酰-亚油酸磷脂酰甘油在 JRP-M 干预时其与模型组的 FC 值分别为 2.14、1.37、1.49、0.43、1.04，而其他组并未有显著性差异，推测磷脂代谢途径的中间产物胆碱和甘油水平也将有明显提高，从而为脂肪的消化吸收提供了辅助动力，并为 PUFA 的生物合成奠定原料基础。进一步分析甘油磷脂代谢途径发现，别胆酸水平在 JRP-M 干预后较模型组有了显著的降低，在 JRP-L 干预与模型组的 FC 值为 0.88，而在 JRP-M 干预后其与模型组的 FC 值为 0.31，下降了 64.77%，同时由 Gly 及上游部分氨基酸含量的降低可以判断，氨基酸代谢途径也发生了明显改变，综合表明胆汁酸代谢途径受到了明显抑制。基于胆汁酸代谢途径与肝脏和肠道应激间的相关性，可以推测 JRP 干预将会在一定程度上改善肝脏和肠道应激性胁迫。

8.3.7 JRP-H 干预下 SD 大鼠血清显著差异代谢物识别及代谢途径解析

以模型组血清代谢物为对照，采用 OPLS-DA 模型考察 JRP-H 干预对血清代谢的干预效应，识别关键差异代谢物，然后基于 HDMB、KEGG 数据库及 MBRole 软件进行功能富集分析与代谢途径信息挖掘，结果见图 8-27～图 8-29。

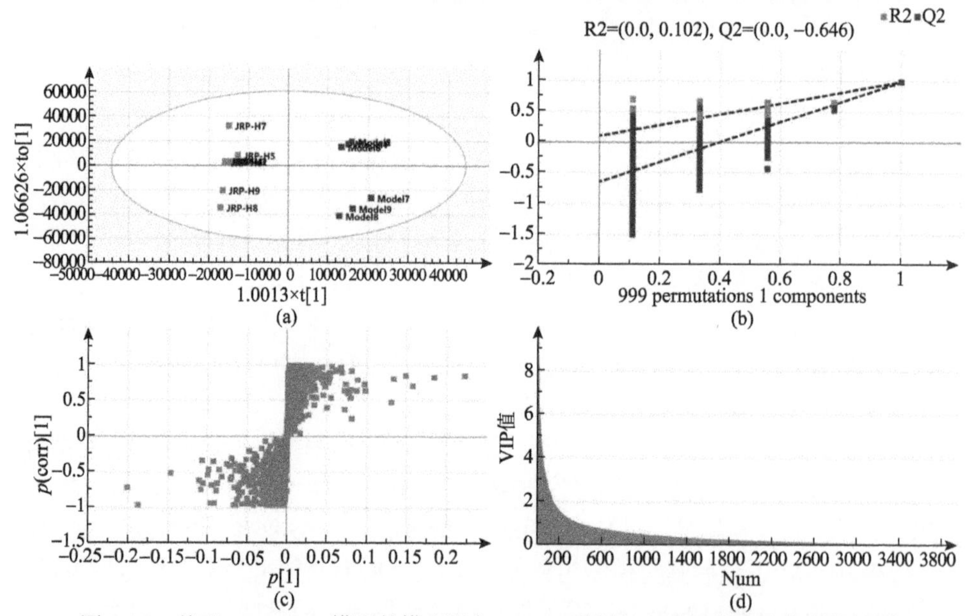

图 8-27　基于 OPLS-DA 模型的模型组与 JRP-H 干预组血清显著差异代谢物识别

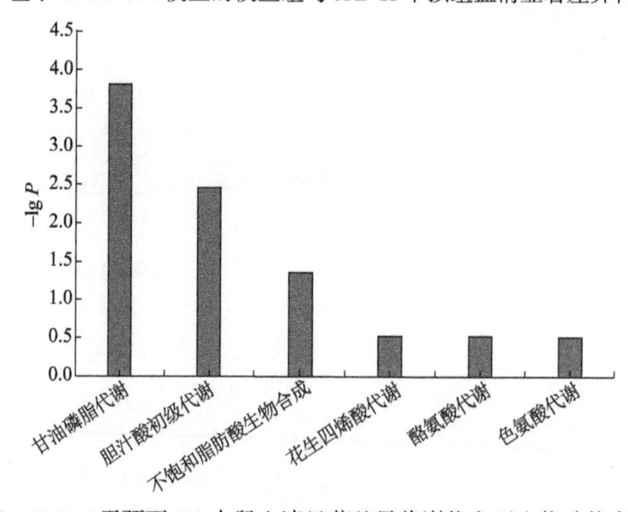

图 8-28　JRP-H 干预下 SD 大鼠血清显著差异代谢物主要生物功能富集情况

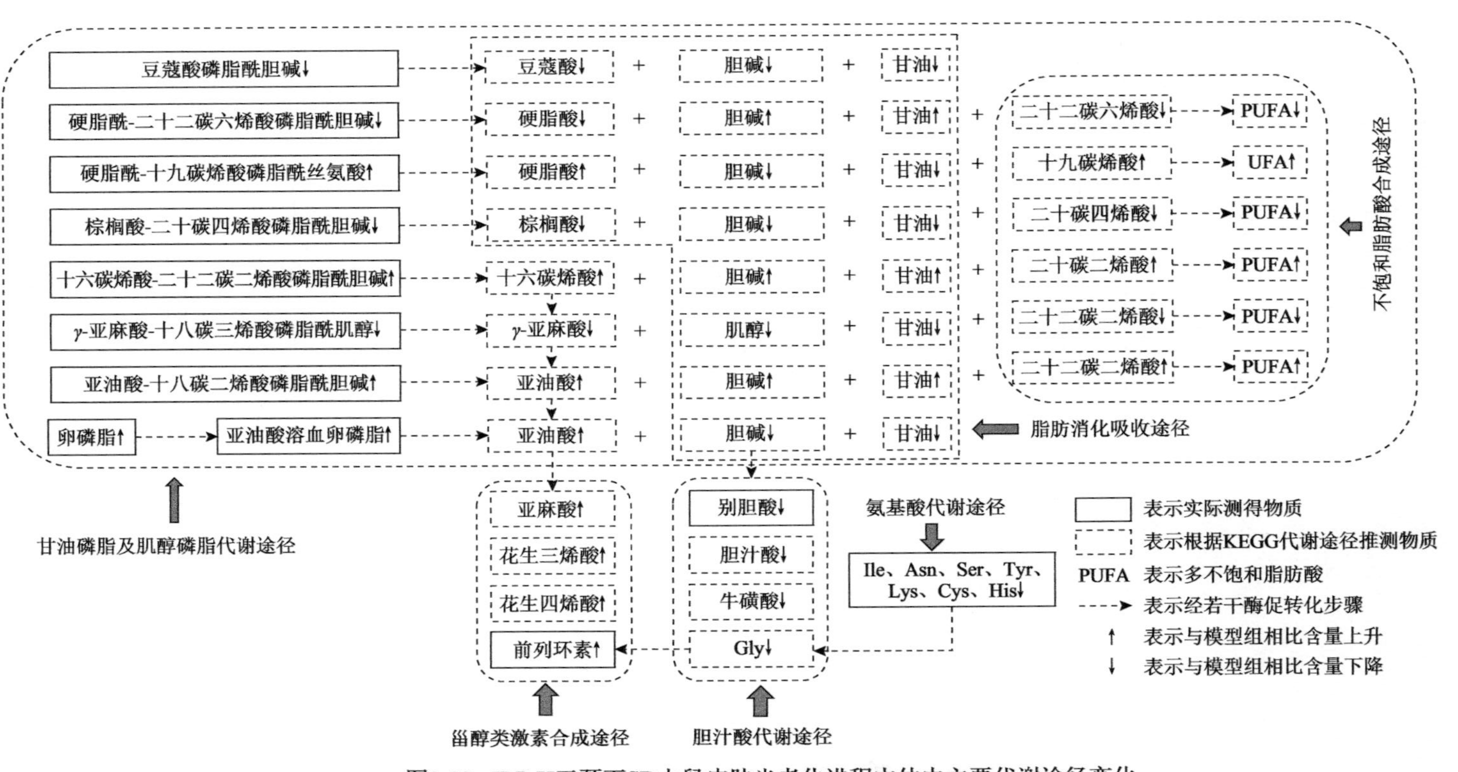

图8-29　JRP-H干预下SD大鼠皮肤光老化进程中体内主要代谢途径变化

由图 8-27(a)可以看出,模型组与 JRP-H 干预组在 OPLS-DA 模型中分离良好,且模型响应排序检验结果[图 8-27(b)]表明 R2 和 Q2 截距分别为 0.102 和−0.646,其直线斜率远离水平线，证明模型拟合良好。*S*-plot 载荷图[图 8-27(c)]结果表明有 14 个点符合差异显著性标准，辅以 VIP 值分布结果[图 8-27(d)]可进一步在统计数量上确证 14 个化合物为皮肤光老化进程中血清代谢物的显著性差异物,基于 ESI 扫描矩阵可识别出该组差异物的详细生物学信息，结果见表 8-12。

表 8-12　JRP-H 干预下光老化 SD 大鼠血清显著差异代谢物及其强度相对变化

ID	VIP 值	R_t/min	*m*/*z*	代谢物	分子式	JRP-H/Model
1	13.9505	9.26	834.6047	PC[18:0/22:6(4*Z*,7*Z*,10*Z*,13*Z*,16*Z*,19*Z*)] (硬脂酸酰-二十二碳六烯酸磷脂酰胆碱)	$C_{48}H_{84}NO_8P$	1.87↑
2	12.6359	8.67	782.5722	PC[16:0/20:4(8*Z*,11*Z*,14*Z*,17*Z*)] (棕榈酸-二十碳四烯酸磷脂酰胆碱)	$C_{44}H_{80}NO_8P$	0.84↓
3	8.09178	7.58	537.3780	PC(O-16:0/3:0) (卵磷脂)	$C_{27}H_{56}NO_7P$	1.12↑
4	9.28388	6.74	510.3547	LysoPC(17:0) (溶血卵磷脂)	$C_{25}H_{52}NO_7P$	0.93↓
5	11.7379	13.85	885.5539	PI[18:1(11*Z*)/20:3(5*Z*,8*Z*,11*Z*)] (异油酸-二十碳三烯酸磷脂酰肌醇)	$C_{47}H_{83}O_{13}P$	1.11↑
6	9.94114	6.26	496.2414	Ile、Asn、Ser、Tyr (异亮氨酸、天冬酰胺、丝氨酸、酪氨酸)	$C_{22}H_{33}N_5O_8$	1.06↑
7	9.34505	7.24	524.2396	Lys、Cys、His (赖氨酸、半胱氨酸、组氨酸)	$C_{21}H_{33}N_9O_5S$	0.53↓
8	9.26362	8.90	292.2772	6*R*,7*S*-epoxy-3*Z*,9*Z*-eicosadiene (二十二碳二烯酸)	$C_{20}H_{36}O$	0.48↓
9	8.34885	9.65	789.5903	PS[O-18:0/19:1(9*Z*)] (硬脂酰-十九碳烯酸磷脂酰丝氨酸)	$C_{43}H_{84}NO_9P$	1.66↑
10	8.24812	9.46	812.6189	PC[16:1(9*Z*)/22:2(13*Z*,16*Z*)] (十六碳烯酸-二十二碳二烯酸磷脂酰胆碱)	$C_{46}H_{86}NO_8P$	1.28↑
11	6.93803	7.95	304.2401	8,11-eicosadiynoic acid (二十碳烯酸)	$C_{20}H_{32}O_2$	0.91↓
12	6.78091	5.81	481.3165	PC(14:0/O-1:0) (豆蔻酸磷脂酰胆碱)	$C_{23}H_{48}NO_7P$	0.92↓
13	8.99543	4.68	408.2864	allocholic acid (别胆酸)	$C_{24}H_{40}O_5$	0.17↓
14	8.83544	9.55	808.5870	PI[13:0/18:3(6*Z*,9*Z*,12*Z*)] (*γ*-亚麻酸-十八碳三烯酸磷脂酰肌醇)	$C_{40}H_{71}O_{13}P$	1.15↑

由表 8-12 可知，JRP-H 干预后 SD 大鼠血清代谢物在种类和数量上发生了显著变化，其中代谢物硬脂酸酰-二十二碳六烯酸磷脂酰胆碱、卵磷脂、异油酸-二十碳三烯酸磷脂酰肌醇、硬脂酰-十九碳烯酸磷脂酰丝氨酸、部分氨基酸(异亮氨酸、天冬酰胺、丝氨酸、酪氨酸)、十六碳烯酸-二十二碳二烯酸磷脂酰胆碱、γ-亚麻酸-十八碳三烯酸磷脂酰肌醇发生了上调，而硬脂酸-二十二碳六烯酸磷脂酰胆碱、棕榈酸-二十碳四烯酸磷脂酰胆碱、溶血卵磷脂、部分氨基酸(赖氨酸、半胱氨酸、组氨酸)、二十二碳二烯酸、二十碳烯酸、豆蔻酸磷脂酰胆碱、别胆酸发生了不同程度的下调。

将上述化合物进行功能聚类，结果见图 8-28。表明上述差异代谢物生物功能主要富集在甘油磷脂代谢、胆汁酸初级代谢、花生四烯酸代谢途径。参照已有生化代谢途径及表 8-12 中差异代谢物比值变化,可绘出 JRP-H 干预皮肤光老化的主要代谢途径变化，结果见图 8-29。

由图 8-29 可以看出，JRP-H 干预后甘油磷脂代谢途径发生进一步改变，结合表 8-12 和表 8-5 数据得知,卵磷脂由 JRP-M 干预时的 0.82 提升至 JRP-H 的 1.12，提升了 36.59%；溶血卵磷脂由 JRP-M 干预时的 0.81 提升至 JRP-H 的 0.93，提升了 14.81%；γ-亚麻酸-十八碳三烯酸磷脂酰肌醇由 JRP-M 干预时的 0.74 提升至 JRP-H 的 1.15，提升了 55.41%，以上变化为花生四烯酸的合成提供了充足原料，提示 JRP-H 干预将进一步增强花生四烯酸合成，从而增加甾醇类激素的含量，强化生理活性调节。

进一步比较长链脂肪酸磷脂强度变化可以发现,硬脂酰-二十二碳六烯酸磷脂酰胆碱在 JRP-H 与模型组中的 FC 值为 1.87，而在 JRP-L 干预与模型组的 FC 值为 1.32，增加了 41.67%；十六碳烯酸-二十二碳二烯酸磷脂酰胆碱在 JRP-M 干预与模型组的 FC 值为 1.18，而在 JRP-H 与模型组中 FC 为 1.28，有进一步增加；豆蔻酸磷脂酰胆碱在 JRP-M 干预与模型组的 FC 值为 0.84，而在 JRP-H 与模型组中的 FC 值为 0.92，增加了 9.5%。以上结果充分证明 JRP-H 干预进一步促进了磷脂等脂类代谢，增加机体长链脂肪酸、胆碱、肌醇、甘油等组分含量，促进脂肪的消化吸收及 PUFA 的生物合成，改善动物生长性能并修复受损皮肤屏障结构，提升皮肤屏障功能。

在甘油磷脂代谢途径的基础上,进一步考察 JRP-H 对胆汁酸代谢途径的影响，检测发现别胆酸水平在 JRP-H 干预后较 JRP-M 干预有了显著降低，在 JRP-M 干预与模型组的 FC 值为 0.31，而在 JRP-H 干预后变为 0.17，下降了 45.16%，同时由 Gly 含量及上游部分氨基酸含量的降低可以判断，氨基酸代谢途径也发生了明显改变。综合表明，胆汁酸代谢途径受到了一定的抑制，基于胆汁酸代谢途径与肝脏和肠道应激间的相关性，可以推测 JRP-H 干预将会进一步改善肝脏和肠道的应激性胁迫。

比较光老化诱导及不同剂量 JRP 干预下的 SD 大鼠血清关键差异代谢物种类及其FC值变化，有助于整体解析JRP改善皮肤光老化的代谢机制，结果见表8-13。通过整体比较显著差异代谢物在不同干预剂量下的 FC 变化，结果证明 JRP 干预可呈剂量-效应关系调节甘油磷脂代谢途径、花生四烯酸代谢途径、胆汁酸代谢途径，这可能是 JRP 发挥内源性抗衰老的主要代谢调控机制，其代谢调控途径基本与 BEP 一致。

表 8-13 光老化诱导及 JRP 干预下 SD 大鼠血清关键差异代谢物种类及其 FC 值变化

正常对照组/模型组		JRP-L/模型组		JRP-M/模型组		JRP-H/模型组	
关键差异代谢物	FC	关键差异代谢物	FC	关键差异代谢物	FC	关键差异代谢物	FC
卵磷脂	1.46	卵磷脂	0.57	卵磷脂	0.82	卵磷脂	1.12
溶血卵磷脂	1.90	—	—	溶血卵磷脂	0.81	溶血卵磷脂	0.93
—	—	脑磷脂	1.38	—	—	—	—
—	—	—	—	亚油酸溶血卵磷脂	1.18	—	—
硬脂酰-二十二碳六烯酸磷脂酰胆碱	1.42	硬脂酰-二十二碳六烯酸磷脂酰胆碱	1.36	硬脂酰-二十二碳六烯酸磷脂酰胆碱	1.32	硬脂酰-二十二碳六烯酸磷脂酰胆碱	1.87
十六碳烯酸-二十二碳二烯酸磷脂酰胆碱	1.58	十六碳烯酸-二十二碳二烯酸磷脂酰胆碱	1.25	十六碳烯酸-二十二碳二烯酸磷脂酰胆碱	1.18	十六碳烯酸-二十二碳二烯酸磷脂酰胆碱	1.28
—	—	异油酸-二十碳三烯酸磷脂酰胆碱	1.26	异油酸-二十碳三烯酸磷脂酰胆碱	1.22	异油酸-二十碳三烯酸磷脂酰胆碱	1.11
二十碳二烯酸	1.18	—	—	二十碳二烯酸	0.46	二十二碳二烯酸	0.48
γ-亚麻酸-十八碳烯酸磷脂酰胆碱	1.83	—	—	γ-亚麻酸-十八碳三烯酸磷脂酰肌醇	0.74	γ-亚麻酸-十八碳三烯酸磷脂酰肌醇	1.15
—	—	—	—	棕榈酸-二十碳四烯酸磷脂酰胆碱	1.37	棕榈酸-二十碳四烯酸磷脂酰胆碱	0.84
别胆酸	0.07	别胆酸	0.88	别胆酸	0.31	别胆酸	0.17
—	—	—	—	豆蔻酸-磷脂酰胆碱	0.84	豆蔻酸-磷脂酰胆碱	0.92
—	—	—	—	豆蔻酸-二十碳二烯酸磷脂酰胆碱	1.49	—	—
—	—	—	—	豆蔻酸-二十二碳二烯酸磷脂酰胆碱	0.43	—	—
—	—	—	—	亚油酸-十八碳二烯酸磷脂酰胆碱	1.18	—	—

续表

正常对照组/模型组		JRP-L/模型组		JRP-M/模型组		JRP-H/模型组	
关键差异代谢物	FC	关键差异代谢物	FC	关键差异代谢物	FC	关键差异代谢物	FC
—	—	软脂酸-二十碳四烯酸磷脂酰胆碱	0.97	—	—	—	—
—	—	—	—	—	—	硬脂酰-十九碳烯酸磷脂酰丝氨酸	1.66
花生四烯酸	1.80	—	—	—	—	—	—
—	—	—	—	前列环素	2.80	—	—
—	—	赖氨酸、半胱氨酸、组氨酸	0.46	赖氨酸、半胱氨酸、组氨酸	0.62	赖氨酸、半胱氨酸、组氨酸	0.53
半胱氨酸、异亮氨酸、蛋氨酸	0.85	异亮氨酸、天冬酰胺、丝氨酸、酪氨酸	0.99	异亮氨酸、天冬酰胺、丝氨酸、酪氨酸	0.91	异亮氨酸、天冬酰胺、丝氨酸、酪氨酸	1.06
—	—	—	—	硬脂酰-亚油酸磷脂酰甘油	1.04	—	—
软脂酰-二十二碳五烯酸磷脂酰胆碱	1.52	—	—	—	—	—	—
—	—	十七碳烯酸-二十二碳烷酸磷脂酰丝氨酸	0.73	—	—	—	—
—	—	—	—	豆蔻酸-二十二碳四烯酸磷脂酰胆碱	2.14	—	—

注：“—”表示无显著差异代谢物。

8.4　食源肽通过整体内在调节细胞脂类物质代谢失衡从而改善皮肤光老化

在生物体内，生命信息沿 DNA、mRNA、蛋白质、代谢产物、细胞、组织、器官、个体、群体的方向进行流动。作为基因组学和蛋白质组学的延伸，代谢组学主要研究生物体不同状态下相关代谢产物种类、数量及其变化规律。作为系统生物学的重要组成部分，代谢组学着重研究代谢物在细胞物质代谢、能量代谢、信号转导等生命活动中的功能，具有直接、准确反映生物体病理生理状态的优势，广泛应用于药物研发、分子生理病理、营养、环境科学等领域，也是疾病诊断、治疗和预测的重要手段[25~27]。迄今，利用酶解技术制备食源肽并应用于皮肤光老化的防治研究已有较多报道，但利用代谢组学技术对其作用机制进行整体解析的研究尚未见报道。

皮肤光老化机理相当复杂，目前尚不能用单一的因素来解释其病因和发病机制。为进一步了解皮肤光老化体内代谢通路的变化及食源肽的调节效应，寻找出与皮肤光老化进程相关的关键差异物质，本研究采用 UPLC-QTOF/MS 和多维统计分析方法，对正常对照组、光老化模型组及 BEP 和 JRP 食源肽干预组的血清进行了全面的代谢组学研究，通过识别关键代谢差异物，并分析代谢变化趋势，揭示了食源肽改善皮肤光老化的整体代谢调控机制。

多元统计分析表明，正常对照组、模型组、食源肽干预组组间区分良好，表明代谢组学适合分析生物体终端代谢产物的整体动态变化，同时证明皮肤光老化显著改变了机体正常的代谢平衡，而食源肽可在一定程度上改善光老化引起的代谢失衡。由正常组和模型组 SD 大鼠血清代谢物的 OPLS-DA 分析模型可知，模型组与正常组区分良好，且有 11 个显著差异化合物，在这 11 个代谢物中别胆酸含量发生了上调，而卵磷脂、溶血卵磷脂、部分氨基酸(Cys、Ile、Met)、花生四烯酸、γ-亚麻酸-十八碳烯酸磷脂酰胆碱发生了下调，且生物功能富集分析表明差异代谢物主要集中在甘油磷脂代谢、甾类激素生物合成、胆固醇代谢、胆汁酸代谢、花生四烯酸代谢、牛磺酸代谢、亚油酸亚麻酸代谢以及部分氨基酸代谢途径方面，主要变化表现为胆汁酸代谢途径增强，而甘油磷脂代谢、亚油酸亚麻酸代谢、花生四烯酸代谢及甾类激素生物合成途径受到不同程度的抑制，以上代谢途径的改变，提示光老化进程中脂肪酸代谢明显失衡。

将以上代谢物和代谢途径整体聚类分析不难发现，上述变化均与皮肤脂类代谢变化密切相关，皮肤脂类介导诸如表皮屏障稳态和细胞增殖等多种生理响应。在物质组成上皮肤脂类主要由磷脂、鞘脂、固醇、脂肪酸和甘油三酯组成，诸多研究证明皮肤脂类在细胞生长与分化、能量代谢、信号转导、基因表达调控方面发挥重要作用。磷脂是细胞膜的主要成分，其代谢水平直接决定着脂类、脂蛋白及整体能量代谢状态，而甘油代谢缺陷不仅影响表皮的角化作用，而且将降低乙酰神经酰胺的合成，神经酰胺是表皮内重要结构和信号物质，通常与鞘脂类长链脂肪酸一起参与维持皮肤屏障结构与功能，神经酰胺含量的下降与多种皮肤问题密切相关。研究表明在表皮急性 UV 辐照及光老化皮肤中脂类代谢显著降低，细胞内及细胞膜上甘油及胆固醇水平处于较低水平，皮肤组织中脂肪酸和甘油合成降低，整体表现出皮肤水分油分代谢失衡，弹性下降而皱纹增加，本研究再次充分证明和解释了皮肤脂类与表观老化迹象之间的密切对应关系，同时也提示了皮肤光老化的内在改善途径。

在前述章节的研究基础上，本章选用具有显著改善光老化效应的 BEP 和 JRP 两种食源肽进行非靶向代谢组学研究，从差异代谢物识别与代谢途径变化方面逐步解析两种食源肽改善光老化的整体干预机制。结果表明两种肽均可剂量依赖性提升皮肤脂类物质水平，其中卵磷脂、脑磷脂、油酸与亚麻酸类脂肪酸链代谢物的增加意味着花生四烯酸途径中亚油酸、亚麻酸代谢底物的增加，从而促进花生四烯酸途径的增强，花生四烯酸代谢是合成甾醇类激素的关键通路，花生四烯酸可以是原来磷脂含有的，也可以是脂肪酸在代谢中产生的。花生四烯酸及其代谢产物如前列腺素、白三烯和血栓素等作为体内十分重要的甾醇类激素，参与机体免疫及炎症反应过程。因此，花生四烯酸途径的增强可提升前列环素等甾醇类激素的水平，产生广泛而持久的生理效应。

对比发现，在磷脂代谢途径中长链多不饱和脂肪酸磷脂水平较模型组有不同程度的增加，意味着不饱和脂肪酸、胆碱和甘油组分的增加，不饱和脂肪酸及甘油可为受损皮肤屏障结构和功能恢复奠定物质基础，改善皮肤光老化；而胆碱组分的增加可直接促进脂肪的消化和吸收，从而改善动物生长性能。食源肽干预过程中别胆酸和部分氨基酸有不同程度的下降，表明胆汁酸途径受到不同程度的抑制，而过量的胆汁酸分泌与肝肠系统的炎症性损伤密切相关。因此，食源肽 BEP 和 JRP 对胆汁酸途径的抑制作用提示两种肽可不同程度地缓解肝脏和肠道炎性应激损伤。

综上所述，长期紫外辐照不仅造成皮肤光老化，而且可造成机体脂类代谢调控失衡，使甘油磷脂代谢和花生四烯酸代谢受到明显抑制，而胆汁酸代谢途径得到显著增强，食源肽干预后可剂量依赖性调节脂类代谢，提升磷脂代谢及花生四烯酸代谢水平，抑制胆汁酸代谢途径，从而在整体上为受损皮肤脂类屏障结构修复和功能恢复奠定物质和信号基础。具体干预机制见图 8-30。

8.5　小　　结

(1) 基于 UPLC-Q-TOF/MS 技术平台，结合代谢组学数据处理软件，对不同实验组样本进行代谢轮廓分析，质控结果表明整个操作以及实验平台稳定可靠，实验中获得的代谢谱差异可以反映样本间生物学差异。

(2) 采用 OPLS-DA 为核心的多变量统计方法，识别了组间具有显著性变化的内源性代谢物，进一步通过功能富集和代谢途径分析得知，UV 辐照不仅诱导皮肤光老化，而且引起机体皮肤脂类代谢紊乱，使甘油磷脂代谢、花生四烯酸代谢及不饱和脂肪酸合成途径受到明显抑制。

(3) 食源肽 BEP 与 JRP 总体上可剂量依赖性提升模型组大鼠血清中磷脂类代谢物水平，并降低脱氢胆固醇及别胆酸等胆汁酸代谢中间物浓度，从而增强甘油磷脂代谢、花生四烯酸代谢及不饱和脂肪酸合成代谢，同时抑制胆汁酸代谢途径，整体改善皮肤光老化诱导的脂类代谢失衡。

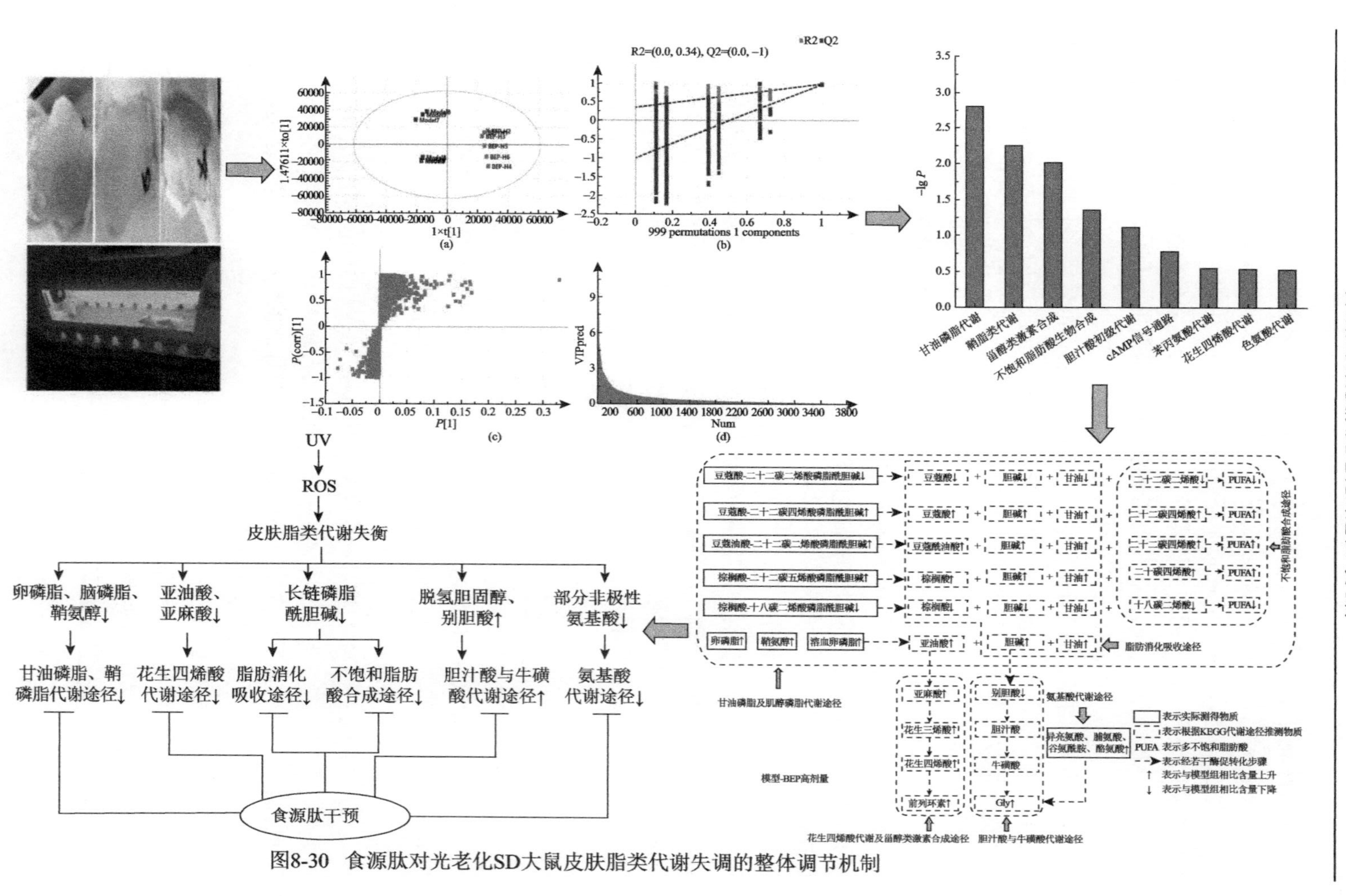

图8-30　食源肽对光老化SD大鼠皮肤脂类代谢失调的整体调节机制

参 考 文 献

[1] Gika H G, Theodoridisb G A, Plumb R S, et al. Current practice of liquid chromatography-mass spectrometry in metabolomics and metabonomics. Journal of Pharmaceutical and Biomedical Analysis, 2014, 87: 12～25.

[2] Rainville P D, Theodoridis G, Plumb R S, et al. Advances in liquid chromatography coupled to mass spectrometry for metabolic phenotyping. Trends in Analytical Chemistry, 2014, 61: 181～191.

[3] Luo L, Zhen L F, Xu Y T, et al. ^{1}H NMR-based metabonomics revealed protective effect of Naodesheng bioactive extract on ischemic stroke rats. Journal of Ethnopharmacology, 2016, 186: 257～269.

[4] 杨维. 基于LC-MS/MS技术的肺癌血浆代谢组学研究. 北京: 北京协和医学院与中国医学科学院博士学位论文, 2013.

[5] Nicholson J K, Connelly J, Lindon J C, et al. Metabolomics: A platform for studying drug toxicity and gene function. Nature Review Drug Discovery, 2002, 1: 153～161.

[6] Huo T G, Chen X, Lu X M, et al. An effective assessment of valproate sodium-induced hepatotoxicity with UPLC-MS and ^{1}H NMR-based metabolomics approach. Journal of Chromatography B, 2014, 969: 109～116.

[7] Wang P, Wang H P, Xu M Y, et al. Combined subchronic toxicity of dichlorvos with malathion or pirimicarb in mice liver and serum: A metabonomic study. Food and Chemical Toxicology, 2014, 70: 222～230.

[8] 段礼新, 漆小泉. 基于的植物代谢组学研究. 生命科学, 2015, 27(8): 971～977.

[9] Nicholson J K, Lindon J C, Holmes E. Metabolomics understanding the metabolic responses of living systems to pathophysiological stimuli via multivariate statistical analysis of biological NMR spectroscopic data. Xenobiotica, 1999, 29(11): 1181～1189.

[10] Gong Y G, Liu Y, Zhou L, et al. A UHPLC-TOF/MS method based metabonomic study of total ginsenosides effects on Alzheimer disease mouse model. Journal of Pharmaceutical and Biomedical Analysis, 2015, 115: 174～182.

[11] Huang Y, Bo Y H, Wu X, et al. An integrated serum and urinary metabolomics research based on UPLC-MS and therapeutic effects of Gushudan on prednisolone-induced osteoporosis rats. Journal of Chromatography B, 2016, 1027: 119～130.

[12] Inoue M, Senoo N, Sato T, et al. Effects of the dietary carbohydrate-fat ratio on plasma phosphatidylcholine profiles in human and mouse. The Journal of Nutritional Biochemistry, 2017, 50: 83～94.

[13] van der Veen J N, Kennelly J P, Wan S, et al. The critical role of phosphatidylcholine and phosphatidylethanolamine metabolism in health and disease. Biochimica et Biophysica Acta (BBA)-Biomembranes Part B, 2017, 1859(9): 1558～1572.

[14] Astudillo A M, Pérez-Chacón G, Balgoma D, et al. Influence of cellular arachidonic acid levels on phospholipid remodeling and CoA-independent transacylase activity in human monocytes

and U937 cells. Biochimica et Biophysica Acta (BBA) - Molecular and Cell Biology of Lipids, 2011, 1811(2): 97～103.

[15] Angell R J, Mc Clure M K, Bigley K E, et al. Fish oil supplementation maintains adequate plasma arachidonate in cats, but similar amounts of vegetable oils lead to dietary arachidonate deficiency from nutrient dilution. Nutrition Research, 2012, 32(5): 381～389.

[16] Chen Q C, Liu M, Zhang P Y, et al. Fucoidan and galactose oligosaccharides ameliorate high-fat diet-induced dyslipidemia in rats by modulating the gut microbiota and bile acid metabolism. Nutrition, 2019, 65: 50～59.

[17] Chiang J Y L. Bile acid metabolism and signaling in liver disease and therapy. Liver Research, 2017, 1(1): 3～9.

[18] Theiler-Schwetz V, Zaufel A, Schlager H, et al. Bile acids and glucocorticoid metabolism in health and disease. Biochimica et Biophysica Acta (BBA) - Molecular Basis of Disease, 2019, 1865(1): 243～251.

[19] Brandl K, Hartmann P, Jih L J, et al. Dysregulation of serum bile acids and FGF19 in alcoholic hepatitis. Journal of Hepatology, 2018, 69(2): 396～405.

[20] Kendall A C, Kiezel-Tsugunova M, Brownbridge L C, et al. Lipid functions in skin: Differential effects of n-3 polyunsaturated fatty acids on cutaneous ceramides, in a human skin organ culture model. Biochimica et Biophysica Acta (BBA)-Biomembranes Part B, 2017, 1859: 1679～1689.

[21] Akio K. Synthesis and degradation pathways, functions, and pathology of ceramides and epidermal acylceramides. Progress in Lipid Research, 2016, 63: 50～69.

[22] Radner F P W, Fischer J. The important role of epidermal triacylglycerol metabolism for maintenance of the skin permeability barrier function. Biochimica et Biophysica Acta (BBA) - Molecular and Cell Biology of Lipids, 2014, 1841(3): 409～415.

[23] Kim E J, Jin X J, Kim Y K, et al. UV decreases the synthesis of free fatty acids and triglycerides in the epidermis of human skin *in vivo*, contributing to development of skin photoaging. Journal of Dermatological Science, 2010, 57(1): 19～26.

[24] Zhang N, Zhao Y D, Shi Y X, et al. Polypeptides extracted from Eupolyphaga sinensis walker via enzymic digestion alleviate UV radiation-induced skin photoaging. Biomedicine & Pharmacotherapy, 2019, 112: 108636.

[25] Xiao J J, Liu B T, Zhuang Y L, et al. Effects of rambutan (*Nephelium lappaceum*) peel phenolics and Leu-Ser-Gly-Tyr-Gly-Pro on hairless mice skin photoaging induced by ultraviolet irradiation. Food and Chemical Toxicology, 2019, 129: 30～37.

[26] Xu Y R, Fisher G J. Ultraviolet (UV) light irradiation induced signal transduction in skin photoaging. Journal of Dermatological Science Supplement, 2005, 1(2): S1～S8.

[27] Chen T J, Hou H, Fan Y, et al. Protective effect of gelatin peptides from pacific cod skin against photoaging by inhibiting the expression of MMPs via MAPK signaling pathway. Journal of Photochemistry and Photobiology B: Biology, 2016, 165: 34～41.

索　引

R

S

X

Y

Z

其他

编 后 记

《博士后文库》是汇集自然科学领域博士后研究人员优秀学术成果的系列丛书。《博士后文库》致力于打造专属于博士后学术创新的旗舰品牌，营造博士后百花齐放的学术氛围，提升博士后优秀成果的学术和社会影响力。

《博士后文库》出版资助工作开展以来，得到了全国博士后管委会办公室、中国博士后科学基金会、中国科学院、科学出版社等有关单位领导的大力支持，众多热心博士后事业的专家学者给予积极的建议，工作人员做了大量艰苦细致的工作。在此，我们一并表示感谢！

《博士后文库》编委会